この一冊が あなたのビジネスチャンス を広げる!

ビジネスの様々なシーンで活用されるデータベース。
販売管理や会員管理などのデータベースをAccessで管理して、
効率的に活用できれば、ビジネスの成功につながるはずです。
FOM出版のテキストなら、実践的に活用できるノウハウをしっかり学べます。

第2章 テーブルの活用

入力ミスを軽減
フィールドプロパティを設定しよう

データ入力の時間を削減できないかな…
だからといって、入力ミスはあってはならないけど…
フィールドプロパティを設定すると、名前に対応したふりがなを自動的に表示したり、
郵便番号に対応した住所を自動的に表示したりできるよ!

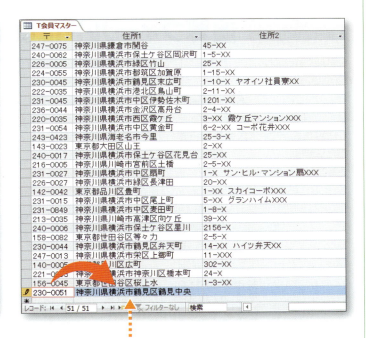

名前を入力すると、ふりがなを自動的に表示

郵便番号を入力すると、対応する住所を自動的に表示

テーブルの活用については **14ページ** を **check!**

第3章 リレーションシップと参照整合性

矛盾のないデータ管理
参照整合性を設定しよう

みんなで共有して使うデータベース。
間違ってデータを変更されたら困るな…
参照整合性を設定すると、矛盾するデータの入力、更新、削除が制限できるよ!

T会員マスターに存在しない会員コードは、T利用履歴データ側で入力できない

T利用履歴データに存在する会員コードは、T会員マスター側で更新したり、その会員コードを含むレコードを削除したりできない

リレーションシップと参照整合性については **26ページ** を **check!**

第4章 クエリの活用

日付を計算
演算フィールドに関数を利用しよう

数値の計算だけでなく、日付の計算が簡単にできないかな…
関数を使うと、生年月日から年齢や誕生月を求めたり、
入会年月日から入会月数を求めたりすることができるよ!

生年月日から誕生月を求める

生年月日	年齢	誕生月	入会年月日	入会月数	退会	DM
昭和50年3月25日	41歳	3	2014年1月10日	30か月	☐	☐
昭和55年4月5日	36歳	4	2014年1月12日	30か月	☐	☑
昭和50年6月30日	41歳	6	2014年1月18日	30か月	☑	☑
昭和28年7月5日	63歳	7	2014年2月1日	29か月	☐	☐
昭和29年9月1日	62歳	9	2014年3月1日	28か月	☐	☑
平成1年1月24日	27歳	1	2014年4月5日	27か月	☐	☐
昭和50年7月1日	41歳	7	2014年4月21日	27か月	☐	☑
平成1年8月21日	27歳	8	2014年5月1日	26か月	☐	☑

生年月日と本日の日付をもとに年齢を求める

入会年月日と本日の日付をもとに入会月数を求める

クエリの活用については **48ページ** を **check!**

第5章 アクションクエリと不一致クエリの作成

一括処理と不一致データ抽出
アクションクエリと不一致クエリを作ろう

商品の価格を10%値下げしたり、古い売上データをまとめて削除したり…
データを一括で更新できないかな…
アクションクエリを使うと、一括処理でテーブルのデータを書き換えることができるよ！

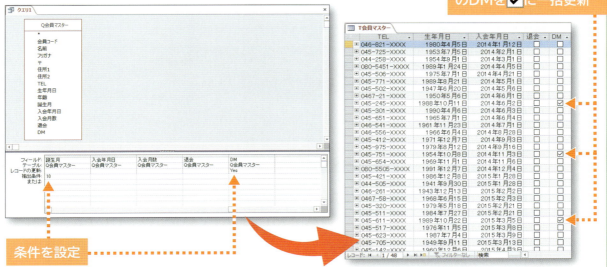

条件を設定

10月生まれのT会員マスターのDMを☑に一括更新

サービスを利用していない会員を探したり、売上のない商品を探したりできないかな…
不一致クエリを使うと、2つのテーブルを比較して一方にしかないデータを探すことができるよ！

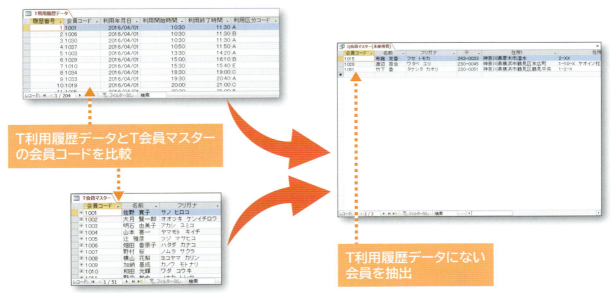

T利用履歴データとT会員マスターの会員コードを比較

T利用履歴データにない会員を抽出

アクションクエリと不一致クエリの作成については **70ページ** を **check!**

第7章 フォームの活用

入力効率アップ
入力に便利なコントロールを作成しよう

商品データを入力するとき、商品区分マスターをいちいち確認するのは効率が悪いな…コントロールを作成すると、一覧から値を選択するリストボックスや、複数の選択肢からひとつを選択するオプションボタンを利用して、効率的にデータを入力できるよ！

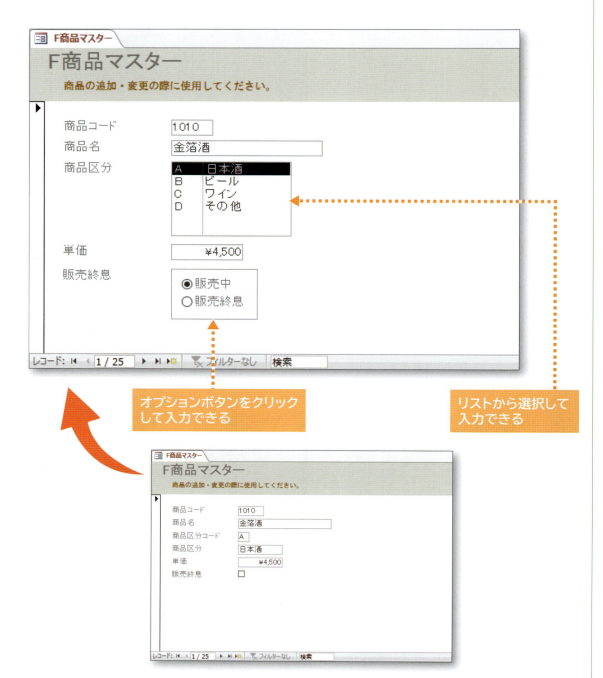

オプションボタンをクリックして入力できる

リストから選択して入力できる

フォームの活用については **110ページ** を **check!**

第8章 メイン・サブフォームの作成

売上伝票を入力
メイン・サブフォームを作ろう

ビジネスでよく使う売上伝票や会計伝票。
伝票番号ごとに複数の売上明細を入力できないかな…
メイン・サブフォームを使うと、1画面で売上伝票に関する複数の売上明細を入力できるよ！

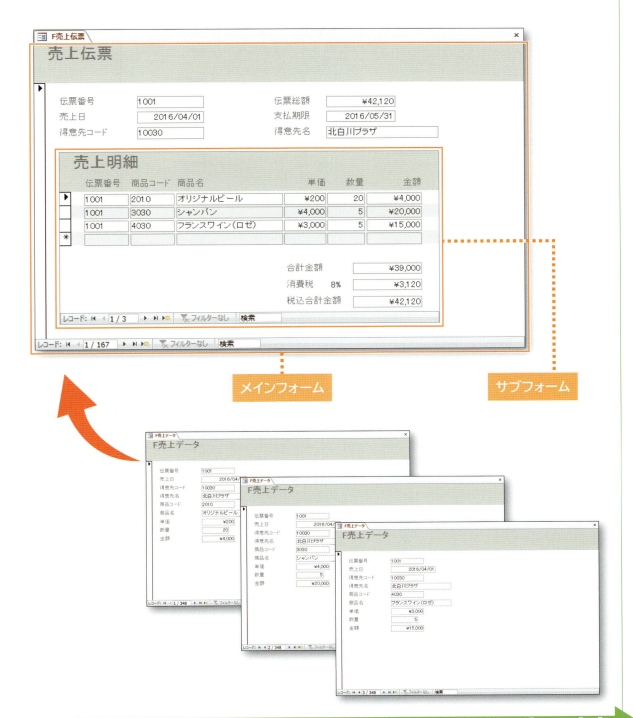

メインフォーム　　サブフォーム

メイン・サブフォームの作成については **134ページ** を **check!**

第9章 メイン・サブレポートの作成

請求書を作成
メイン・サブレポートを作ろう

ビジネスでよく使う請求書や納品書。
伝票番号ごとに複数の売上明細を一覧で印刷できないかな…
メイン・サブレポートを使うと、明細行を組み込んだレポートが作成できるよ！

メインレポート

サブレポート

メイン・サブレポートの作成については **166ページ** を **check!**

第10章 レポートの活用

分類して印刷
集計行のあるレポートを作ろう

日別売上集計表や商品別売上集計表など、
グループごとに小計や総計を表示して印刷できないかな…
グループレベルを使うと、データをグループごとに分類、集計して印刷できるよ！
また、パラメーターで入力した値を、コメントとして印刷できるよ！

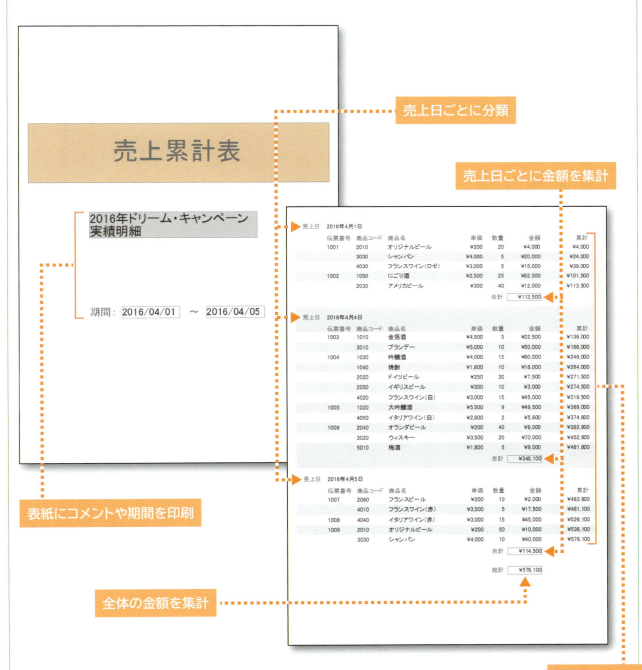

レポートの活用については **200ページ** を **check!**

第11章 便利な機能

頼もしい機能が充実
便利な機能を使ってみよう

在庫数が最低在庫を下回る場合に赤色で表示できないかな…
条件付き書式を使うと、条件に応じて特定の書式を設定できるよ！

最低在庫を下回る場合は赤色で表示

機密性の高いデータを管理しているから、不正ユーザーによるデータアクセス、改ざんが心配だな…
データベースにパスワードを設定して暗号化すると、利用ユーザーを限定でき、不正ユーザーによるデータアクセスを防止できるよ！

パスワードを入力しないとデータベースを開けない

便利な機能については **234ページ** を **check!**

はじめに

Microsoft Access 2016は、大量のデータをデータベースとして蓄積し、必要に応じてデータを抽出したり、集計したりできるリレーショナル・データベースソフトウェアです。
本書は、Accessを使いこなしたい方を対象に、データを効率よく入力する方法、データを一括で更新するアクションクエリの作成方法、明細行を組み込んだメイン・サブフォームやメイン・サブレポートの作成方法など、応用的かつ実用的な機能をわかりやすく解説しています。「よくわかる Microsoft Access 2016 基礎」(FPT1602)の続編であり、Access 2016の豊富な機能を学習できる内容になっています。
本書は、経験豊富なインストラクターが、日頃のノウハウをもとに作成しており、講習会や授業の教材としてご利用いただくほか、自己学習の教材としても最適なテキストとなっております。
本書を通して、Accessの知識を深め、実務にいかしていただければ幸いです。

本書を購入される前にご一読ください

本書は、2016年5月現在のAccess 2016(16.0.6729.1014)に基づいて解説しています。Windows Updateによって機能が更新された場合には、本書の記載のとおりに操作できなくなる可能性があります。あらかじめご了承のうえ、ご購入・ご利用ください。

2016年7月13日
FOM出版

- ◆Microsoft、Access、Excel、Windowsは、米国Microsoft Corporationの米国およびその他の国における登録商標または商標です。
- ◆その他、記載されている会社名および製品などの名称は、各社の登録商標または商標です。
- ◆本文中では、TMや®は省略しています。
- ◆本文中のスクリーンショットは、マイクロソフトの許可を得て使用しています。
- ◆本文およびデータファイルで題材として使用している個人名、団体名、商品名、ロゴ、連絡先、メールアドレス、場所、出来事などは、すべて架空のものです。実在するものとは一切関係ありません。
- ◆本書に掲載されているホームページは、2016年5月現在のもので、予告なく変更される可能性があります。

Contents 目次

■本書をご利用いただく前に 1

■第1章　会員管理データベースの概要 8

Step1　会員管理データベースの概要 9
- 1　データベースの概要 9
- 2　データベースの確認 9

■第2章　テーブルの活用 14

Check　この章で学ぶこと 15
Step1　作成するテーブルを確認する 16
- 1　作成するテーブルの確認 16

Step2　フィールドプロパティを設定する 17
- 1　フィールドプロパティ 17
- 2　《ふりがな》プロパティの設定 17
- 3　《住所入力支援》プロパティの設定 19
- 4　《定型入力》プロパティの設定 21
- 5　《書式》プロパティの設定 23
- 6　データの入力 24

■第3章　リレーションシップと参照整合性 26

Check　この章で学ぶこと 27
Step1　リレーションシップと参照整合性の概要 28
- 1　リレーションシップ 28
- 2　参照整合性 30
- 3　手動結合と自動結合 32

Step2　リレーションシップを作成する 33
- 1　自動結合による作成 33
- 2　手動結合による作成 36

Step3　参照整合性を確認する 39
- 1　入力の制限 39
- 2　更新の制限 40
- 3　削除の制限 41

参考学習　ルックアップフィールドを作成する 42
- 1　ルックアップフィールド 42
- 2　ルックアップフィールドの作成 42

■第4章　クエリの活用 ---------------------------------- 48

Check	この章で学ぶこと	49
Step1	作成するクエリを確認する	50
	●1　作成するクエリの確認	50
	●2　クエリの作成	50
Step2	関数を利用する	52
	●1　演算フィールド	52
	●2　関数の利用	52
Step3	フィールドプロパティを設定する	57
	●1　フィールドプロパティ	57
	●2　《書式》プロパティの設定	57
	●3　クエリの保存	60
参考学習	様々な関数	61
	●1　様々な関数	61
	●2　文字列を操作する関数	61
	●3　条件を指定する関数	65
	●4　数値の端数を処理する関数	68

■第5章　アクションクエリと不一致クエリの作成 ---------------------- 70

Check	この章で学ぶこと	71
Step1	アクションクエリの概要	72
	●1　アクションクエリ	72
Step2	テーブル作成クエリを作成する	74
	●1　作成するクエリの確認	74
	●2　テーブル作成クエリの作成	74
	●3　テーブル作成クエリの実行	77
Step3	削除クエリを作成する	79
	●1　作成するクエリの確認	79
	●2　削除クエリの作成	79
	●3　削除クエリの実行	83
Step4	追加クエリを作成する	85
	●1　作成するクエリの確認	85
	●2　追加クエリの作成	85
	●3　追加クエリの実行	89
Step5	更新クエリを作成する（1）	91
	●1　作成するクエリの確認	91
	●2　更新クエリの作成	91
	●3　更新クエリの実行	93

Contents

Step6　更新クエリを作成する（2） …………………………………… 95
- 1　作成するクエリの確認 …………………………………………………… 95
- 2　更新クエリの作成 ………………………………………………………… 95
- 3　更新クエリの実行 ………………………………………………………… 98
- 4　更新クエリの編集 ………………………………………………………… 100

Step7　不一致クエリを作成する ……………………………………… 102
- 1　不一致クエリ ……………………………………………………………… 102
- 2　不一致クエリの作成 ……………………………………………………… 102

■第6章　販売管理データベースの概要 ───────────── 106

Step1　販売管理データベースの概要 ………………………………… 107
- 1　データベースの概要 ……………………………………………………… 107
- 2　データベースの確認 ……………………………………………………… 108

■第7章　フォームの活用 ─────────────────── 110

Check　この章で学ぶこと ……………………………………………… 111

Step1　作成するフォームを確認する ………………………………… 112
- 1　作成するフォームの確認 ………………………………………………… 112

Step2　フォームのコントロールを確認する ………………………… 113
- 1　フォームのコントロール ………………………………………………… 113

Step3　コントロールを作成する ……………………………………… 114
- 1　テーマの適用 ……………………………………………………………… 114
- 2　ビューの切り替え ………………………………………………………… 115
- 3　デザインビューの画面構成 ……………………………………………… 116
- 4　ラベルの追加 ……………………………………………………………… 117
- 5　コンボボックスの作成 …………………………………………………… 118
- 6　リストボックスの作成 …………………………………………………… 124
- 7　オプショングループとオプションボタンの作成 ……………………… 127

Step4　タブオーダーを設定する ……………………………………… 132
- 1　タブオーダーの設定 ……………………………………………………… 132

■第8章　メイン・サブフォームの作成 ---------------------------- 134

　　Check　　この章で学ぶこと ………………………………………………… 135
　　Step1　　作成するフォームを確認する ……………………………………… 136
　　　　　　●1　作成するフォームの確認 ………………………………………… 136
　　Step2　　メイン・サブフォームを作成する ………………………………… 137
　　　　　　●1　メイン・サブフォーム ……………………………………………… 137
　　　　　　●2　メイン・サブフォームの作成手順 ………………………………… 137
　　　　　　●3　メインフォームの作成 ……………………………………………… 139
　　　　　　●4　サブフォームの作成 ………………………………………………… 144
　　　　　　●5　メインフォームへのサブフォームの組み込み …………………… 148
　　　　　　●6　データの入力 ……………………………………………………… 153
　　Step3　　演算テキストボックスを作成する ………………………………… 155
　　　　　　●1　演算テキストボックスの作成 …………………………………… 155

■第9章　メイン・サブレポートの作成 ---------------------------- 166

　　Check　　この章で学ぶこと ………………………………………………… 167
　　Step1　　作成するレポートを確認する …………………………………… 168
　　　　　　●1　作成するレポートの確認 ………………………………………… 168
　　Step2　　レポートのコントロールを確認する ……………………………… 169
　　　　　　●1　レポートのコントロール ………………………………………… 169
　　Step3　　メイン・サブレポートを作成する ………………………………… 170
　　　　　　●1　メイン・サブレポート ……………………………………………… 170
　　　　　　●2　メイン・サブレポートの作成手順 ………………………………… 171
　　　　　　●3　メインレポートの作成 ……………………………………………… 171
　　　　　　●4　サブレポートの作成 ………………………………………………… 179
　　　　　　●5　メインレポートへのサブレポートの組み込み …………………… 186
　　Step4　　コントロールの書式を設定する …………………………………… 191
　　　　　　●1　コントロールの書式設定 ………………………………………… 191
　　　　　　●2　演算テキストボックスの作成 …………………………………… 194
　　　　　　●3　直線の作成 ………………………………………………………… 199

Contents

■第10章 レポートの活用 — 200

Check	この章で学ぶこと	201
Step1	作成するレポートを確認する	202
	●1 作成するレポートの確認	202
Step2	集計行のあるレポートを作成する	203
	●1 もとになるクエリの作成	203
	●2 レポートの作成	206
	●3 並べ替え/グループ化の設定	212
	●4 重複データの非表示	215
Step3	編集するレポートを確認する	217
	●1 編集するレポートの確認	217
Step4	累計を設定する	218
	●1 累計の設定	218
Step5	改ページを設定する	222
	●1 改ページの設定	222
	●2 表紙の編集	224
Step6	パラメーターを設定する	227
	●1 既存パラメーターの取り込み	227
	●2 新規パラメーターの設定	229
	●3 印刷時のサイズ調整	232

■第11章 便利な機能 — 234

Check	この章で学ぶこと	235
Step1	商品管理データベースの概要	236
	●1 データベースの概要	236
	●2 データベースの確認	236
Step2	ハイパーリンクを設定する	237
	●1 ハイパーリンク	237
	●2 ハイパーリンクの設定	237
	●3 ハイパーリンクの確認	238
Step3	条件付き書式を設定する	240
	●1 条件付き書式	240
	●2 条件付き書式の設定	240
Step4	Excel/Wordへエクスポートする	247
	●1 データのエクスポート	247
Step5	データベースを最適化/修復する	253
	●1 データベースの最適化と修復	253

	Step6	データベースを保護する	255
		●1 データベースのセキュリティ	255
		●2 パスワードの設定	255
		●3 起動時の設定	259
		●4 ACCDEファイルの作成	263

■総合問題 266

総合問題1　宿泊予約管理データベースの作成 267

総合問題2　アルバイト勤怠管理データベースの作成 278

■付録1　ショートカットキー一覧 294

■付録2　データの正規化 296

	Step1	データベースを設計する	297
		●1 データベースの設計	297
		●2 設計手順	297
	Step2	データを正規化する	298
		●1 データの正規化	298

■索引 300

Introduction 本書をご利用いただく前に

本書で学習を進める前に、ご一読ください。

1 本書の記述について

操作の説明のために使用している記号には、次のような意味があります。

記述	意味	例
▭	キーボード上のキーを示します。	[Shift] [F12]
▭ + ▭	複数のキーを押す操作を示します。	[Ctrl] + [O] ([Ctrl]を押しながら[O]を押す)
《　》	ダイアログボックス名やタブ名、項目名など画面の表示を示します。	《テーブルの表示》ダイアログボックスが表示されます。 《デザイン》タブを選択します。
「　」	重要な語句や機能名、画面の表示、入力する文字列などを示します。	「サブフォーム」といいます。 「合計金額」と入力します。

 POINT ▶▶▶　知っておくべき重要な内容

STEP UP　知っていると便利な内容

 File OPEN　学習の前に開くファイル

※　補足的な内容や注意すべき内容

 Let's Try　学習した内容の確認問題

Let's Try Answer　確認問題の答え

 Hint　問題を解くためのヒント

2 製品名の記載について

本書では、次の名称を使用しています。

正式名称	本書で使用している名称
Windows 10	Windows 10 または Windows
Microsoft Office 2016	Office 2016 または Office
Microsoft Access 2016	Access 2016 または Access
Microsoft Excel 2016	Excel 2016 または Excel
Microsoft Word 2016	Word 2016 または Word

3 効果的な学習の進め方について

本書の各章は、次のような流れで学習を進めると、効果的な構成になっています。

1 学習目標を確認

学習を始める前に、「この章で学ぶこと」で学習目標を確認しましょう。
学習目標を明確にすることによって、習得すべきポイントが整理できます。

2 章の確認

学習目標を意識しながら、Accessの機能や操作を学習しましょう。

本書をご利用いただく前に

3 学習成果をチェック

章の始めの「この章で学ぶこと」に戻って、学習目標を達成できたかどうかをチェックしましょう。
十分に習得できなかった内容については、該当ページを参照して復習するとよいでしょう。

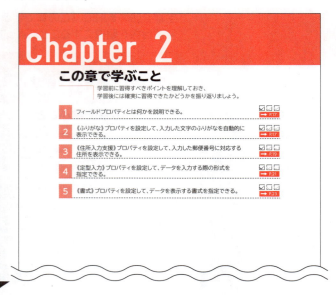

4 総合問題にチャレンジ

すべての章の学習が終わったあと、「総合問題」にチャレンジしましょう。
本書の内容がどれくらい理解できているかを把握できます。

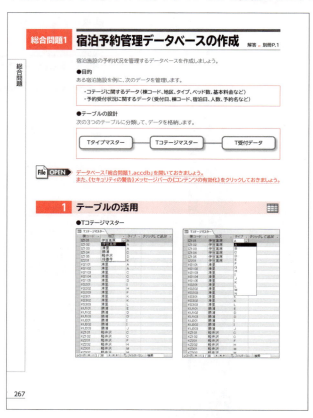

3

4 学習環境について

本書を学習するには、次のソフトウェアが必要です。

●Access 2016
●Excel 2016
●Word 2016

本書を開発した環境は、次のとおりです。
・OS：Windows 10（ビルド10586.218）
・アプリケーションソフト：Microsoft Office Professional Plus 2016（16.0.6729.1014）
・ディスプレイ：画面解像度　1024×768ピクセル
※インターネットに接続できる環境で学習することを前提に記述しています。
※環境によっては、画面の表示が異なる場合や記載の機能が操作できない場合があります。

◆画面解像度の設定
画面解像度を本書と同様に設定する方法は、次のとおりです。
①デスクトップの空き領域を右クリックします。
②《ディスプレイ設定》をクリックします。
③《ディスプレイの詳細設定》をクリックします。
④《解像度》の をクリックし、一覧から《1024×768》を選択します。
⑤《適用》をクリックします。
※確認メッセージが表示される場合は、《変更の維持》をクリックします。

◆ボタンの形状
ディスプレイの画面解像度やウィンドウのサイズなど、お使いの環境によって、ボタンの形状やサイズが異なる場合があります。ボタンの操作は、ポップヒントに表示されるボタン名を確認してください。
※本書に掲載しているボタンは、ディスプレイの画面解像度を「1024×768ピクセル」、ウィンドウを最大化した環境を基準にしています。

5 学習ファイルのダウンロードについて

本書で使用するファイルは、FOM出版のホームページで提供しています。
ダウンロードしてご利用ください。

ホームページ・アドレス

http://www.fom.fujitsu.com/goods/

ホームページ検索用キーワード

FOM出版

◆ダウンロード

学習ファイルをダウンロードする方法は、次のとおりです。

① ブラウザーを起動し、FOM出版のホームページを表示します。
※アドレスを直接入力するか、キーワードでホームページを検索します。
②《ダウンロード》をクリックします。
③《アプリケーション》の《Access》をクリックします。
④《Access 2016 応用　FPT1603》をクリックします。
⑤「fpt1603.zip」をクリックします。
⑥ ダウンロードが完了したら、ブラウザーを終了します。
※ダウンロードしたファイルは、パソコン内のフォルダー《ダウンロード》に保存されます。

◆ダウンロードしたファイルの解凍

ダウンロードしたファイルは圧縮されているので、解凍（展開）します。ダウンロードしたファイル「fpt1603.zip」を《ドキュメント》に解凍する方法は、次のとおりです。

① デスクトップ画面を表示します。
② タスクバーの ■（エクスプローラー）をクリックします。

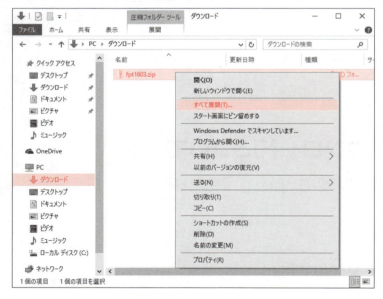

③《ダウンロード》をクリックします。
※《ダウンロード》が表示されていない場合は、《PC》をダブルクリックします。
④ ファイル「fpt1603.zip」を右クリックします。
⑤《すべて展開》をクリックします。

⑥《参照》をクリックします。

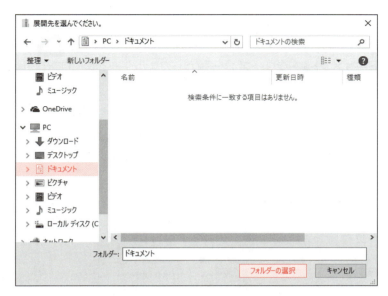

⑦《ドキュメント》をクリックします。
※《ドキュメント》が表示されていない場合は、《PC》をダブルクリックします。
⑧《フォルダーの選択》をクリックします。

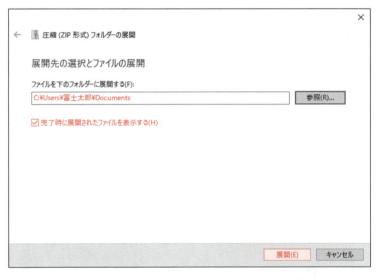

⑨《ファイルを下のフォルダーに展開する》が「C:¥Users¥(ユーザー名)¥Documents」に変更されます。
⑩《完了時に展開されたファイルを表示する》を☑にします。
⑪《展開》をクリックします。

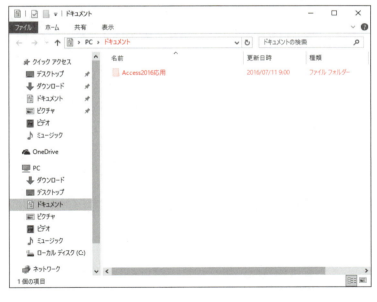

⑫ファイルが解凍され、《ドキュメント》が開かれます。
⑬フォルダー「Access2016応用」が表示されていることを確認します。
※すべてのウィンドウを閉じておきましょう。

◆学習ファイルの一覧

フォルダー「Access2016応用」には、学習ファイルが入っています。タスクバーの ■ （エクスプローラー）→《PC》→《ドキュメント》をクリックし、一覧からフォルダーを開いて確認してください。

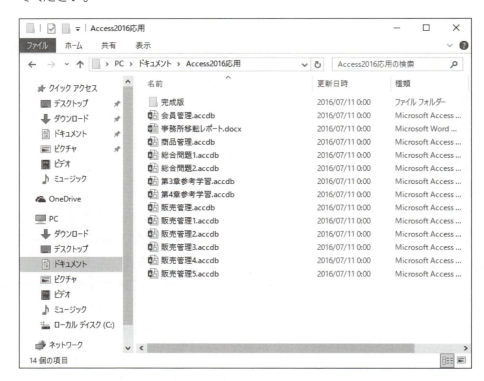

◆学習ファイルの場所

本書では、学習ファイルの場所を《ドキュメント》内のフォルダー「Access2016応用」としています。《ドキュメント》以外の場所に解凍した場合は、フォルダーを読み替えてください。

◆学習ファイル利用時の注意事項

ダウンロードした学習ファイルを開く際、そのファイルが安全かどうかを確認するメッセージが表示される場合があります。学習ファイルは安全なので、《編集を有効にする》をクリックして、編集可能な状態にしてください。

6 本書の最新情報について

本書に関する最新のQ＆A情報や訂正情報、重要なお知らせなどについては、FOM出版のホームページでご確認ください。

ホームページ・アドレス

http://www.fom.fujitsu.com/goods/

ホームページ検索用キーワード

FOM出版

第1章 Chapter 1

会員管理データベースの概要

| Step1　会員管理データベースの概要 …………………………………9

Step1 会員管理データベースの概要

1 データベースの概要

第2章～第5章では、データベース「**会員管理.accdb**」を使って、テーブルやクエリの効果的な作成方法を学習します。
「**会員管理.accdb**」の目的やテーブルの設計は、次のとおりです。

●目的
あるスポーツクラブを例に、入会している会員の次のデータを管理します。

> ・会員の個人情報（名前、住所、電話番号、生年月日、入会年月日など）
> ・会員のスポーツクラブの利用状況（いつどんなスポーツメニューを利用しているか）

●テーブルの設計
次の3つのテーブルに分類して、データを格納します。

2 データベースの確認

フォルダー「**Access2016応用**」に保存されているデータベース「**会員管理.accdb**」を開き、それぞれのテーブルを確認しましょう。
※Accessを起動しておきましょう。

1 データベースを開く
データベース「**会員管理.accdb**」を開きましょう。

①Accessのスタート画面が表示されていることを確認します。
②《**他のファイルを開く**》をクリックします。

データベースが保存されている場所を選択します。

③《参照》をクリックします。

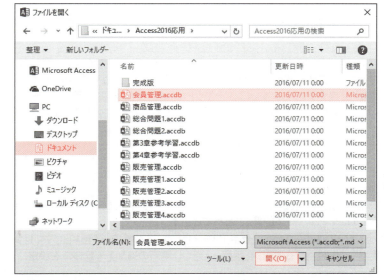

《ファイルを開く》ダイアログボックスが表示されます。

④左側の一覧から《ドキュメント》を選択します。

※《ドキュメント》が表示されていない場合は、《PC》をダブルクリックします。

⑤右側の一覧から「Access2016応用」を選択します。

⑥《開く》をクリックします。

⑦一覧から「会員管理.accdb」を選択します。

⑧《開く》をクリックします。

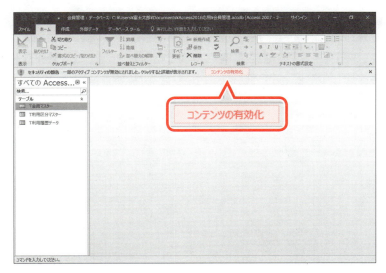

データベースが開かれ、ナビゲーションウィンドウにテーブルが表示されます。

⑨《セキュリティの警告》メッセージバーの《コンテンツの有効化》をクリックします。

その他の方法（データベースを開く）

◆ Ctrl + O

セキュリティの警告

ウイルスを含むデータベースを開くと、パソコンがウイルスに感染し、システムが正常に動作しなくなったり、データベースが破壊されたりすることがあります。
Accessではデータベースを開くと、メッセージバーに次のようなセキュリティに関する警告が表示されます。

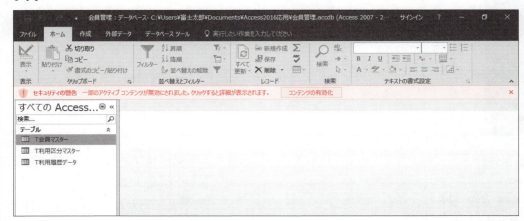

データベースの発行元が信頼できるなど、安全であることがわかっている場合は、《セキュリティの警告》メッセージバーの《コンテンツの有効化》をクリックします。インターネットからダウンロードしたデータベースなど、作成者の不明なデータベースはウイルスの危険が否定できないため、《コンテンツの有効化》をクリックしない方がよいでしょう。

信頼できる場所の追加

特定のフォルダーを信頼できる場所として設定してそのフォルダーにデータベースを入れておくと、毎回セキュリティの警告を表示せずにデータベースを開くことができます。

◆《ファイル》タブ→《オプション》→左側の一覧から《セキュリティセンター》を選択→《セキュリティセンターの設定》→左側の一覧から《信頼できる場所》を選択→《新しい場所の追加》→《パス》を設定

ファイルの拡張子の表示

Access 2016でデータベースを作成・保存すると、自動的に拡張子「.accdb」が付きます。
Windowsの設定によって、拡張子は表示されない場合があります。
拡張子を表示する方法は、次のとおりです。

◆《スタート》を右クリック→《コントロールパネル》→《デスクトップのカスタマイズ》→《エクスプローラーのオプション》→《表示》タブ→《詳細設定》の《☐登録されている拡張子は表示しない》

※本書では、拡張子を表示しています。

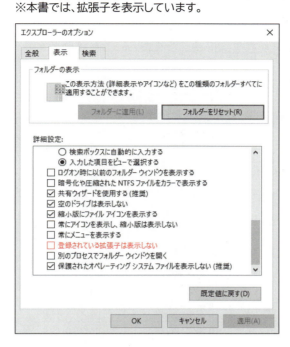

2 テーブルの確認

あらかじめ作成されている各テーブルの内容を確認しましょう。

●T会員マスター

会員コード	名前	フリガナ	〒	住所1	住所2	TEL	生年月日	入会年月日	退会	DM
1001	佐野 寛子	サノ ヒロコ	221-0057	神奈川県横浜市神奈川区青木町	3-X サンマンションXXX	045-506-XXXX	1975/03/25	2014/01/10	☐	☐
1002	大月 賢一郎	オオツキ ケンイチロウ	249-0005	神奈川県逗子市桜山		046-821-XXXX	1980/04/05	2014/01/12	☐	☑
1003	明石 由美子	アカシ ユミコ	212-0026	神奈川県川崎市幸区紺屋町	2-X メゾン・ド・紺屋町XX	044-806-XXXX	1975/06/30	2014/01/18	☑	☑
1004	山本 喜一	ヤマモト キイチ	236-0007	神奈川県横浜市金沢区白帆		045-725-XXXX	1953/07/05	2014/02/01	☐	☐
1005	辻 雅彦	ツジ マサヒコ	216-0023	神奈川県川崎市宮前区けやき平	1-2-XX グラン葵10X	044-258-XXXX	1954/09/01	2014/03/01	☐	☐
1006	畑田 香奈子	ハタダ カナコ	227-0046	神奈川県横浜市青葉区たちばな台	1-18-XX	080-5451-XXXX	1989/01/24	2014/04/05	☐	☑
1007	野村 桜	ノムラ サクラ	230-0033	神奈川県横浜市鶴見区朝日町	23-X	045-506-XXXX	1975/07/01	2014/04/21	☐	☑
1008	横山 花梨	ヨコヤマ カリン	241-0813	神奈川県横浜市旭区今宿町	2568-X	045-771-XXXX	1989/08/21	2014/05/01	☐	☑
1009	加納 基成	カノウ モトナリ	231-0002	神奈川県横浜市中区海岸通	3-X グレースコート海岸XXX	045-502-XXXX	1947/06/20	2014/05/06	☐	☐
1010	和田 光輝	ワダ コウキ	248-0013	神奈川県鎌倉市材木座	1-21-XX	0467-21-XXXX	1950/05/06	2014/06/01	☐	☐
1011	野中 敏也	ノナカ トシヤ	244-0814	神奈川県横浜市戸塚区南舞岡	1-1-X	045-245-XXXX	1988/10/11	2014/06/02	☐	☐
1012	山城 まり	ヤマシロ マリ	233-0001	神奈川県横浜市港南区上大岡東	2-15-XX	045-301-XXXX	1990/04/06	2014/06/03	☐	☐
1013	坂本 誠	サカモト マコト	244-0803	神奈川県横浜市戸塚区平戸町	3502-X	045-651-XXXX	1965/07/01	2014/06/04	☐	☐
1014	橋本 耕太	ハシモト コウタ	243-0012	神奈川県厚木市幸町	3-X 平成ハイツXXX	046-541-XXXX	1961/11/23	2014/07/01	☐	☐
1015	布施 友香	フセ トモカ	243-0033	神奈川県厚木市温水	2-XX	046-556-XXXX	1966/06/04	2014/08/28	☐	☐
1016	井戸 剛	イド ツヨシ	221-0865	神奈川県横浜市神奈川区片倉	1-XX	045-412-XXXX	1971/12/07	2014/09/03	☐	☑
1017	星 龍太郎	ホシ リュウタロウ	235-0022	神奈川県横浜市磯子区汐見台	3-12-XX	045-975-XXXX	1979/08/12	2014/10/08	☐	☑
1018	宍戸 真智子	シシド マチコ	235-0033	神奈川県横浜市磯子区杉田	1-2-X	045-751-XXXX	1954/10/08	2014/11/03	☐	☑
1019	天野 真未	アマノ マミ	236-0057	神奈川県横浜市金沢区能見台	1-24-XX	045-654-XXXX	1969/11/01	2014/11/06	☐	☐
1020	白川 紀子	シラカワ ノリコ	233-0002	神奈川県横浜市港南区上大岡西	3-5-XX 上大岡ガーデンマンションXXX	080-5505-XXXX	1991/12/07	2014/12/04	☐	☑
1021	大木 花実	オオキ ハナミ	235-0035	神奈川県横浜市磯子区田中	3-2-XXX	045-421-XXXX	1986/12/08	2015/01/28	☐	☑
1022	牧田 博	マキタ ヒロシ	214-0005	神奈川県川崎市多摩区寺尾台	3-14-XX	044-505-XXXX	1941/09/30	2015/01/28	☐	☐
1023	住吉 純子	スミヨシ ジュンコ	242-0029	神奈川県大和市上草柳	59-XX	046-261-XXXX	1943/12/13	2015/02/02	☐	☐
1024	香川 泰男	カガワ ヤスオ	247-0075	神奈川県鎌倉市関谷	45-XX	0467-58-XXXX	1968/06/15	2015/02/03	☐	☐
1025	伊藤 めぐみ	イトウ メグミ	240-0062	神奈川県横浜市保土ケ谷区岡沢町	1-5-XX	045-764-XXXX	1961/09/29	2015/02/03	☑	☐
1026	村瀬 稔彦	ムラセ トシヒコ	226-0005	神奈川県横浜市緑区竹山	25-X	045-320-XXXX	1979/05/18	2015/02/15	☐	☑
1027	草野 萌子	クサノ モエコ	224-0055	神奈川県横浜市都筑区加賀原	1-15-XX	045-511-XXXX	1984/07/27	2015/02/21	☐	☑
1028	渡辺 百合	ワタベ ユリ	230-0045	神奈川県横浜市鶴見区末広町	1-10-X ヤオイン社員寮XX	045-611-XXXX	1989/10/22	2015/03/05	☐	☐
1029	小川 正一	オガワ ショウイチ	222-0035	神奈川県横浜市港北区鳥山町	2-11-XX	045-517-XXXX	1976/11/05	2015/03/08	☐	☐
1030	近藤 真央	コンドウ マオ	231-0045	神奈川県横浜市中区伊勢佐木町	1201-XX	045-623-XXXX	1987/07/04	2015/03/12	☐	☐
1031	坂井 早苗	サカイ サナエ	236-0044	神奈川県横浜市金沢区高舟台	2-4-XX	045-705-XXXX	1949/09/11	2015/03/13	☐	☑
1032	香取 茜	カトリ アカネ	220-0035	神奈川県横浜市西区霞ケ丘	3-XX 霞ケ丘マンションXXX	045-142-XXXX	1960/12/06	2015/04/03	☐	☐
1033	江藤 和義	エトウ カズヨシ	231-0054	神奈川県横浜市中区黄金町	6-2-X コーポ花井XXX	045-745-XXXX	1966/07/11	2015/04/06	☐	☐
1034	北原 聡一	キタハラ サトシ	243-0423	神奈川県海老名市今里	25-3-X	046-228-XXXX	1973/02/04	2015/04/17	☐	☐
1035	能勢 みどり	ノセ ミドリ	143-0023	東京都大田区山王	2-XX	03-3129-XXXX	1977/01/25	2015/05/08	☐	☐
1036	鈴木 保一	スズキ ヤスイチ	240-0017	神奈川県横浜市保土ケ谷区花見台	25-XX	045-612-XXXX	1958/05/31	2015/05/16	☐	☑
1037	森 晴子	モリ ハルコ	216-0005	神奈川県川崎市宮前区土橋	2-5-XX	044-344-XXXX	1942/04/02	2015/06/01	☐	☐
1038	広田 志津子	ヒロタ シズコ	231-0027	神奈川県横浜市中区扇町	1-X サン・ヒル・マンション扇XXX	045-571-XXXX	1972/03/18	2015/06/02	☐	☑
1039	神田 美波	カンダ ミナミ	226-0027	神奈川県横浜市緑区長津田	20-XX	045-501-XXXX	1959/08/17	2015/08/01	☐	☑
1040	飛鳥 宏英	アスカ ヒロヒデ	142-0042	東京都品川区豊町	1-XX スカイコーポXXX	090-3501-XXXX	1989/06/09	2015/09/06	☐	☑
1041	若王子 康治	ワカオウジ コウジ	231-0015	神奈川県横浜市中区尾上町	5-XX グランハイムXXX	045-132-XXXX	1990/04/20	2015/09/28	☐	☑
1042	中川 守彦	ナカガワ モリヒコ	210-0849	神奈川県川崎市川崎区麦田町	1-8-X	045-511-XXXX	1963/06/22	2015/10/02	☐	☑
1043	栗田 いずみ	クリタ イズミ	213-0035	神奈川県川崎市高津区向ケ丘	39-X	044-309-XXXX	1959/04/25	2015/11/14	☐	☑
1044	伊藤 琢磨	イトウ タクマ	240-0006	神奈川県横浜市保土ケ谷区星川	2156-X	045-340-XXXX	1984/01/21	2015/12/06	☐	☑
1045	吉岡 京香	ヨシオカ キョウカ	158-0082	東京都世田谷区等々力	3-XX	03-5120-XXXX	1973/01/20	2015/12/08	☐	☑
1046	原 洋次郎	ハラ ヨウジロウ	230-0044	神奈川県横浜市鶴見区弁天町	14-XX ハイツ弁天XX	045-831-XXXX	1977/08/28	2015/12/12	☐	☑
1047	松岡 直美	マツオカ ナオミ	247-0015	神奈川県横浜市栄区上郷町	11-XX	045-359-XXXX	1954/05/06	2016/01/03	☐	☑
1048	高橋 孝子	タカハシ タカコ	140-0005	東京都品川区広町	302-X	03-3401-XXXX	1955/12/05	2016/02/01	☐	☐
1049	松井 雪江	マツイ ユキエ	221-0053	神奈川県横浜市神奈川区橋本町	24-X	045-409-XXXX	1962/01/09	2016/03/10	☐	☐
1050	中田 愛子	ナカタ アイコ	156-0045	東京都世田谷区桜上水	1-3-X	03-3674-XXXX	1989/03/07	2016/04/04	☐	☑

●T利用区分マスター

●T利用履歴データ

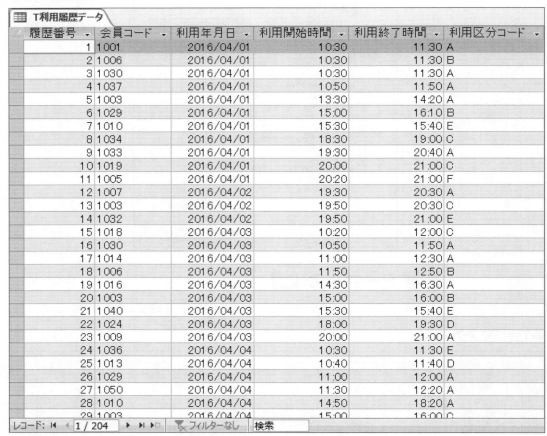

※実際の運用では、利用履歴のデータはフォームで入力します。
学習を進めやすくするため、あらかじめデータを用意しています。

第2章 | **Chapter 2**

テーブルの活用

Check	この章で学ぶこと	15
Step1	作成するテーブルを確認する	16
Step2	フィールドプロパティを設定する	17

Chapter 2

この章で学ぶこと

学習前に習得すべきポイントを理解しておき、
学習後には確実に習得できたかどうかを振り返りましょう。

1	フィールドプロパティとは何かを説明できる。	☐☐☐ → P.17
2	《ふりがな》プロパティを設定して、入力した文字のふりがなを自動的に表示できる。	☐☐☐ → P.17
3	《住所入力支援》プロパティを設定して、入力した郵便番号に対応する住所を表示できる。	☐☐☐ → P.19
4	《定型入力》プロパティを設定して、データを入力する際の形式を指定できる。	☐☐☐ → P.21
5	《書式》プロパティを設定して、データを表示する書式を指定できる。	☐☐☐ → P.23

Step 1 作成するテーブルを確認する

1 作成するテーブルの確認

次のようなテーブル**「T会員マスター」**を作成しましょう。

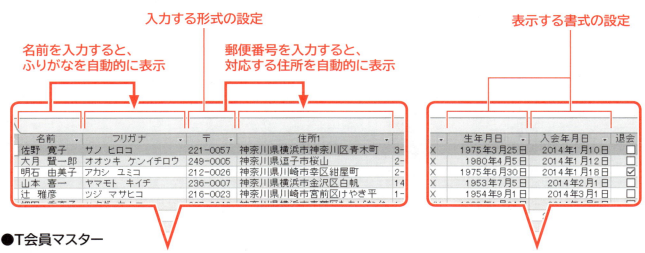

●T会員マスター

Step 2 フィールドプロパティを設定する

1 フィールドプロパティ

「フィールドプロパティ」とは、フィールドの外観や動作を決める属性のことです。フィールドプロパティを設定すると、フィールドの外観や動作を細かく指定できるので、データを効率よく入力できるようになります。

フィールドプロパティ

2 《ふりがな》プロパティの設定

《ふりがな》プロパティを設定すると、入力した文字のふりがなを自動的に表示できます。
「名前」フィールドに名前を入力すると、「フリガナ」フィールドにふりがなが全角カタカナで表示されるように設定しましょう。

File OPEN　テーブル「T会員マスター」をデザインビューで開いておきましょう。

①「名前」フィールドの行セレクターをクリックします。
「名前」フィールドのフィールドプロパティが表示されます。
②《標準》タブを選択します。
③《ふりがな》プロパティをクリックします。
※一覧に表示されていない場合は、スクロールして調整します。
カーソルと … が表示されます。
④ … をクリックします。

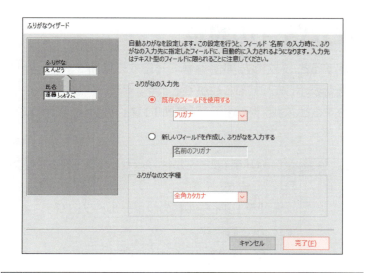

《ふりがなウィザード》が表示されます。
ふりがなを入力するフィールドを設定します。
⑤《ふりがなの入力先》の《**既存のフィールドを使用する**》を◉にします。
⑥ ∨ をクリックし、一覧から「**フリガナ**」を選択します。
ふりがなの文字種を設定します。
⑦《ふりがなの文字種》の ∨ をクリックし、一覧から《**全角カタカナ**》を選択します。
⑧《**完了**》をクリックします。

図のような確認のメッセージが表示されます。
⑨《**OK**》をクリックします。

フィールドプロパティの設定を確認します。
⑩「**名前**」フィールドの行セレクターをクリックします。
「**名前**」フィールドのフィールドプロパティが表示されます。
⑪《**標準**》タブを選択します。
⑫《**ふりがな**》プロパティが「**フリガナ**」になっていることを確認します。
※一覧に表示されていない場合は、スクロールして調整します。
※「名前」フィールドに名前を入力すると、「フリガナ」フィールドにふりがなが自動的に表示されるという意味です。

⑬「**フリガナ**」フィールドの行セレクターをクリックします。
「**フリガナ**」フィールドのフィールドプロパティが表示されます。
⑭《**標準**》タブを選択します。
⑮《**IME入力モード**》プロパティが「**全角カタカナ**」、《**IME変換モード**》プロパティが「**無変換**」になっていることを確認します。
※一覧に表示されていない場合は、スクロールして調整します。
※「フリガナ」フィールドに全角カタカナ、無変換の状態で文字が入力されるという意味です。

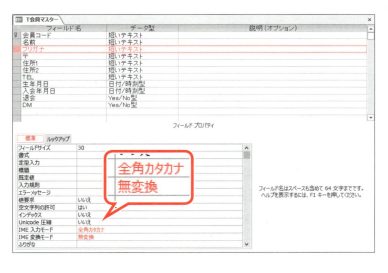

3 《住所入力支援》プロパティの設定

《住所入力支援》プロパティを設定すると、入力した郵便番号に対応する住所を表示したり、入力した住所に対応する郵便番号を表示したりすることができます。
「〒」フィールドに郵便番号を入力すると、対応する住所が「住所1」フィールドに表示されるように設定しましょう。

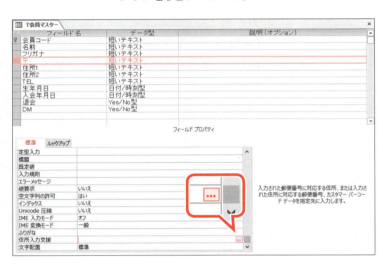

①「〒」フィールドの行セレクターをクリックします。

「〒」フィールドのフィールドプロパティが表示されます。

②《標準》タブを選択します。

③《住所入力支援》プロパティをクリックします。
※一覧に表示されていない場合は、スクロールして調整します。

カーソルと […] が表示されます。

④ […] をクリックします。

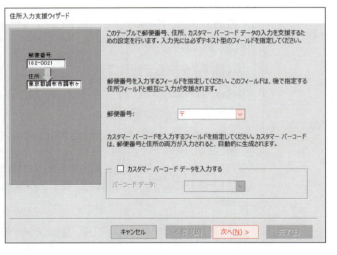

《住所入力支援ウィザード》が表示されます。
郵便番号を入力するフィールドを指定します。

⑤《郵便番号》の ∨ をクリックし、一覧から「〒」を選択します。

⑥《次へ》をクリックします。

住所を入力するフィールドを指定します。

⑦《住所の構成》の《住所と建物名の2分割》を ◉ にします。

⑧《住所》の ∨ をクリックし、一覧から「住所1」を選択します。

⑨《建物名》の ∨ をクリックし、一覧から「住所2」を選択します。

⑩《次へ》をクリックします。

入力動作を確認します。
⑪「〒」に任意の郵便番号を入力します。
「住所1」に対応する住所が表示されます。
※入力したデータは確認のために表示されるだけで、テーブルには反映されません。
⑫《完了》をクリックします。

図のような確認のメッセージが表示されます。
⑬《OK》をクリックします。

フィールドプロパティの設定を確認します。
⑭「〒」フィールドの行セレクターをクリックします。
「〒」フィールドのフィールドプロパティが表示されます。
⑮《標準》タブを選択します。
⑯《住所入力支援》プロパティが「住所1」になっていることを確認します。
※一覧に表示されていない場合は、スクロールして調整します。
※「〒」フィールドに郵便番号を入力すると、「住所1」フィールドに対応する住所が自動的に表示されるという意味です。
⑰《定型入力》プロパティが「000￥-0000;;_」になっていることを確認します。
※住所入力支援ウィザードを使って、《住所入力支援》プロパティを設定すると、《定型入力》プロパティが自動的に設定されます。

⑱「住所1」フィールドの行セレクターをクリックします。
「住所1」フィールドのフィールドプロパティが表示されます。
⑲《標準》タブを選択します。
⑳《住所入力支援》プロパティが「〒;;;」になっていることを確認します。
※一覧に表示されていない場合は、スクロールして調整します。
※「住所1」フィールドに住所を入力すると、「〒」フィールドに対応する郵便番号が自動的に表示されるという意味です。

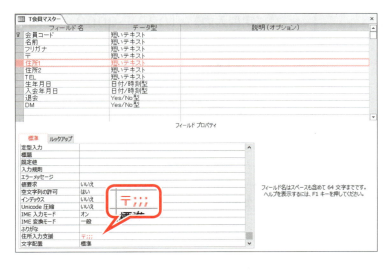

4 《定型入力》プロパティの設定

《定型入力》プロパティを設定すると、データを入力する際の形式を指定できます。入力する形式を指定しておくと、正確にデータを入力できます。
「〒」フィールドにデータを入力する際、「___-____」の形式が表示され、郵便番号の区切り文字「-(ハイフン)」をテーブルに保存するように設定しましょう。

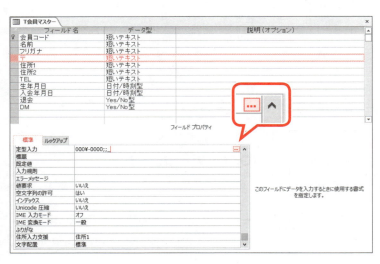

① 「〒」フィールドの行セレクターをクリックします。

「〒」フィールドのフィールドプロパティが表示されます。

② 《標準》タブを選択します。

③ 《定型入力》プロパティをクリックします。

カーソルと […] が表示されます。

④ […] をクリックします。

《定型入力ウィザード》が表示されます。

定型入力名を選択します。

⑤ 一覧から《郵便番号》を選択します。

⑥ 《次へ》をクリックします。

定型入力の形式を指定します。

⑦ 《定型入力》が「000¥-0000」になっていることを確認します。

※「0」は半角数字を入力する、「¥」は次の文字を区切り文字として表示するという意味です。

代替文字を指定します。

⑧ 《代替文字》が「_」になっていることを確認します。

※データを入力する際に、入力領域に「_」を表示するという意味です。

⑨ 《次へ》をクリックします。

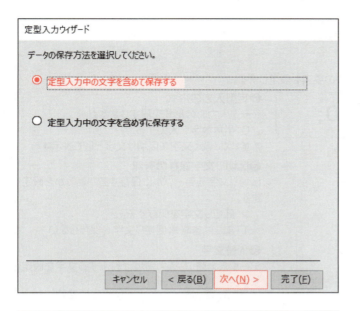

データの保存方法を選択します。

⑩《定型入力中の文字を含めて保存する》を◉にします。

⑪《次へ》をクリックします。

⑫《完了》をクリックします。

フィールドプロパティの設定を確認します。

⑬「〒」フィールドの行セレクターをクリックします。

⑭《標準》タブを選択します。

⑮《定型入力》プロパティが「000¥-0000;0;_」になっていることを確認します。

※データを入力する際、「___-____」の形式が表示され、「-(ハイフン)」をテーブルに保存するという意味です。

POINT ▶▶▶

《定型入力》プロパティ

《定型入力》プロパティには、次の3つの要素を設定します。

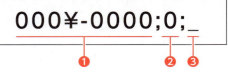

❶定型入力の形式
データ入力時の形式を設定します。
　0：半角数字を入力する
　¥：次に続く文字を区切り文字として表示する

❷区切り文字保存の有無
区切り文字をテーブルに保存するかどうかを設定します。
　0：区切り文字を保存する
　1（または省略）：区切り文字を保存しない

❸代替文字
データ入力時に、入力領域に表示する文字を設定します。
スペースを表示するには、スペースを「"（ダブルクォーテーション）」で囲んで設定します。

ウィザード機能のインストール

Accessのセットアップ状態によっては、次のようなメッセージが表示される場合があります。メッセージが表示された場合は、《はい》をクリックし、メッセージに従ってウィザード機能をインストールしましょう。

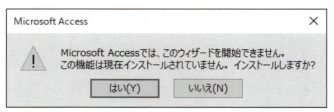

5 《書式》プロパティの設定

《書式》プロパティを設定すると、データを表示する書式を指定できます。
「生年月日」フィールドと「入会年月日」フィールドに日付を入力すると、「〇〇〇〇年〇月〇日」と表示されるように設定しましょう。よく使う書式はあらかじめ用意されているので、一覧から選択して設定できます。

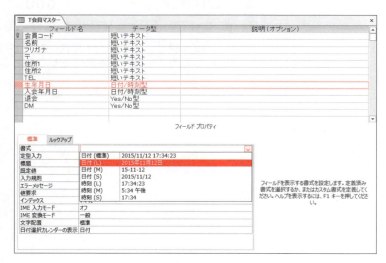

①「生年月日」フィールドの行セレクターをクリックします。

「生年月日」フィールドのフィールドプロパティが表示されます。

②《標準》タブを選択します。

③《書式》プロパティをクリックします。

カーソルと ▽ が表示されます。

④ ▽ をクリックし、一覧から《日付（L）》を選択します。

⑤ 同様に、「**入会年月日**」フィールドの《**書式**》プロパティを《**日付（L）**》に設定します。

※テーブルを上書き保存しておきましょう。

《書式》プロパティの一覧

《書式》プロパティの ⌄ をクリックして表示される一覧は、フィールドのデータ型によって異なります。

（プロパティの更新オプション）

《書式》プロパティを設定すると、フィールドプロパティに （プロパティの更新オプション）が表示されます。 （プロパティの更新オプション）を使うと、そのフィールドが使用されているクエリやフォーム、レポートのすべての箇所で書式が更新されます。

6 データの入力

データシートビューに切り替えて、次のデータを入力しましょう。
データを入力しながら、フィールドプロパティの設定を確認します。

会員コード	名前	フリガナ	〒	住所1	住所2	TEL	生年月日	入会年月日	退会	DM
1051	竹下　香	タケシタ カオリ	230-0051	神奈川県横浜市鶴見区鶴見中央	1-2-X	045-505-XXXX	1976/03/21	2016/04/30	☐	☑

データシートビューに切り替えます。

① 《**デザイン**》タブを選択します。

※《ホーム》タブでもかまいません。

② 《**表示**》グループの （表示）をクリックします。

③ （新しい（空の）レコード）をクリックします。
新規レコードの「**会員コード**」のセルにカーソルが表示されます。

④ 「**1051**」と入力し、 Tab または Enter を押します。

⑤ 「**名前**」に「**竹下　香**」と入力し、 Tab または Enter を押します。

「**フリガナ**」にふりがなが全角カタカナで自動的に表示されます。

⑥ ふりがなが表示されていることを確認し、 Tab または Enter を押します。

※正しいふりがなが表示されていない場合は、修正します。

⑦「〒」に「2300051」と入力します。

※最初の数字「2」を入力すると「___-____」の形式が表示されます。

「住所1」に対応する住所が自動的に表示されます。

⑧住所を確認し、[Tab]または[Enter]を2回押します。

⑨「住所2」に「1-2-X」と入力し、[Tab]または[Enter]を押します。

⑩「TEL」に「045-505-XXXX」と入力し、[Tab]または[Enter]を押します。

⑪「生年月日」に「1976/03/21」と入力し、[Tab]または[Enter]を押します。

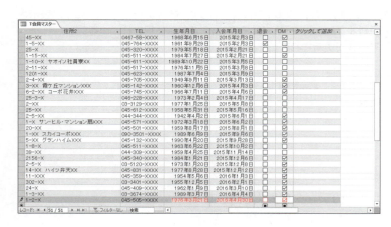

日付が「○○○○年○月○日」の書式で表示されます。

⑫「入会年月日」に「2016/04/30」と入力し、[Tab]または[Enter]を押します。

⑬「退会」が□になっていることを確認します。

⑭「DM」を☑にし、[Tab]または[Enter]を押します。

※テーブルを閉じておきましょう。

フィールドプロパティ

よく使われるフィールドプロパティには、次のようなものがあります。

フィールドプロパティ	説明
《フィールドサイズ》プロパティ	フィールドに入力できる最大文字数を設定します。
《小数点以下表示桁数》プロパティ	小数点以下の表示桁数を設定します。
《標題》プロパティ	フィールドのラベルを設定します。 ラベルを設定すると、フォームやレポートに反映されます。
《既定値》プロパティ	あらかじめ入力される値を設定します。
《入力規則》プロパティ	入力できる値を制限する式を設定します。
《エラーメッセージ》プロパティ	入力規則に反するデータが入力されたときに表示するメッセージを設定します。
《値要求》プロパティ	データ入力が必須かどうかを設定します。 フィールドに必ずデータを入力しなければならない場合、《はい》にします。
《インデックス》プロパティ	フィールドにインデックスを設定するかどうかを設定します。 インデックスを設定すると、並べ替えや検索が高速に処理できます。
《IME入力モード》プロパティ	データ入力時のIMEの入力モードを設定します。
《IME変換モード》プロパティ	データ入力時のIMEの変換モードを設定します。

※データ型によっては、設定できないフィールドプロパティがあります。

Chapter 3
第3章

リレーションシップと参照整合性

Check	この章で学ぶこと	27
Step1	リレーションシップと参照整合性の概要	28
Step2	リレーションシップを作成する	33
Step3	参照整合性を確認する	39
参考学習	ルックアップフィールドを作成する	42

Chapter 3

この章で学ぶこと

学習前に習得すべきポイントを理解しておき、
学習後には確実に習得できたかどうかを振り返りましょう。

1　リレーションシップとは何かを説明できる。　→ P.28

2　参照整合性とは何かを説明できる。　→ P.30

3　テーブル間にリレーションシップを作成できる。　→ P.33

4　テーブル間にリレーションシップを作成する際に、参照整合性を設定できる。　→ P.36

5　参照整合性を設定することによって、データの入力を制限できる。　→ P.39

6　参照整合性を設定することによって、データの更新を制限できる。　→ P.40

7　参照整合性を設定することによって、データの削除を制限できる。　→ P.41

8　テーブルにルックアップフィールドを作成できる。　→ P.42

Step 1 リレーションシップと参照整合性の概要

1 リレーションシップ

リレーショナル・データベースは、テーブルを細分化し、それらを相互に関連付けている構造を持っているので、同じデータが重複せず、効率よくデータを入力したり更新したりできます。Accessでは、複数に分けたテーブル間の共通フィールドを関連付けることができ、この関連付けを**「リレーションシップ」**といいます。テーブル間にリレーションシップを作成すると、次のような利点があります。

1 データの自動参照

クエリやフォームで**「会員コード」**や**「利用区分コード」**を入力すると、マスターとなるテーブルを参照し、対応するデータを表示します。

2 データ変更の反映

マスターとなるテーブルのデータを変更すると、そのテーブルをもとにして作成したクエリ、フォーム、レポートにその変更が自動的に反映されます。

POINT ▶▶▶

主テーブルと関連テーブル

2つのテーブル間にリレーションシップを作成するには、2つのテーブルに共通のフィールドが必要となります。リレーションシップを作成するテーブルには、「主テーブル」と「関連テーブル」があります。

●主テーブル
共通フィールドのうち「主キー」を含むテーブル

●関連テーブル
共通フィールドのうち「外部キー」を含むテーブル
※共通フィールドのうち、「主キー」側のフィールドに対して、もう一方のフィールドを「外部キー」といいます。

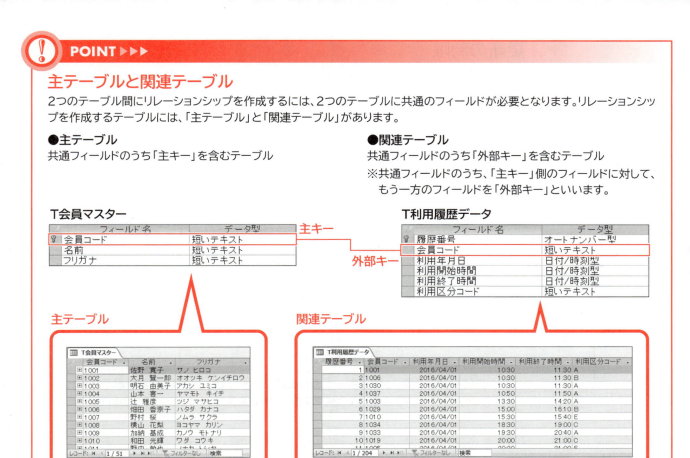

2 参照整合性

テーブル間にリレーションシップを作成する際に、**「参照整合性」**を設定することによって、テーブル間のデータの整合性を保ち、矛盾のないデータ管理を行うことができるようになります。

「参照整合性」を設定すると、データの入力や更新が次のように制限されます。

1 入力の制限

主テーブルの**「主キー」**に存在しない値は、関連テーブル側で入力できません。

●T利用履歴データ

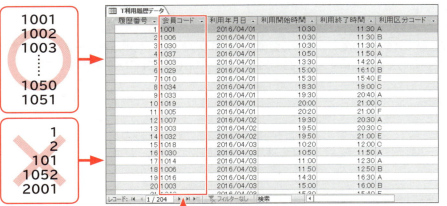

●T会員マスター

「T会員マスター」の主キーである会員コードに存在しない値は「T利用履歴データ」側で入力できない

2 更新の制限

関連テーブルに主テーブルの**「主キー」**が入力されている場合、主テーブル側でその**「主キー」**の値を更新できません。

「T会員マスター」の主キーである会員コード「1003」が「T利用履歴データ」に入力されているので、「T会員マスター」側で会員コード「1003」を更新できない

3 削除の制限

関連テーブルに主テーブルの**「主キー」**が入力されている場合、主テーブル側でその**「主キー」**のレコードを削除できません。

「T会員マスター」の主キーである会員コード「1003」が「T利用履歴データ」に入力されているので、「T会員マスター」側で会員コード「1003」のレコードを削除できない

3 手動結合と自動結合

リレーションシップの作成方法には、「**手動結合**」と「**自動結合**」があります。

●手動結合
- リレーションシップウィンドウで作成する
- 次の条件を満たすフィールドを結合する

> 同じデータ型

- 参照整合性が設定できる

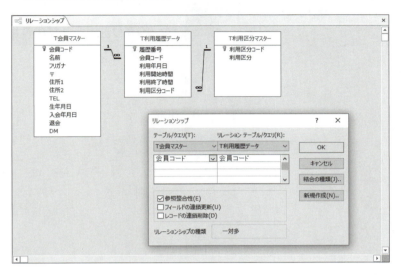

●自動結合
- クエリのデザインビューで作成する
- 次の条件を満たすフィールドを結合する

> 同じフィールド名
> 同じデータ型
> 一方が主キー

- 参照整合性が設定できない

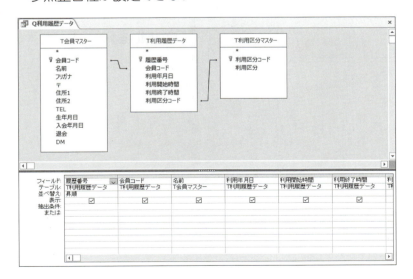

Step2 リレーションシップを作成する

1 自動結合による作成

「T会員マスター」「T利用履歴データ」「T利用区分マスター」の3つのテーブル間に自動結合でリレーションシップを作成しましょう。自動結合はクエリのデザインビューで作成します。
※テーブル間の共通フィールドは、自動結合の条件を満たすようにあらかじめ設定されています。

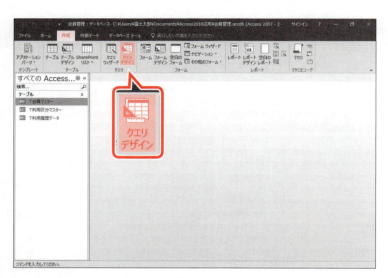

①《作成》タブを選択します。
②《クエリ》グループの (クエリデザイン)をクリックします。

クエリウィンドウと《テーブルの表示》ダイアログボックスが表示されます。
③《テーブル》タブを選択します。
④一覧から「T会員マスター」を選択します。
⑤ [Shift] を押しながら、「T利用履歴データ」を選択します。
⑥《追加》をクリックします。
《テーブルの表示》ダイアログボックスを閉じます。
⑦《閉じる》をクリックします。

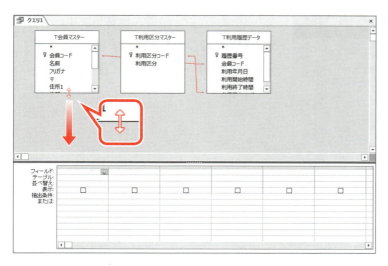

クエリウィンドウに3つのテーブルのフィールドリストが表示されます。

※主キーには🔑が表示されます。

⑧リレーションシップが自動的に作成され、テーブル間の共通フィールドに結合線が表示されていることを確認します。

フィールドリストのフィールド名がすべて表示されるように調整します。

⑨**「T会員マスター」**フィールドリストの下端をポイントします。

マウスポインターの形が⇕に変わります。

⑩下方向にドラッグします。

⑪同様に、**「T利用履歴データ」**フィールドリストのフィールド名がすべて表示されるように調整します。

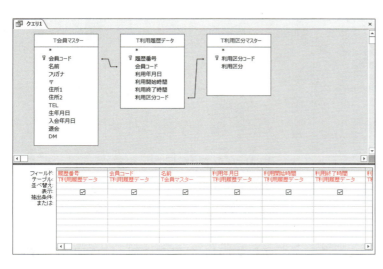

リレーションシップの作成を見やすくするために、フィールドリストの配置を変更します。

⑫図のように、フィールドリストの配置を調整します。

⑬次の順番でフィールドをデザイングリッドに登録します。

テーブル	フィールド
T利用履歴データ	履歴番号
〃	会員コード
T会員マスター	名前
T利用履歴データ	利用年月日
〃	利用開始時間
〃	利用終了時間
〃	利用区分コード
T利用区分マスター	利用区分

⑭**「履歴番号」**フィールドの《並べ替え》セルを《昇順》に設定します。

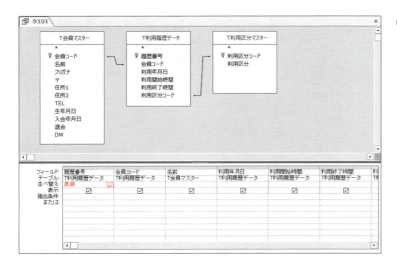

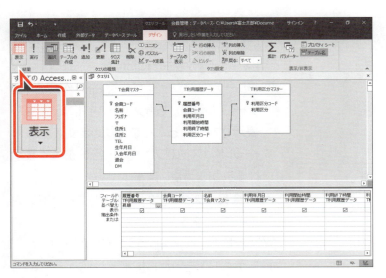

クエリを実行して、結果を確認します。
⑮《デザイン》タブを選択します。
⑯《結果》グループの （表示）をクリックします。

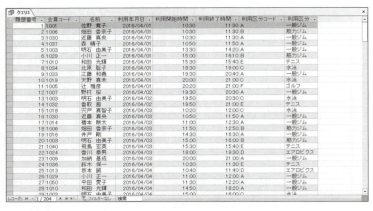

⑰テーブルが結合され、データが自動的に参照されていることを確認します。

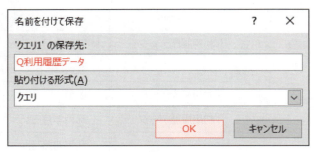

作成したクエリを保存します。
⑱ F12 を押します。
《名前を付けて保存》ダイアログボックスが表示されます。
⑲《'クエリ1'の保存先》に「Q利用履歴データ」と入力します。
⑳《OK》をクリックします。
※クエリを閉じておきましょう。

POINT ▶▶▶
オブジェクトの保存
オブジェクトを開き、オブジェクトウィンドウ内にカーソルがある状態で F12 を押すと、そのオブジェクトが保存の対象になります。

2 手動結合による作成

自動結合でリレーションシップを作成すると、参照整合性を設定できません。手動結合でリレーションシップを作成し、テーブル間に参照整合性を設定しましょう。

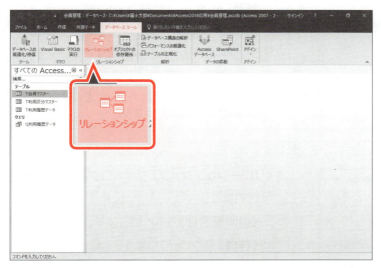

①《データベースツール》タブを選択します。
②《リレーションシップ》グループの (リレーションシップ) をクリックします。

リレーションシップウィンドウと《テーブルの表示》ダイアログボックスが表示されます。
③《テーブル》タブを選択します。
④一覧から「T会員マスター」を選択します。
⑤ Shift を押しながら、「T利用履歴データ」を選択します。
⑥《追加》をクリックします。
《テーブルの表示》ダイアログボックスを閉じます。
⑦《閉じる》をクリックします。

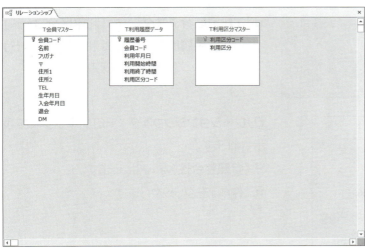

リレーションシップウィンドウに3つのテーブルのフィールドリストが表示されます。
※主キーには🔑が表示されます。
※図のように、フィールドリストのサイズと配置を調整しておきましょう。

36

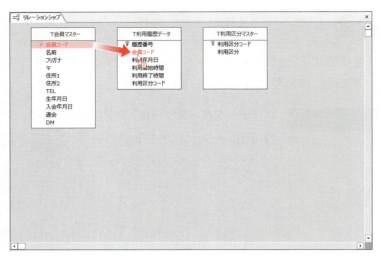

テーブル「**T会員マスター**」とテーブル「**T利用履歴データ**」の間にリレーションシップを作成します。

⑧「**T会員マスター**」の「**会員コード**」を「**T利用履歴データ**」の「**会員コード**」までドラッグします。

ドラッグ中、フィールドリスト内でマウスポインターの形が に変わります。

※ドラッグ元のフィールドとドラッグ先のフィールドは入れ替わってもかまいません。

《リレーションシップ》ダイアログボックスが表示されます。

⑨《参照整合性》を☑にします。

⑩《作成》をクリックします。

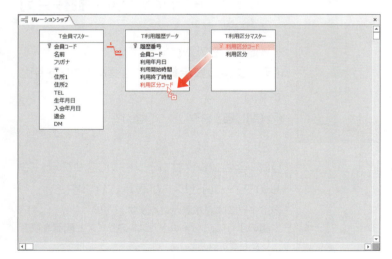

テーブル間に結合線が表示されます。

⑪結合線の「**T会員マスター**」側に **1**（主キー）、「**T利用履歴データ**」側に **∞**（外部キー）が表示されていることを確認します。

テーブル「**T利用区分マスター**」とテーブル「**T利用履歴データ**」の間にリレーションシップを作成します。

⑫「**T利用区分マスター**」の「**利用区分コード**」を「**T利用履歴データ**」の「**利用区分コード**」までドラッグします。

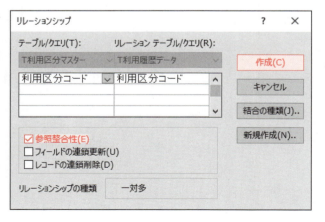

《リレーションシップ》ダイアログボックスが表示されます。

⑬《参照整合性》を☑にします。

⑭《作成》をクリックします。

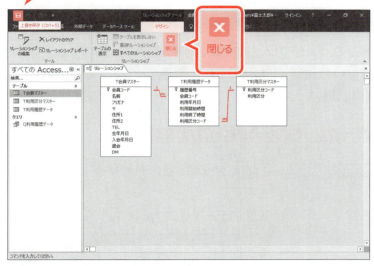

3つのテーブル間にリレーションシップが作成され、参照整合性が設定されます。
リレーションシップウィンドウのレイアウトを保存します。

⑮ クイックアクセスツールバーの ■ （上書き保存）をクリックします。

リレーションシップウィンドウを閉じます。

⑯《デザイン》タブを選択します。

⑰《リレーションシップ》グループの （閉じる）をクリックします。

既存のクエリへの反映

リレーションシップウィンドウで設定した参照整合性は、既存のクエリに自動的に反映されます。

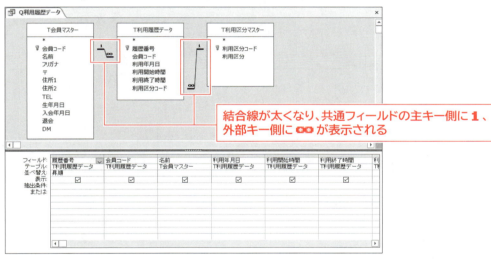

結合線が太くなり、共通フィールドの主キー側に **1**、外部キー側に **∞** が表示される

リレーションシップの印刷

リレーションシップの作成状態をレポートにして印刷する方法は、次のとおりです。

◆《データベースツール》タブ→《リレーションシップ》グループの （リレーションシップ）→《デザイン》タブ→《ツール》グループの ■ リレーションシップレポート （リレーションシップレポート）→《印刷プレビュー》タブ→《印刷》グループの ■ （印刷）

※印刷後にもとの状態に戻すには、《プレビューを閉じる》グループの ■ （印刷プレビューを閉じる）をクリックします。レポートがデザインビューで表示されるので、必要な場合は保存しておくとよいでしょう。

Step3 参照整合性を確認する

1 入力の制限

参照整合性を設定することによって、データの入力や更新、削除が制限されます。
主テーブル「**T会員マスター**」にない会員コード「**2001**」は、関連テーブル「**T利用履歴デー タ**」側で入力できないことを確認しましょう。

 テーブル「T利用履歴データ」をデータシートビューで開いておきましょう。

① ▶*（新しい（空の）レコード）をクリックします。

② 次のデータを入力します。

履歴番号	会員コード	利用年月日	利用開始時間	利用終了時間	利用区分コード
オートナンバー	2001	2016/04/30	20:20	21:10	B

※「履歴番号」はオートナンバー型なので、自動的に連番が表示されます。

③ 次のレコードにカーソルを移動します。

図のような入力不可のメッセージが表示されます。

④《**OK**》をクリックします。

⑤ [Esc] を押して、入力を中止します。
※テーブルを閉じておきましょう。

2 更新の制限

関連テーブル「T利用履歴データ」に会員コード「1003」が存在する場合、主テーブル「T会員マスター」側で主キーの「1003」を更新できないことを確認しましょう。

 File OPEN テーブル「T会員マスター」をデータシートビューで開いておきましょう。

①「1003」を「1061」に更新します。
②次のレコードにカーソルを移動します。

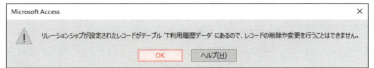

図のような更新不可のメッセージが表示されます。
③《OK》をクリックします。
④ Esc を押して、更新を中止します。

⚠ POINT ▶▶▶

フィールドの連鎖更新

《フィールドの連鎖更新》を ☑ にすると、主テーブルの主キーのデータの更新にともなって、関連テーブルのデータも更新されます。

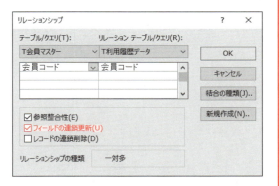

●T利用履歴データ

●T会員マスター

 会員コードの更新

「T会員マスター」側で会員コード「1003」を「1061」に更新すると、「T利用履歴データ」の会員コード「1003」がすべて「1061」に更新される

3 削除の制限

関連テーブル「T利用履歴データ」に会員コード「1003」が存在する場合、主テーブル「T会員マスター」側で「1003」のレコードを削除できないことを確認しましょう。

①会員コード「1003」のレコードセレクターをクリックします。
②[Delete]を押します。

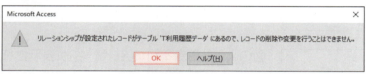

図のような削除不可のメッセージが表示されます。

③《OK》をクリックします。

※テーブルを閉じておきましょう。
※P.42「第3章 参考学習 ルックアップフィールドを作成する」に進む場合は、データベース「会員管理.accdb」を閉じておきましょう。

POINT ▶▶▶

レコードの連鎖削除

《レコードの連鎖削除》を☑にすると、主テーブルのレコードの削除にともなって、関連テーブルのレコードも削除されます。

●T利用履歴データ

●T会員マスター

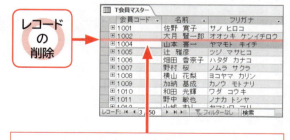

「T会員マスター」側で会員コード「1003」のレコードを削除すると、「T利用履歴データ」の会員コード「1003」のレコードがすべて削除される

参考学習 ルックアップフィールドを作成する

1 ルックアップフィールド

「ルックアップフィールド」とは、指定したデータをドロップダウン形式の一覧で表示し、その一覧からデータを選択してテーブルに格納するフィールドのことです。
次のようなルックアップフィールドを作成しましょう。

2 ルックアップフィールドの作成

データベース「**第3章参考学習.accdb**」を使って、テーブル「**T利用履歴データ**」の「**利用区分コード**」フィールドをルックアップフィールドにしましょう。「**ルックアップウィザード**」を使うと、対話形式で簡単にルックアップフィールドを作成できます。
ほかのテーブルの値を参照するルックアップフィールドを作成する場合、テーブル間のリレーションシップを解除しておく必要があります。ルックアップフィールドを作成する前にリレーションシップを確認しておきましょう。

データベース「**第3章参考学習.accdb**」を開いておきましょう。
また、《セキュリティの警告》メッセージバーの《コンテンツの有効化》をクリックしておきましょう。

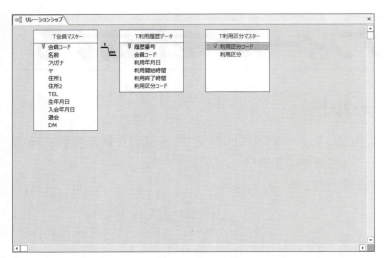

リレーションシップを確認します。
①《データベースツール》タブを選択します。
②《リレーションシップ》グループの ■ (リレーションシップ) をクリックします。
リレーションシップウィンドウが表示されます。
③テーブル「T利用履歴データ」とテーブル「T利用区分マスター」との間にリレーションシップが作成されていないことを確認します。
※リレーションシップウィンドウを閉じておきましょう。

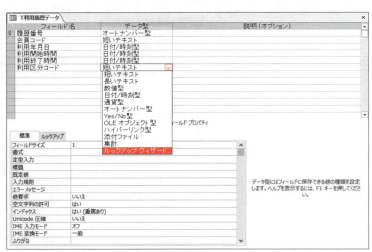

④テーブル「T利用履歴データ」をデザインビューで開きます。
⑤「利用区分コード」フィールドの《データ型》の ▽ をクリックし、一覧から《ルックアップウィザード...》を選択します。

《ルックアップウィザード》が表示されます。
データ入力時に参照する値の種類を選択します。
⑥《ルックアップフィールドの値を別のテーブルまたはクエリから取得する》を ● にします。
⑦《次へ》をクリックします。

データ入力時に参照するテーブルまたはクエリを選択します。
⑧《表示》の《テーブル》を ● にします。
⑨一覧から「テーブル：T利用区分マスター」を選択します。
⑩《次へ》をクリックします。

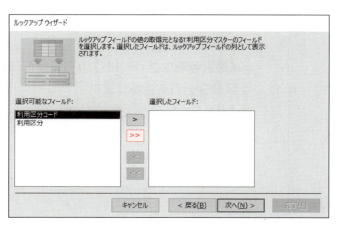

データ入力時に表示するフィールドを選択します。

すべてのフィールドを選択します。

⑪ >> をクリックします。

《選択したフィールド》にすべてのフィールドが移動します。

⑫《次へ》をクリックします。

表示する値を並べ替える方法を指定する画面が表示されます。

※今回、並べ替えは指定しません。

⑬《次へ》をクリックします。

データ入力時にキー列を表示するかどうかを指定します。

※「キー列」とは、主キーを設定したフィールドです。

⑭《キー列を表示しない（推奨）》を ☐ にします。

⑮《次へ》をクリックします。

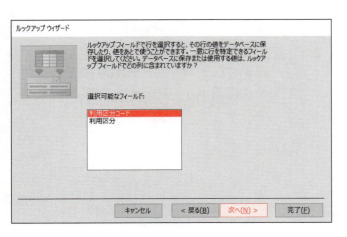

データ入力時に、保存の対象になるフィールドを指定します。

⑯《選択可能なフィールド》の一覧から「**利用区分コード**」を選択します。

⑰《**次へ**》をクリックします。

ルックアップフィールド名を指定します。

⑱「**利用区分コード**」になっていることを確認します。

※《複数の値を許可する》を☑にすると、ルックアップフィールドで複数の値を選択できるようになります。

⑲《**完了**》をクリックします。

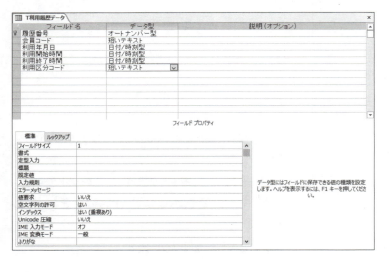

図のような確認のメッセージが表示されます。

⑳《**はい**》をクリックします。

ルックアップフィールドが作成されます。

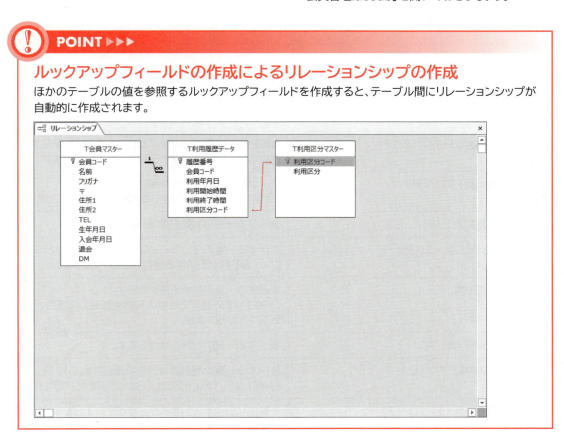

データシートビューに切り替えます。

㉑《デザイン》タブを選択します。

※《ホーム》タブでもかまいません。

㉒《表示》グループの ▥ (表示)をクリックします。

㉓1件目のレコードの「利用区分コード」のセルをクリックします。

㉔ ▽ をクリックします。

ドロップダウン形式の一覧が表示されます。

㉕一覧から「C　水泳」を選択します。

※テーブルを閉じ、データベース「第3章参考学習.accdb」を閉じておきましょう。また、データベース「会員管理.accdb」を開いておきましょう。

POINT ▶▶▶

ルックアップフィールドの作成によるリレーションシップの作成

ほかのテーブルの値を参照するルックアップフィールドを作成すると、テーブル間にリレーションシップが自動的に作成されます。

その他の方法（ルックアップフィールドの作成）

データシートビューでルックアップフィールドを作成する方法は、次のとおりです。

◆フィールドを選択→《フィールド》タブ→《追加と削除》グループの ▦ その他のフィールド ▼ （その他のフィールド）→《ルックアップ/リレーションシップ》

46

ルックアップフィールドのプロパティ

ルックアップフィールドの詳細は、フィールドプロパティの《ルックアップ》タブに設定されます。

フィールドプロパティ	説明
《表示コントロール》プロパティ	コントロールの種類を設定します。
《値集合タイプ》プロパティ	表示する値の種類を設定します。 《テーブル/クエリ》、《値リスト》、《フィールドリスト》のいずれかを選択します。
《値集合ソース》プロパティ	《値集合タイプ》プロパティと組み合わせて、参照するテーブルやクエリ、または値リスト、またはフィールドリストを設定します。
《連結列》プロパティ	データとして保存される列を設定します。 《列幅》プロパティで設定した列を左から「1」「2」と数えて設定します。
《列数》プロパティ	表示する一覧の列数を設定します。
《列見出し》プロパティ	表示する一覧の上にフィールド名を表示するかどうかを設定します。 フィールド名を表示する場合、《はい》にします。
《列幅》プロパティ	表示する一覧の列幅を設定します。 《列数》プロパティで複数の列数を設定した場合、「；（セミコロン）」で値を区切って設定します。
《リスト行数》プロパティ	表示する一覧の行数を設定します。
《リスト幅》プロパティ	表示する一覧の列幅の合計を設定します。 《列幅》プロパティで設定した値を合計して設定します。
《入力チェック》プロパティ	一覧にない値を入力するかどうかを設定します。 一覧の値だけを入力可能にする場合、《はい》にします。
《複数の値の許可》プロパティ	複数の値を選択可能にするかどうかを設定します。 《はい》にすると、一覧にある値にチェックボックスが表示されます。
《値リストの編集の許可》プロパティ	《値集合タイプ》プロパティが《値リスト》の場合、ルックアップフィールドの項目を編集可能にするかどうかを設定します。
《リスト項目編集フォーム》プロパティ	ルックアップフィールドを編集するときに使用するフォームを設定します。
《値集合ソースの値のみの表示》プロパティ	《複数の値の許可》プロパティが《はい》の場合、《値集合ソース》プロパティで設定した項目だけを表示するかどうかを設定します。

第4章 Chapter 4

クエリの活用

Check	この章で学ぶこと	49
Step1	作成するクエリを確認する	50
Step2	関数を利用する	52
Step3	フィールドプロパティを設定する	57
参考学習	様々な関数	61

Chapter 4

この章で学ぶこと

学習前に習得すべきポイントを理解しておき、
学習後には確実に習得できたかどうかを振り返りましょう。

1	演算フィールドとは何かを説明できる。	☑☑☑	→ P.52
2	日付を計算する関数を利用できる。	☑☑☑	→ P.52
3	クエリのフィールドに《書式》プロパティを設定して、データを表示する書式を指定できる。	☑☑☑	→ P.57
4	文字列を操作する関数を利用できる。	☑☑☑	→ P.61
5	条件を指定する関数を利用できる。	☑☑☑	→ P.65
6	数値の端数を処理する関数を利用できる。	☑☑☑	→ P.68

Step 1 作成するクエリを確認する

1 作成するクエリの確認

次のようなクエリ「**Q会員マスター**」を作成しましょう。

●Q会員マスター

2 クエリの作成

テーブル「**T会員マスター**」をもとに、クエリ「**Q会員マスター**」を作成しましょう。

① 《**作成**》タブを選択します。
② 《**クエリ**》グループの (クエリデザイン)をクリックします。

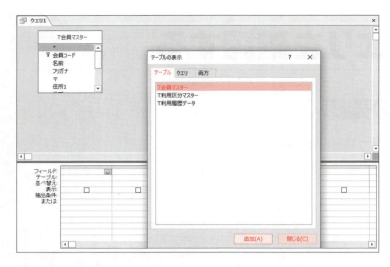

クエリウィンドウと《テーブルの表示》ダイアログボックスが表示されます。

③《テーブル》タブを選択します。

④一覧から「T会員マスター」を選択します。

⑤《追加》をクリックします。

《テーブルの表示》ダイアログボックスを閉じます。

⑥《閉じる》をクリックします。

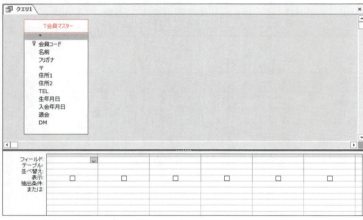

クエリウィンドウにテーブル「T会員マスター」のフィールドリストが表示されます。

※図のように、フィールドリストのサイズを調整しておきましょう。

すべてのフィールドをデザイングリッドに登録します。

⑦フィールドリストのタイトルバーをダブルクリックします。

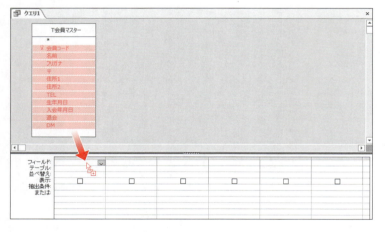

すべてのフィールドが選択されます。

⑧選択したフィールドを図のようにデザイングリッドまでドラッグします。

ドラッグ中、デザイングリッド内でマウスポインターの形が に変わります。

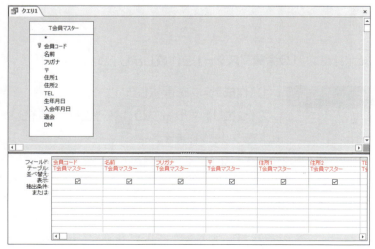

デザイングリッドにすべてのフィールドが登録されます。

※データシートビューに切り替えて、結果を確認しましょう。

※デザインビューに切り替えておきましょう。

Step 2 関数を利用する

1 演算フィールド

「演算フィールド」とは、既存のフィールドをもとに計算式を入力し、その計算結果を表示するフィールドのことです。

演算フィールドは計算式だけを定義したフィールドです。計算結果はテーブルに蓄積されないので、ディスク容量を節約できます。もとのフィールドの値が変化すれば、計算結果も自動的に再計算されます。

クエリのデザイングリッドに演算フィールドを作成するには、《フィールド》セルに次のように入力します。

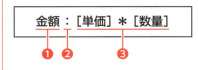

❶作成するフィールド名
❷：（コロン）
❸計算式
※フィールド名の［］は省略できます。
※「：」や算術演算子は半角で入力します。

2 関数の利用

演算フィールドに入力する計算式には、「＋」や「－」などの算術演算子を使った計算式のほかに、「関数」を使うことができます。関数は、Accessにあらかじめ組み込まれた計算式で、数値や日付を計算したり、数値を文字列に変換したりできます。

> 本書では、パソコンの日付を2016年7月31日として処理しています。
> 本書と同じ結果を得るために、パソコンの日付を2016年7月31日にしておきましょう。
> ◆タスクバーの時刻部分を右クリック→《日付と時刻の調整》→《日付と時刻》の《時刻を自動的に設定する》をオフ→《日付と時刻を変更する》の《変更》
> ※日付を変更するには、アカウントの種類が管理者のユーザーでパソコンにサインインする必要があります。

1 Month関数

「生年月日」フィールドをもとに「誕生月」フィールドを作成しましょう。
「誕生月」はMonth関数を使って求めます。

> ●Month関数
>
> Month（日付）
>
> 指定した日付の月を整数で返します。
> 例）2016年7月31日の月を求める場合
> 　　　Month("2016/7/31") → 7

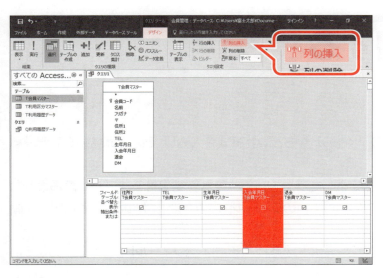

「生年月日」フィールドと「入会年月日」フィールドの間に1列挿入します。

①「入会年月日」フィールドのフィールドセレクターをクリックします。

②《デザイン》タブを選択します。

③《クエリ設定》グループの 列の挿入 （列の挿入）をクリックします。

「誕生月」フィールドを作成します。

④挿入した列の《フィールド》セルに次のように入力します。

誕生月：Month（[生年月日]）

※英字と記号は半角で入力します。入力の際、[ ]は省略できます。
※列幅を調整して、フィールドを確認しましょう。

データシートビューに切り替えて、結果を確認します。

⑤《結果》グループの [ ]（表示）をクリックします。

⑥「誕生月」フィールドが作成され、誕生月が表示されていることを確認します。

※デザインビューに切り替えておきましょう。

日付に関する関数

Year関数を使うと年、Day関数を使うと日にちを求めることができます。

●Year関数

Year(日付)

指定した日付の年を整数で返します。

例) 2016年7月31日の年を求める場合
　　　Year("2016/7/31") → 2016

●Day関数

Day(日付)

指定した日付の日にちを整数で返します。

例) 2016年7月31日の日にちを求める場合
　　　Day("2016/7/31") → 31

2 DateDiff関数(入会月数)

「**入会年月日**」フィールドをもとに「**入会月数**」フィールドを作成しましょう。
「**入会月数**」はDateDiff関数を使って求めます。

●DateDiff関数

DateDiff(日付の単位,古い日付,新しい日付)

指定した古い日付から新しい日付までの差を、指定した日付の単位で返します。
日付の単位を指定する方法は、次のとおりです。

日付の単位	指定する形式
年	"yyyy"
月	"m"
週	"ww"
日	"d"
時	"h"
分	"n"
秒	"s"

例) DateDiff("yyyy","2016/5/1","2017/6/1") → 1
　　DateDiff("yyyy","2016/5/1","2016/6/1") → 0
　　DateDiff("m","2016/5/1","2016/6/1") → 1
　　DateDiff("m","2016/5/1","2017/5/1") → 12
　　DateDiff("ww","2016/5/1","2016/6/1") → 4
　　DateDiff("d","2016/5/1","2017/5/1") → 365
　　DateDiff("h","10:58:00","13:12:15") → 3
　　DateDiff("n","10:58:00","13:12:15") → 134
　　DateDiff("s","10:58:00","13:12:15") → 8055

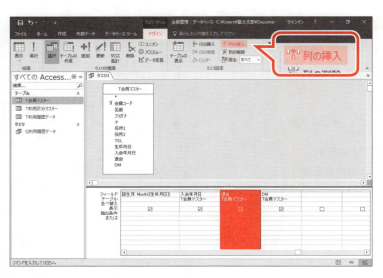

「入会年月日」フィールドと「退会」フィールドの間に1列挿入します。

①「退会」フィールドのフィールドセレクターをクリックします。

②《デザイン》タブを選択します。

③《クエリ設定》グループの 列の挿入 （列の挿入）をクリックします。

「入会月数」フィールドを作成します。

④挿入した列の《フィールド》セルに次のように入力します。

入会月数：DateDiff("m",[入会年月日],Date())

※入会年月日から本日までの日付の差を月数で返すという意味です。「Date()」は、パソコンの本日の日付を返すDate関数です。

※英字と記号は半角で入力します。入力の際、[ ]は省略できます。

※列幅を調整して、フィールドを確認しましょう。

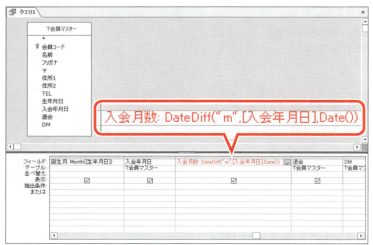

データシートビューに切り替えて、結果を確認します。

⑤《結果》グループの（表示）をクリックします。

⑥「入会月数」フィールドが作成され、入会月数が表示されていることを確認します。

※デザインビューに切り替えておきましょう。

3 DateDiff関数（年齢）

「生年月日」フィールドをもとに「年齢」フィールドを作成し、今年何歳になるかを表示しましょう。今年何歳になるかを求めるには、DateDiff関数を使います。

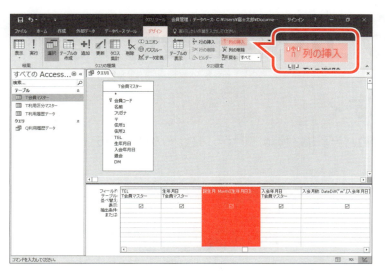

「生年月日」フィールドと「誕生月」フィールドの間に1列挿入します。

①「誕生月」フィールドのフィールドセレクターをクリックします。
②《デザイン》タブを選択します。
③《クエリ設定》グループの (列の挿入)をクリックします。

「年齢」フィールドを作成します。

④挿入した列の《フィールド》セルに次のように入力します。

> 年齢: DateDiff("yyyy",[生年月日],Date())

※生年月日から本日までの日付の差を年数で返すという意味です。
※英字と記号は半角で入力します。入力の際、[ ]は省略できます。
※列幅を調整して、フィールドを確認しましょう。

データシートビューに切り替えて、結果を確認します。

⑤《結果》グループの (表示)をクリックします。
⑥「年齢」フィールドが作成され、年齢が表示されていることを確認します。

満年齢の算出

本日現在、何歳であるかを求めるには、いくつかの方法があります。例えば、次のような計算式で算出できます。

> IIf(DateSerial(Year(Date()),Month([生年月日]),Day([生年月日]))>Date(),DateDiff("yyyy",[生年月日],Date())-1,DateDiff("yyyy",[生年月日],Date()))

「DateSerial(年,月,日)」は、指定した年、月、日に対応する日付を返すDateSerial関数です。
今年の誕生日と本日の日付を比較し、今年の誕生日が本日の日付より大きければ(今年の誕生日がまだであれば)「DateDiff("yyyy",[生年月日],Date())-1」を、そうでなければ「DateDiff("yyyy",[生年月日],Date())」を表示します。
※IIf関数は、P.65「第4章 参考学習 様々な関数」の「●IIf関数」を参照してください。
※DateSerial関数は、P.161「第8章 Step3 演算テキストボックスを作成する」の「●DateSerial関数」を参照してください。

Step3 フィールドプロパティを設定する

1 フィールドプロパティ

クエリのフィールドに対するプロパティ（属性）は、デザインビューの「**プロパティシート**」で設定します。

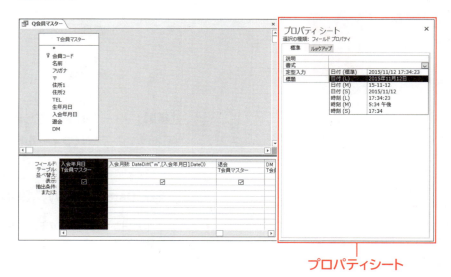

プロパティシート

2 《書式》プロパティの設定

《書式》プロパティを設定すると、データを表示する書式を指定できます。
あらかじめ用意された書式以外に、独自の書式（カスタム書式）を設定することもできます。

1 カスタム書式（年齢）

「**年齢**」フィールドの数値データが「**○歳**」の形式で表示されるように設定しましょう。

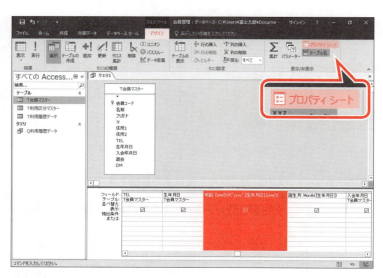

デザインビューに切り替えます。
①《**ホーム**》タブを選択します。
②《**表示**》グループの （表示）をクリックします。
③「**年齢**」フィールドのフィールドセレクターをクリックします。
④《**デザイン**》タブを選択します。
⑤《**表示/非表示**》グループの （プロパティシート）をクリックします。

《プロパティシート》が表示されます。

⑥《標準》タブを選択します。

⑦《書式》プロパティに「0¥歳」と入力します。

※数字と記号は半角で入力します。入力の際、「¥」は省略できます。

《プロパティシート》を閉じます。

⑧ （閉じる）をクリックします。

データシートビューに切り替えて、結果を確認します。

⑨《結果》グループの （表示）をクリックします。

⑩「年齢」フィールドのデータが設定した書式で表示されていることを確認します。

※デザインビューに切り替えておきましょう。

その他の方法（プロパティシートの表示）

◆デザインビューで表示→フィールドを右クリック→《プロパティ》

◆デザインビューで表示→フィールドを選択→ F4

POINT ▶▶▶

数値や文字列のカスタム書式の使用例

数値や文字列のカスタム書式の使用例は、次のとおりです。

《書式》プロパティ	入力データ	表示結果
0¥歳	28 0	28歳 0歳
#¥歳	28 0	28歳 歳 ※0は表示されません。
"私は"0"歳です。"	28	私は28歳です。
000	28	028
#,##0	3456 －3456	3,456 －3,456
#,##0;▲#,##0	3456 －3456	3,456 ▲3,456
@¥様	山田太郎	山田太郎様
@" 様"	山田太郎	山田太郎 様

※「@¥様」は、「&¥様」と指定してもかまいません。

※「@" 様"」は、「&" 様"」と指定してもかまいません。

Let's Try ためしてみよう

「入会月数」フィールドの数値データを「○か月」の形式で表示されるように設定しましょう。

Hint 「0"か月"」と指定します。

Let's Try Answer

①「入会月数」フィールドのフィールドセレクターをクリック
②《デザイン》タブを選択
③《表示/非表示》グループの （プロパティシート）をクリック
④《標準》タブを選択
⑤《書式》プロパティに「0"か月"」と入力
※数字と記号は半角で入力します。入力の際、「"」は省略できます。
⑥《プロパティシート》の ✕ （閉じる）をクリック
※データシートビューに切り替えて、結果を確認しましょう。
※デザインビューに切り替えておきましょう。

2 カスタム書式（生年月日）

「生年月日」フィールドの日付データが「元号○○年○月○日」の形式で表示されるように設定しましょう。

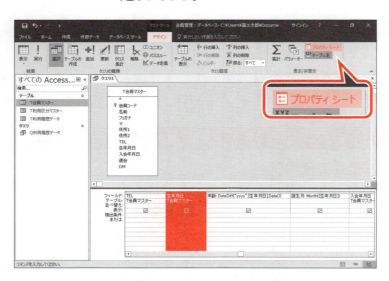

①「生年月日」フィールドのフィールドセレクターをクリックします。
②《デザイン》タブを選択します。
③《表示/非表示》グループの プロパティシート （プロパティシート）をクリックします。

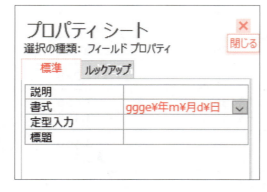

《プロパティシート》が表示されます。
④《標準》タブを選択します。
⑤《書式》プロパティに「ggge¥年m¥月d¥日」と入力します。
※英字と記号は半角で入力します。入力の際、「¥」は省略できます。
《プロパティシート》を閉じます。
⑥ ✕ （閉じる）をクリックします。

データシートビューに切り替えて、結果を確認します。

⑦《結果》グループの ▦ （表示）をクリックします。

⑧「生年月日」フィールドのデータが設定した書式で表示されていることを確認します。

※「生年月日」フィールドの列幅を調整しておきましょう。

> **POINT ▶▶▶**
>
> ### 日付のカスタム書式の使用例
>
> 日付のカスタム書式の使用例は、次のとおりです。
>
> | 《書式》プロパティ | 入力データ | 表示結果 |
> | --- | --- | --- |
> | yyyy¥年m¥月d¥日 | 2016/8/1 | 2016年8月1日 |
> | yyyy¥年mm¥月dd¥日 | 2016/8/1 | 2016年08月01日 |
> | ggge¥年m¥月d¥日 | 2016/8/1
H28/8/1 | 平成28年8月1日 |
> | gge¥年m¥月d¥日 | 2016/8/1
H28/8/1 | 平28年8月1日 |
> | ge¥年m¥月d¥日 | 2016/8/1
H28/8/1 | H28年8月1日 |
> | yyyy¥年m¥月d¥日aaaa | 2016/8/1 | 2016年8月1日月曜日 |
> | yyyy¥年m¥月d¥日aaa | 2016/8/1 | 2016年8月1日月 |
> | yyyy¥年m¥月d¥日（aaa） | 2016/8/1 | 2016年8月1日（月） |

3 クエリの保存

作成したクエリを保存しましょう。

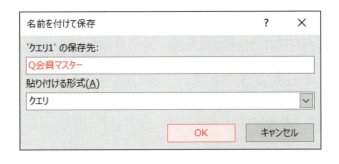

① F12 を押します。

《名前を付けて保存》ダイアログボックスが表示されます。

②《'クエリ1'の保存先》に「Q会員マスター」と入力します。

③《OK》をクリックします。

※クエリを閉じておきましょう。

※P.61「第4章　参考学習　様々な関数」に進む場合は、データベース「会員管理.accdb」を閉じておきましょう。

パソコンの日付をもとに戻しておきましょう。

参考学習　様々な関数

1　様々な関数

Accessには様々な関数が用意されており、必要に応じて、クエリの演算フィールド、フォームやレポートのコントロールなどで利用できます。

データベース「第4章参考学習.accdb」を開いておきましょう。
また、《セキュリティの警告》メッセージバーの《コンテンツの有効化》をクリックしておきましょう。

2　文字列を操作する関数

数値データを文字列データに変換したり、文字列から指定した長さの文字列を表示したりするには、Str関数やRight関数、Left関数、Mid関数を使います。

●Str関数

Str（数値）

数値データを文字列データに変換した値を返します。
例）Str（2＊3）→ 6

※クエリ「Q_Str関数」を開いて確認しましょう。

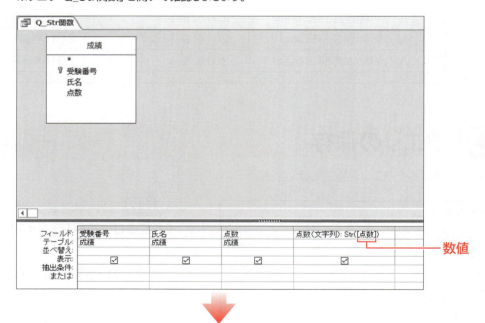

※「点数（文字列）」フィールドの値は文字列であるため、セルの左端から表示されます。なお、1文字目に符号のためのスペースが表示されます。

Format関数

Format関数を使うと、書式を設定した文字列データを表示できます。

> **●Format関数**
>
> **Format（値,書式）**
>
> 書式を設定した文字列データを返します。
>
> 例）Format("2016/8/1","yyyy/mm/dd（aaa）") → 2016/08/01（月）
> 　　Format（21,"00""日は休館日です""") → 21日は休館日です

●Right関数

Right(文字列,長さ)

文字列の右端から指定した長さの文字列を返します。

例)「あいうえお」の右端から3文字分を表示する場合
　　　Right("あいうえお",3) → うえお

※クエリ「Q_Right関数」を開いて確認しましょう。

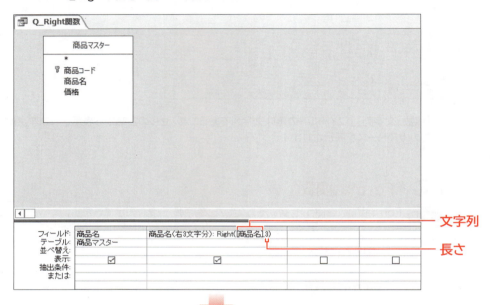

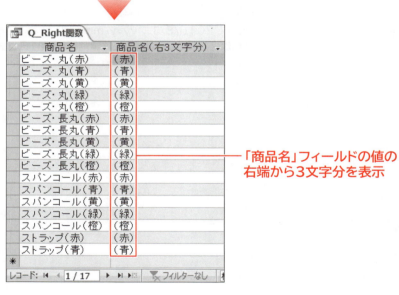

「商品名」フィールドの値の右端から3文字分を表示

 Left関数

Left関数を使うと、左端から指定した長さの文字列を表示できます。

●Left関数

Left(文字列,長さ)

文字列の左端から指定した長さの文字列を返します。

例)「あいうえお」の左端から3文字分を表示する場合
　　　Left("あいうえお",3) → あいう

●Mid関数

Mid（文字列,位置,長さ）

文字列の指定した位置から、指定した長さの文字列を返します。
例）「あいうえお」の2文字目から3文字分を表示する場合
　　　Mid("あいうえお",2,3) → いうえ

※クエリ「Q_Mid関数」を開いて確認しましょう。

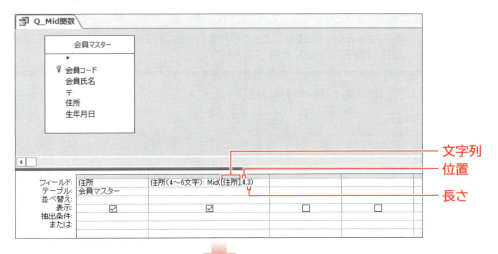

 InStr関数

InStr関数を使うと、検索する文字が何文字目にあるかを求めることができます。

●InStr関数

InStr（文字列,検索する文字）

文字列から検索する文字を検索し、最初に見つかった文字位置を返します。
例）「あいうえお」の「え」が何文字目にあるかを求める場合
　　　InStr("あいうえお","え") →4

例えば、クエリ「Q_Mid関数」の「住所」フィールドから任意の文字数の区名を取り出すには、Mid関数とInStr関数を組み合わせて、次のような計算式で算出できます。

　　　Mid([住所],4,InStr([住所],"区")-3)

「住所」フィールドの4文字目を開始値として、「住所」フィールド内の"区"の文字位置から"東京都"の3文字分を引いた値までの長さの文字列を表示します。

3 条件を指定する関数

条件によって指定した値を表示したり、条件に合致するレコードの件数を求めたりするには、IIf関数やDCount関数を使います。

> ●IIf関数
>
> **IIf（条件,真の場合に返す値,偽の場合に返す値）**
>
> 条件に合致するかどうかによって、指定された値を返します。
> 例)「得点」フィールドの値が80以上であれば「合格」、80未満であれば「不合格」と表示する場合
> 　　IIf（[得点]>=80,"合格","不合格"）

※クエリ「Q_IIf関数」を開いて確認しましょう。

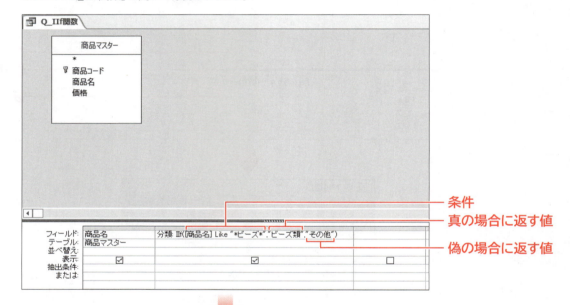

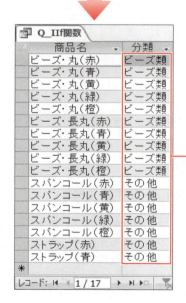

「商品名」フィールドの値に「ビーズ」が含まれる場合は「ビーズ類」を表示、含まれない場合は「その他」を表示

●DCount関数

DCount（フィールド，フィールドを含むテーブル，条件）

指定したフィールドを含むテーブルから、条件に合致するレコードの件数を返します。

例）「商品コード」フィールドを含むテーブル「売上実績」から、「売上数量」フィールドの値が60以上であるレコードの件数を表示する場合
　　DCount("商品コード","売上実績","売上数量>=60")

※フォーム「F_DCount関数」を開いて確認しましょう。

「受験番号」フィールドを含むテーブル「成績」から、「点数」フィールドの値が「70」以上であるレコードの件数を表示

条件に合致するレコードの集計

条件に合致するレコードの、指定したフィールドの値の合計値、最大値、最小値を求めることができます。

●DSum関数

DSum(フィールド,フィールドを含むテーブル,条件)

条件に合致するレコードの、指定したフィールドの値の合計値を返します。

●DMax関数

DMax(フィールド,フィールドを含むテーブル,条件)

条件に合致するレコードの、指定したフィールドの値の最大値を返します。

●DMin関数

DMin(フィールド,フィールドを含むテーブル,条件)

条件に合致するレコードの、指定したフィールドの値の最小値を返します。

 算術関数

算術関数を使うと、指定したフィールドの値の合計値、平均値、最大値、最小値、件数を求めることができます。

●Sum関数

Sum([フィールド])

指定したフィールドの値の合計値を返します。

●Avg関数

Avg([フィールド])

指定したフィールドの値の平均値を返します。
指定したフィールドにNull値が含まれる場合、その値を除いた平均値を返します。

●Max関数

Max([フィールド])

指定したフィールドの値の最大値を返します。

●Min関数

Min([フィールド])

指定したフィールドの値の最小値を返します。

●Count関数

Count([フィールド])

指定したフィールドの件数を返します。

4 数値の端数を処理する関数

小数点以下を切り捨てたり、四捨五入したりするには、Int関数やRound関数を使います。

●Int関数

Int（数値）

数値の小数点以下を切り捨てた整数値を返します。対象となる数値が負の数の場合、対象となる値より小さい整数値を返します。

例）Int（123.45）→ 123
　　Int（78.9）→ 78
　　Int（-2.1）→ -3

※クエリ「Q_Int関数」を開いて確認しましょう。

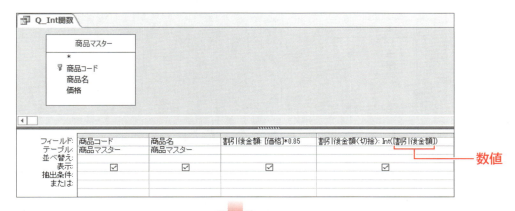

「割引後金額」フィールドの値の小数点以下を切り捨てて表示

Fix関数

Fix関数を使うと、対象となる数値が負の場合、返す値が異なります。

●Fix関数

Fix（数値）

数値の小数点以下を切り捨てた整数値を返します。対象となる数値が負の数の場合、その数値の絶対値の小数点以下を切り捨てた整数値を返します。

例）Fix（123.45）→ 123
　　Fix（-2.1）→ -2

●Round関数

Round（数値,小数点以下桁数）

数値を、指定した小数点以下桁数で四捨五入した値を返します。
※ExcelのRound関数と異なり、AccessのRound関数では、小数点以下桁数に負の数を指定できません。

例）Round（123.456,2）→ 123.46
　　Round（123.456,1）→ 123.5
　　Round（123.456,0）→ 123
　　Round（123.456）→ 123
※小数点以下桁数の「0」は、省略できます。

※クエリ「Q_Round関数」を開いて確認しましょう。

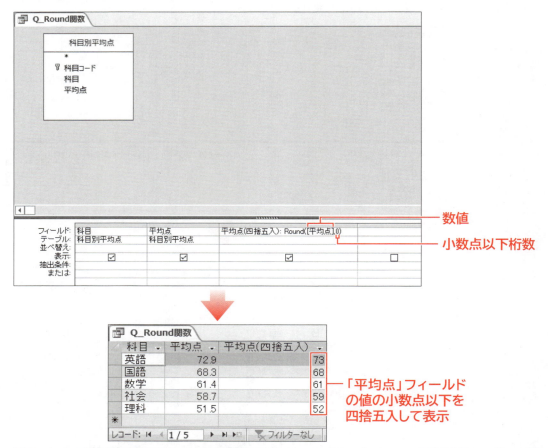

※データベース「第4章参考学習.accdb」を閉じておきましょう。また、データベース「会員管理.accdb」を開いておきましょう。

Round関数による切り上げ処理

Accessでは端数を切り上げる関数がないので、Round関数を利用して端数を切り上げます。
切り上げる小数点以下桁数に「4」を足した数値を、処理の対象とします。

例）Round（111.111+0.04,1）→ 111.2
　　Round（111.111+0.4,0）→ 112
　　Round（123.4+0.4,0）→ 124
　　Round（123.9+0.4,0）→ 124

第5章

Chapter 5

アクションクエリと不一致クエリの作成

Check	この章で学ぶこと	71
Step1	アクションクエリの概要	72
Step2	テーブル作成クエリを作成する	74
Step3	削除クエリを作成する	79
Step4	追加クエリを作成する	85
Step5	更新クエリを作成する(1)	91
Step6	更新クエリを作成する(2)	95
Step7	不一致クエリを作成する	102

Chapter 5

この章で学ぶこと

学習前に習得すべきポイントを理解しておき、
学習後には確実に習得できたかどうかを振り返りましょう。

1 アクションクエリとは何かを説明できる。 ☑☑☑ → P.72

2 既存のレコードをコピーして新規のテーブルを作成するテーブル作成クエリを作成できる。 ☑☑☑ → P.74

3 既存のレコードを削除する削除クエリを作成できる。 ☑☑☑ → P.79

4 既存のレコードを別のテーブルにコピーする追加クエリを作成できる。 ☑☑☑ → P.85

5 既存のレコードを更新する更新クエリを作成できる。 ☑☑☑ → P.91

6 2つのテーブルの共通フィールドを比較して、一方のテーブルにしか存在しないデータを抽出する不一致クエリを作成できる。 ☑☑☑ → P.102

Step 1 アクションクエリの概要

1 アクションクエリ

「アクションクエリ」とは、テーブルを作成したり、レコードを削除・追加・更新したりするクエリのことです。
アクションクエリには、次の4種類があります。

●テーブル作成クエリ

既存のレコードをコピーして新規のテーブルを作成するクエリです。

コード	商品名	価格	売約済
DI	ダイヤモンド	100,000	☑
RU	ルビー	50,000	☐
EM	エメラルド	60,000	☑
SA	サファイア	70,000	☐
SI	真珠	120,000	☐
TO	トパーズ	50,000	☐

テーブル作成クエリ 売約済 ☑

新しいテーブル

コード	商品名	価格	売約済
DI	ダイヤモンド	100,000	☑
EM	エメラルド	60,000	☑

●削除クエリ

既存のレコードを削除するクエリです。
テーブルからレコードが削除されます。

コード	商品名	価格	売約済
DI	ダイヤモンド	100,000	☑
RU	ルビー	50,000	☐
EM	エメラルド	60,000	☑
SA	サファイア	70,000	☐
SI	真珠	120,000	☐
TO	トパーズ	50,000	☐

削除クエリ 売約済 ☑

コード	商品名	価格	売約済
RU	ルビー	50,000	☐
SA	サファイア	70,000	☐
SI	真珠	120,000	☐
TO	トパーズ	50,000	☐

●追加クエリ

既存のレコードを別のテーブルにコピーするクエリです。

コード	商品名	価格	売約済
RU	ルビー	50,000	☑
SA	サファイア	70,000	☐
SI	真珠	120,000	☐
TO	トパーズ	50,000	☐

追加クエリ
売約済 ☑

別のテーブル

コード	商品名	価格	売約済
DI	ダイヤモンド	100,000	☑
EM	エメラルド	60,000	☑
RU	ルビー	50,000	☑

●更新クエリ

既存のレコードを更新するクエリです。
テーブルのレコードが書き換えられます。

コード	商品名	価格	売約済
DI	ダイヤモンド	100,000	☑
RU	ルビー	50,000	☐
EM	エメラルド	60,000	☑
SA	サファイア	70,000	☐
SI	真珠	120,000	☐
TO	トパーズ	50,000	☐

更新クエリ
売約済 ☐
価格=価格×0.9

コード	商品名	価格	売約済
DI	ダイヤモンド	100,000	☑
RU	ルビー	45,000	☐
EM	エメラルド	60,000	☑
SA	サファイア	63,000	☐
SI	真珠	108,000	☐
TO	トパーズ	45,000	☐

Step2 テーブル作成クエリを作成する

1 作成するクエリの確認

次のようなテーブル作成クエリ「**Q会員マスター（退会者のテーブル作成）**」を作成しましょう。
テーブル「**T会員マスター**」の退会者のレコードをコピーして、新しいテーブル「**T会員マスター（退会者）**」を作成します。

T会員マスター

会員コード	名前	…	退会	…
1001	佐野　寛子		☐	
1002	大月　賢一郎		☐	
1003	明石　由美子		☑	
1004	山本　喜一		☐	
⋮	⋮		⋮	
1024	香川　泰男		☐	
1025	伊藤　めぐみ		☑	
1026	村瀬　稔彦		☐	
⋮	⋮			

テーブル作成クエリ　退会 ☑

T会員マスター（退会者）

会員コード	名前	…	退会	…
1003	明石　由美子		☑	
1025	伊藤　めぐみ		☑	

2 テーブル作成クエリの作成

「**退会**」が☑のレコードをコピーして、新しいテーブルを作成するためのテーブル作成クエリを作成しましょう。テーブル「**T会員マスター**」をもとに作成します。

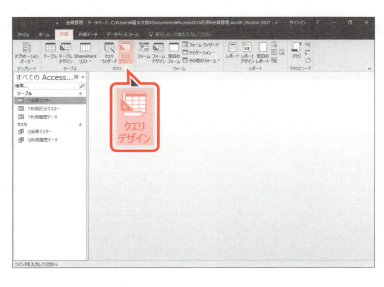

①《**作成**》タブを選択します。
②《**クエリ**》グループの ![クエリデザイン] （クエリデザイン）をクリックします。

クエリウィンドウと《テーブルの表示》ダイアログボックスが表示されます。

③《テーブル》タブを選択します。
④一覧から「T会員マスター」を選択します。
⑤《追加》をクリックします。
《テーブルの表示》ダイアログボックスを閉じます。
⑥《閉じる》をクリックします。

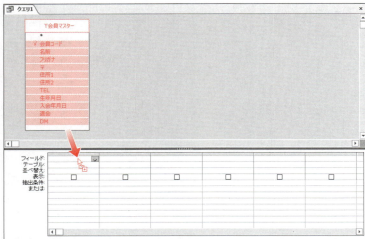

クエリウィンドウにテーブル「T会員マスター」のフィールドリストが表示されます。
※図のように、フィールドリストのサイズを調整しておきましょう。

すべてのフィールドをデザイングリッドに登録します。

⑦フィールドリストのタイトルバーをダブルクリックします。
⑧選択したフィールドを図のようにデザイングリッドまでドラッグします。

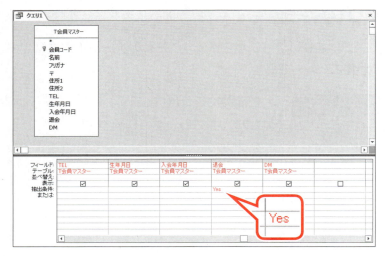

デザイングリッドにすべてのフィールドが登録されます。
抽出条件を設定します。

⑨「退会」フィールドの《抽出条件》セルに「Yes」と入力します。
※「True」または「On」、「-1」と入力してもかまいません。

テーブル作成クエリを実行した場合に、テーブルにコピーされるレコードを確認します。
データシートビューに切り替えます。
⑩《デザイン》タブを選択します。
⑪《結果》グループの ▦ (表示) をクリックします。
「退会」が ☑ のレコードが表示されます。

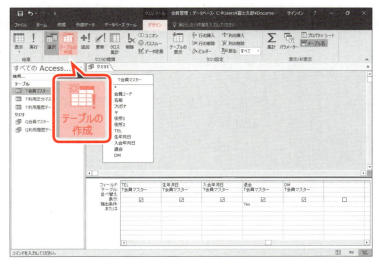

デザインビューに切り替えます。
⑫《ホーム》タブを選択します。
⑬《表示》グループの ▨ (表示) をクリックします。
アクションクエリの種類を指定します。
⑭《デザイン》タブを選択します。
⑮《クエリの種類》グループの ▦ (クエリの種類：テーブル作成) をクリックします。

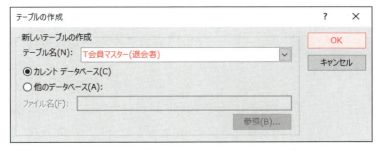

《テーブルの作成》ダイアログボックスが表示されます。
⑯《テーブル名》に「T会員マスター(退会者)」と入力します。
⑰《OK》をクリックします。
※《クエリの種類》グループの ▦ (クエリの種類：テーブル作成) がオン(濃い灰色の状態)になっていることを確認しましょう。

作成したテーブル作成クエリを保存します。
⑱ [F12] を押します。
《名前を付けて保存》ダイアログボックスが表示されます。
⑲《'クエリ1'の保存先》に「Q会員マスター(退会者のテーブル作成)」と入力します。
⑳《OK》をクリックします。
※クエリを閉じておきましょう。

3 テーブル作成クエリの実行

テーブル作成クエリを実行し、新しいテーブル**「T会員マスター（退会者）」**を作成しましょう。

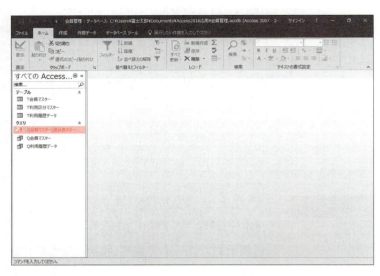

テーブル作成クエリを実行します。
①ナビゲーションウィンドウのクエリ**「Q会員マスター（退会者のテーブル作成）」**をダブルクリックします。

図のような確認のメッセージが表示されます。
②《はい》をクリックします。

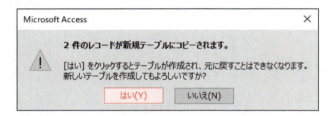

図のような確認のメッセージが表示されます。
③《はい》をクリックします。

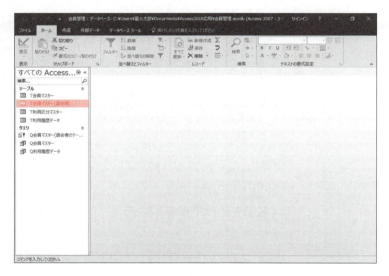

新しいテーブル**「T会員マスター（退会者）」**が作成されます。
作成されたテーブルを確認します。
④ナビゲーションウィンドウのテーブル**「T会員マスター（退会者）」**をダブルクリックします。

⑤退会者のレコードがコピーされていることを確認します。

※「退会」フィールドに「-1」と表示されます。
※各フィールドの列幅を調整しておきましょう。
※テーブルを上書き保存し、閉じておきましょう。

その他の方法（テーブル作成クエリの実行）

◆テーブル作成クエリをデザインビューで表示→《デザイン》タブ→《結果》グループの （実行）

オブジェクトアイコンの違い

ナビゲーションウィンドウに表示される通常のクエリ（選択クエリ）とアクションクエリのアイコンは、次のとおりです。

アイコン	クエリの種類
	選択クエリ
	テーブル作成クエリ
	削除クエリ
	追加クエリ
	更新クエリ

Step3 削除クエリを作成する

1 作成するクエリの確認

次のような削除クエリ「**Q会員マスター（退会者の削除）**」を作成しましょう。
テーブル「**T会員マスター**」の退会者のレコードを削除します。

T会員マスター

会員コード	名前	…	退会	…
1001	佐野　寛子		☐	
1002	大月　賢一郎		☐	
1003	明石　由美子		☑	
1004	山本　喜一		☐	
⋮	⋮		⋮	
1024	香川　泰男		☐	
1025	伊藤　めぐみ		☑	
1026	村瀬　稔彦		☐	
⋮	⋮		⋮	

削除クエリ
退会 ☑

T会員マスター

会員コード	名前	…	退会	…
1001	佐野　寛子		☐	
1002	大月　賢一郎		☐	
1004	山本　喜一		☐	
⋮	⋮		⋮	
1024	香川　泰男		☐	
1026	村瀬　稔彦		☐	
⋮	⋮		⋮	

2 削除クエリの作成

参照整合性のレコードの連鎖削除を設定し、削除クエリを作成しましょう。

1 レコードの連鎖削除の設定

テーブル「**T会員マスター**」とテーブル「**T利用履歴データ**」の間のリレーションシップには参照整合性が設定されているので、テーブル「**T会員マスター**」側のレコードの削除が制限されています。
テーブル「**T会員マスター**」のレコードを削除できるように、レコードの連鎖削除を設定しましょう。

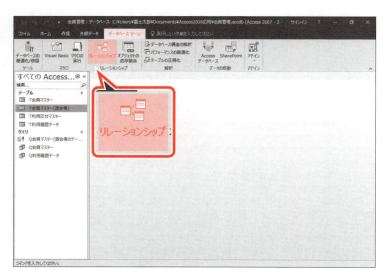

①《**データベースツール**》タブを選択します。
②《**リレーションシップ**》グループの （リレーションシップ）をクリックします。

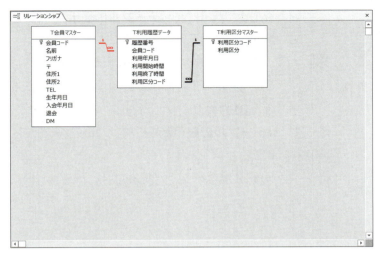

リレーションシップウィンドウが表示されます。
参照整合性を編集します。
③テーブル「**T会員マスター**」とテーブル「**T利用履歴データ**」の間の結合線をダブルクリックします。

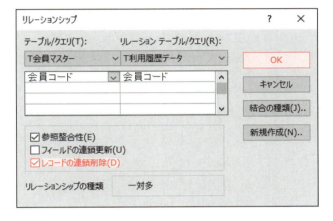

《リレーションシップ》ダイアログボックスが表示されます。
④《レコードの連鎖削除》を☑にします。
⑤《OK》をクリックします。
※リレーションシップウィンドウを閉じておきましょう。

> **その他の方法（リレーションシップの編集）**
> ◆結合線を右クリック→《リレーションシップの編集》

2 削除クエリの作成

「退会」がになっているレコードを削除するための削除クエリを作成しましょう。
テーブル「**T会員マスター**」をもとに作成します。

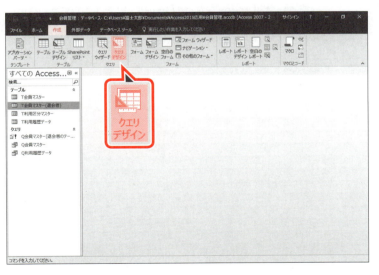

①《作成》タブを選択します。
②《クエリ》グループの ![] （クエリデザイン）をクリックします。

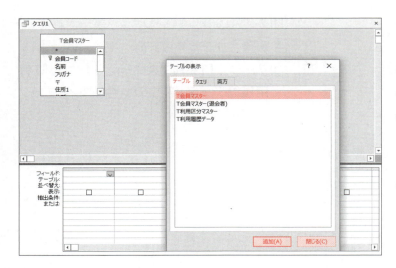

クエリウィンドウと《テーブルの表示》ダイアログボックスが表示されます。

③《テーブル》タブを選択します。
④一覧から「T会員マスター」を選択します。
⑤《追加》をクリックします。

《テーブルの表示》ダイアログボックスを閉じます。

⑥《閉じる》をクリックします。

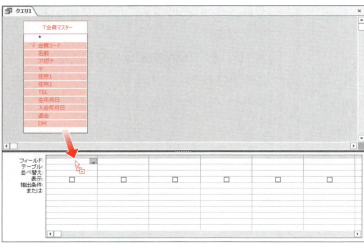

クエリウィンドウにテーブル「T会員マスター」のフィールドリストが表示されます。

※図のように、フィールドリストのサイズを調整しておきましょう。

すべてのフィールドをデザイングリッドに登録します。

⑦フィールドリストのタイトルバーをダブルクリックします。
⑧選択したフィールドを図のようにデザイングリッドまでドラッグします。

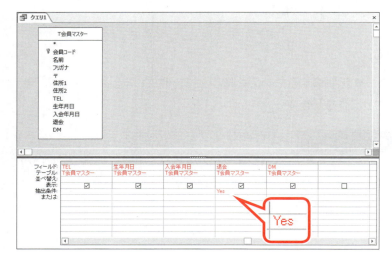

デザイングリッドにすべてのフィールドが登録されます。

抽出条件を設定します。

⑨「退会」フィールドの《抽出条件》セルに「Yes」と入力します。

※「True」または「On」、「-1」と入力してもかまいません。

削除クエリを実行した場合に、テーブルから削除されるレコードを確認します。
データシートビューに切り替えます。
⑩《**デザイン**》タブを選択します。
⑪《**結果**》グループの（表示）をクリックします。
「退会」が☑のレコードが表示されます。

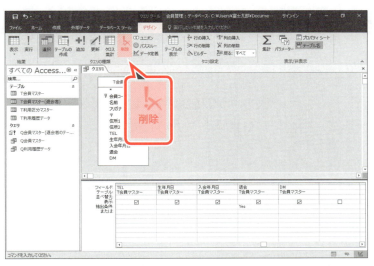

デザインビューに切り替えます。
⑫《**ホーム**》タブを選択します。
⑬《**表示**》グループの（表示）をクリックします。
アクションクエリの種類を指定します。
⑭《**デザイン**》タブを選択します。
⑮《**クエリの種類**》グループの（クエリの種類：削除）をクリックします。

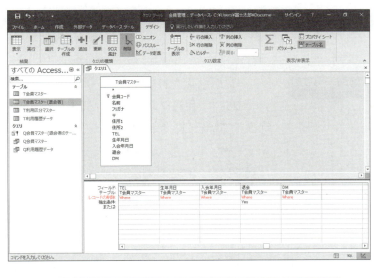

⑯ デザイングリッドに《**レコードの削除**》の行が表示されていることを確認します。
※《クエリの種類》グループの（クエリの種類：削除）がオン（濃い灰色の状態）になっていることを確認しましょう。

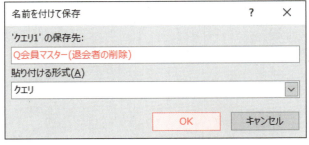

作成した削除クエリを保存します。
⑰ F12 を押します。
《**名前を付けて保存**》ダイアログボックスが表示されます。
⑱《**'クエリ1'の保存先**》に「**Q会員マスター（退会者の削除）**」と入力します。
⑲《**OK**》をクリックします。
※クエリを閉じておきましょう。

3 削除クエリの実行

削除クエリを実行し、テーブル「**T会員マスター**」から退会者のレコードを削除しましょう。

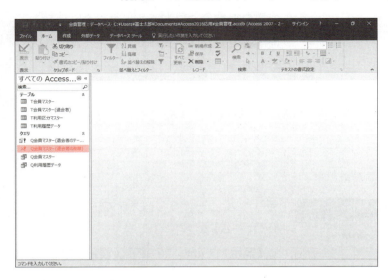

削除クエリを実行します。
①ナビゲーションウィンドウのクエリ「**Q会員マスター（退会者の削除）**」をダブルクリックします。

図のような確認のメッセージが表示されます。
②《はい》をクリックします。

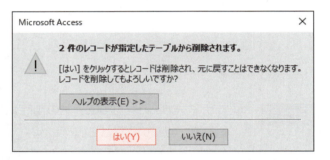

図のような確認のメッセージが表示されます。
③《はい》をクリックします。

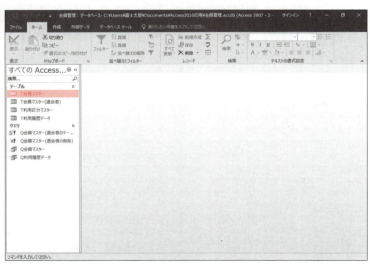

レコードが削除されます。
テーブル「**T会員マスター**」からレコードが削除されていることを確認します。
④ナビゲーションウィンドウのテーブル「**T会員マスター**」をダブルクリックします。

⑤退会者のレコードが削除されていることを確認します。

※テーブルを閉じておきましょう。

その他の方法（削除クエリの実行）

◆削除クエリをデザインビューで表示→《デザイン》タブ→《結果》グループの ![実行] （実行）

POINT ▶▶▶

レコードの連鎖削除

参照整合性が設定されていることによって、関連テーブル「T利用履歴データ」に会員コード「1003」が存在する場合、主テーブル「T会員マスター」側で「1003」のレコードを削除できません。

レコードの連鎖削除を設定すると、主テーブル「T会員マスター」側で「1003」のレコードを削除でき、連鎖して関連テーブル「T利用履歴データ」の会員コード「1003」のレコードも削除されます。

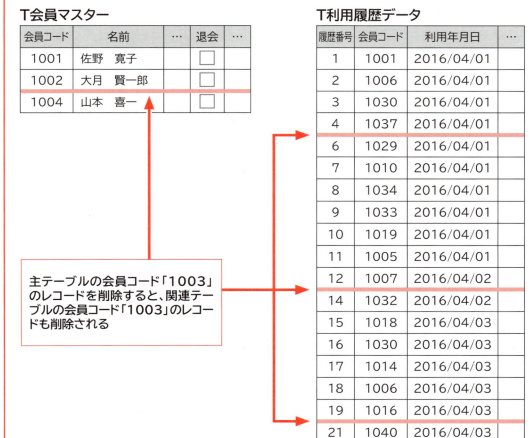

主テーブルの会員コード「1003」のレコードを削除すると、関連テーブルの会員コード「1003」のレコードも削除される

84

Step4 追加クエリを作成する

1 作成するクエリの確認

次のような追加クエリ「**Q会員マスター（退会者の追加）**」を作成しましょう。
テーブル「**T会員マスター**」の新規の退会者のレコードを既存のテーブル「**T会員マスター（退会者）**」に追加します。

T会員マスター

会員コード	名前	…	退会	…
1001	佐野　寛子		✓	
1002	大月　賢一郎		☐	
1004	山本　喜一		☐	
1005	辻　雅彦		☐	
1006	畑田　香奈子		☐	
︙	︙		︙	

T会員マスター（退会者）

会員コード	名前	…	退会	…
1003	明石　由美子		✓	
1025	伊藤　めぐみ		✓	
1001	佐野　寛子		✓	

2 追加クエリの作成

新規の退会者を発生させ、追加クエリを作成しましょう。

1 退会者の発生

テーブル「**T会員マスター**」に新規の退会者を発生させましょう。

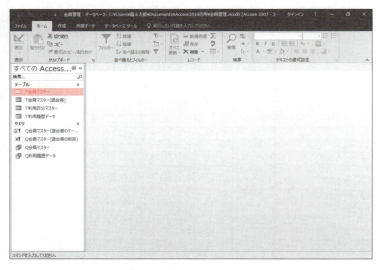

テーブル「**T会員マスター**」をデータシートビューで開きます。
①ナビゲーションウィンドウのテーブル「**T会員マスター**」をダブルクリックします。

②会員コード「**1001**」の「**退会**」を☑にします。
※テーブルを閉じておきましょう。

2 追加クエリの作成

「**退会**」が☑になっているレコードをテーブル「**T会員マスター（退会者）**」に追加するための追加クエリを作成しましょう。
テーブル「**T会員マスター**」をもとに作成します。

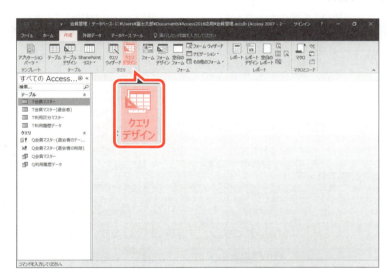

①《**作成**》タブを選択します。
②《**クエリ**》グループの（クエリデザイン）をクリックします。

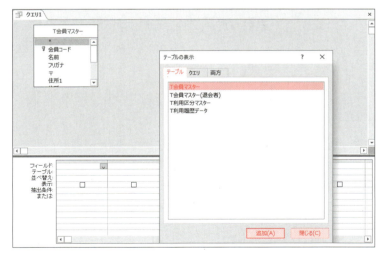

クエリウィンドウと《**テーブルの表示**》ダイアログボックスが表示されます。
③《**テーブル**》タブを選択します。
④一覧から「**T会員マスター**」を選択します。
⑤《**追加**》をクリックします。
《**テーブルの表示**》ダイアログボックスを閉じます。
⑥《**閉じる**》をクリックします。

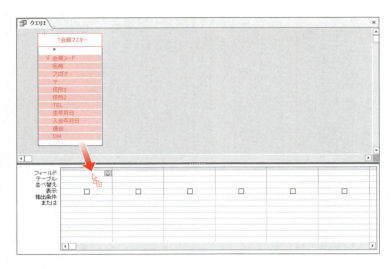

クエリウィンドウにテーブル「T会員マスター」のフィールドリストが表示されます。
※図のように、フィールドリストのサイズを調整しておきましょう。

すべてのフィールドをデザイングリッドに登録します。

⑦フィールドリストのタイトルバーをダブルクリックします。

⑧選択したフィールドを図のようにデザイングリッドまでドラッグします。

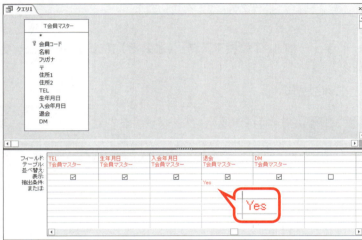

デザイングリッドにすべてのフィールドが登録されます。

抽出条件を設定します。

⑨「退会」フィールドの《抽出条件》セルに「Yes」と入力します。

※「True」または「On」、「-1」と入力してもかまいません。

追加クエリを実行した場合に、テーブルにコピーされるレコードを確認します。

データシートビューに切り替えます。

⑩《デザイン》タブを選択します。

⑪《結果》グループの (表示) をクリックします。

「退会」が☑のレコードが表示されます。

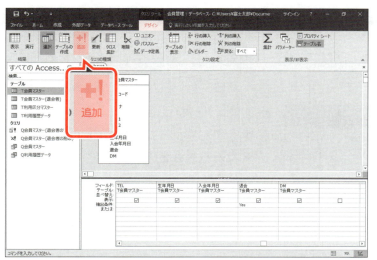

デザインビューに切り替えます。
⑫《ホーム》タブを選択します。
⑬《表示》グループの をクリックします。
アクションクエリの種類を指定します。
⑭《デザイン》タブを選択します。
⑮《クエリの種類》グループの をクリックします。

《追加》ダイアログボックスが表示されます。
⑯《テーブル名》の ![]をクリックし、一覧から「T会員マスター（退会者）」を選択します。
⑰《OK》をクリックします。

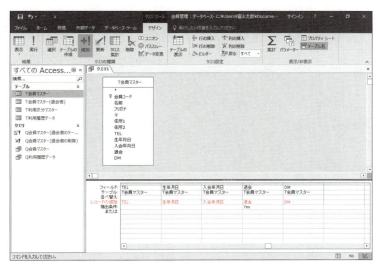

⑱デザイングリッドに《レコードの追加》の行が表示されていることを確認します。
※《クエリの種類》グループの がオン（濃い灰色の状態）になっていることを確認しましょう。

作成した追加クエリを保存します。
⑲[F12]を押します。
《名前を付けて保存》ダイアログボックスが表示されます。
⑳《'クエリ1'の保存先》に「Q会員マスター（退会者の追加）」と入力します。
㉑《OK》をクリックします。
※クエリを閉じておきましょう。

3 追加クエリの実行

追加クエリを実行し、テーブル「**T会員マスター（退会者）**」に退会者のレコードを追加しましょう。

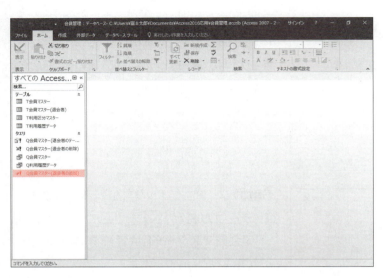

追加クエリを実行します。
①ナビゲーションウィンドウのクエリ「**Q会員マスター（退会者の追加）**」をダブルクリックします。

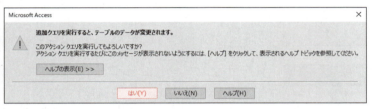

図のような確認のメッセージが表示されます。
②《**はい**》をクリックします。

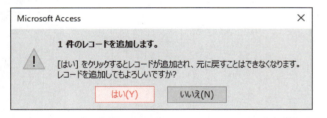

図のような確認のメッセージが表示されます。
③《**はい**》をクリックします。

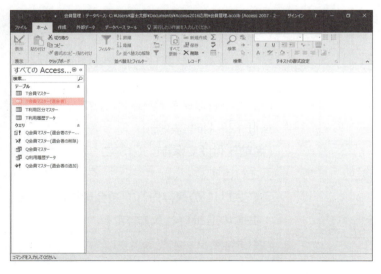

レコードが追加されます。
テーブル「**T会員マスター（退会者）**」にレコードが追加されていることを確認します。
④ナビゲーションウィンドウのテーブル「**T会員マスター（退会者）**」をダブルクリックします。

⑤新規の退会者のレコードが追加されていることを確認します。

※テーブルを閉じておきましょう。

その他の方法（追加クエリの実行）

◆追加クエリをデザインビューで表示→《デザイン》タブ→《結果》グループの （実行）

Let's Try　ためしてみよう

削除クエリ「Q会員マスター（退会者の削除）」を実行し、新規の退会者のレコードをテーブル「T会員マスター」から削除しましょう。

Let's Try Answer

① ナビゲーションウィンドウのクエリ「Q会員マスター（退会者の削除）」をダブルクリック
② メッセージを確認し、《はい》をクリック
③ メッセージを確認し、《はい》をクリック

※テーブル「T会員マスター」をデータシートビューで開き、結果を確認しましょう。
※テーブルを閉じておきましょう。

Step5 更新クエリを作成する（1）

1 作成するクエリの確認

次のような更新クエリ「**Q会員マスター（DMをオフに更新）**」を作成しましょう。
テーブル「**T会員マスター**」のすべての会員の「**DM**」を☐に書き換えます。

T会員マスター

会員コード	名前	…	DM	…
1002	大月　賢一郎		☑	
1004	山本　喜一		☐	
1005	辻　雅彦		☑	
1006	畑田　香奈子		☐	
1007	野村　桜		☑	
⋮	⋮		⋮	

更新クエリ
DM ☐

T会員マスター

会員コード	名前	…	DM	…
1002	大月　賢一郎		☐	
1004	山本　喜一		☐	
1005	辻　雅彦		☐	
1006	畑田　香奈子		☐	
1007	野村　桜		☐	
⋮	⋮		⋮	

2 更新クエリの作成

すべての会員の「**DM**」を☐にするための更新クエリを作成しましょう。
テーブル「**T会員マスター**」をもとに作成します。

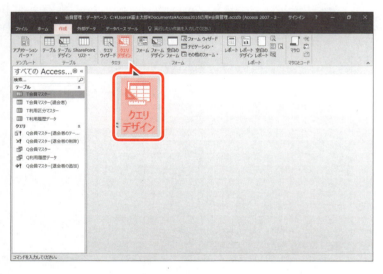

①《**作成**》タブを選択します。
②《**クエリ**》グループの （クエリデザイン）をクリックします。

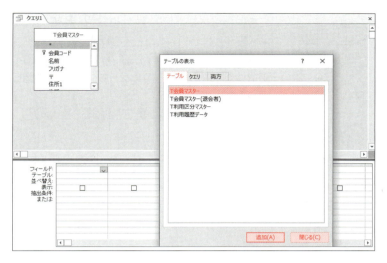

クエリウィンドウと《**テーブルの表示**》ダイアログボックスが表示されます。

③《**テーブル**》タブを選択します。

④一覧から「**T会員マスター**」を選択します。

⑤《**追加**》をクリックします。

《**テーブルの表示**》ダイアログボックスを閉じます。

⑥《**閉じる**》をクリックします。

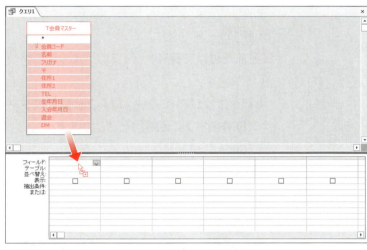

クエリウィンドウにテーブル「**T会員マスター**」のフィールドリストが表示されます。

※図のように、フィールドリストのサイズを調整しておきましょう。

すべてのフィールドをデザイングリッドに登録します。

⑦フィールドリストのタイトルバーをダブルクリックします。

⑧選択したフィールドを図のようにデザイングリッドまでドラッグします。

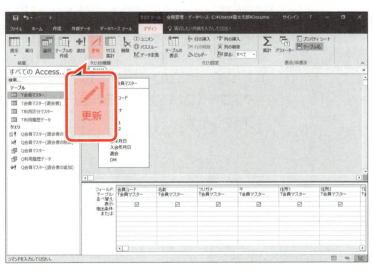

デザイングリッドにすべてのフィールドが登録されます。

すべてのレコードを書き換えるので、抽出条件は設定しません。

アクションクエリの種類を指定します。

⑨《**デザイン**》タブを選択します。

⑩《**クエリの種類**》グループの （クエリの種類：更新）をクリックします。

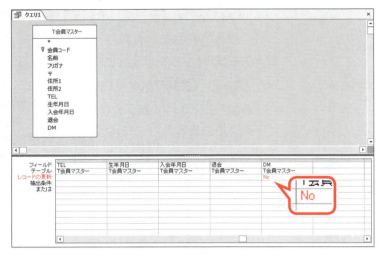

⑪ デザイングリッドに《レコードの更新》の行が表示されていることを確認します。

※《クエリの種類》グループの (クエリの種類：更新) がオン（濃い灰色の状態）になっていることを確認しましょう。

レコードをどのように書き換えるかを設定します。

⑫「DM」フィールドの《レコードの更新》セルに「No」と入力します。

※「False」または「Off」、「0」と入力してもかまいません。

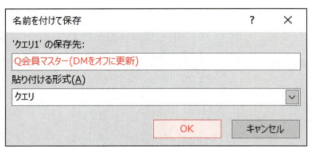

作成した更新クエリを保存します。

⑬ F12 を押します。

《名前を付けて保存》ダイアログボックスが表示されます。

⑭《'クエリ1'の保存先》に「Q会員マスター（DMをオフに更新）」と入力します。

⑮《OK》をクリックします。

※クエリを閉じておきましょう。

3 更新クエリの実行

更新クエリを実行し、すべての会員の「DM」を□に書き換えましょう。

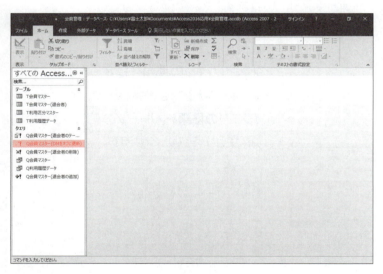

更新クエリを実行します。

① ナビゲーションウィンドウのクエリ「Q会員マスター（DMをオフに更新）」をダブルクリックします。

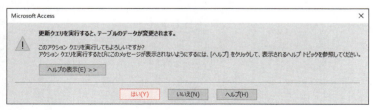

図のような確認のメッセージが表示されます。

②《はい》をクリックします。

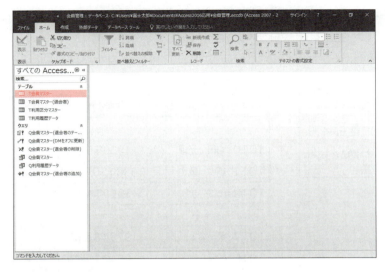

図のような確認のメッセージが表示されます。
③《はい》をクリックします。

レコードが書き換えられます。
テーブル「T会員マスター」のレコードが書き換えられていることを確認します。
④ナビゲーションウィンドウのテーブル「T会員マスター」をダブルクリックします。

⑤すべての会員の「DM」が になっていることを確認します。
※テーブルを閉じておきましょう。

その他の方法（更新クエリの実行）

◆更新クエリをデザインビューで表示→《デザイン》タブ→《結果》グループの ![実行] （実行）

Step 6 更新クエリを作成する（2）

1 作成するクエリの確認

次のような更新クエリ「**Q会員マスター（DMをオンに更新）**」を作成しましょう。
テーブル「**T会員マスター**」の10月生まれの会員の「**DM**」を ☑ に書き換えます。

T会員マスター

会員コード	名前	…	生年月日	…	DM
⋮	⋮		⋮		⋮
1010	和田　光輝		1950年5月6日		☐
1011	野中　敏也		1988年10月11日		☐
1012	山城　まり		1990年4月6日		☐
⋮	⋮		⋮		⋮
1017	星　龍太郎		1979年8月12日		☐
1018	宍戸　真智子		1954年10月8日		☐
1019	天野　真未		1969年11月1日		☐
⋮	⋮		⋮		⋮

更新クエリ　誕生月=10　DM ☑

T会員マスター

会員コード	名前	…	生年月日	…	DM
⋮	⋮		⋮		⋮
1010	和田　光輝		1950年5月6日		☐
1011	野中　敏也		1988年10月11日		☑
1012	山城　まり		1990年4月6日		☐
⋮	⋮		⋮		⋮
1017	星　龍太郎		1979年8月12日		☐
1018	宍戸　真智子		1954年10月8日		☑
1019	天野　真未		1969年11月1日		☐
⋮	⋮		⋮		⋮

2 更新クエリの作成

10月生まれの会員の「**DM**」を ☑ にするための更新クエリを作成しましょう。
「**誕生月**」フィールドが設定されているクエリ「**Q会員マスター**」をもとに作成します。

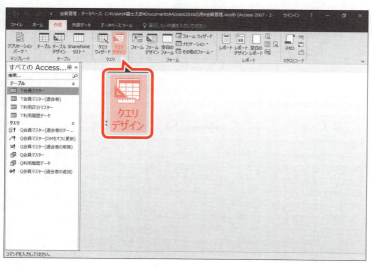

①《**作成**》タブを選択します。
②《**クエリ**》グループの （クエリデザイン）をクリックします。

クエリウィンドウと《テーブルの表示》ダイアログボックスが表示されます。

③《クエリ》タブを選択します。
④一覧から「Q会員マスター」を選択します。
⑤《追加》をクリックします。

《テーブルの表示》ダイアログボックスを閉じます。

⑥《閉じる》をクリックします。

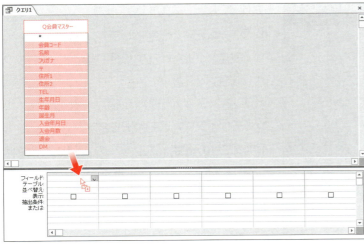

クエリウィンドウにクエリ「Q会員マスター」のフィールドリストが表示されます。
※図のように、フィールドリストのサイズを調整しておきましょう。

すべてのフィールドをデザイングリッドに登録します。

⑦フィールドリストのタイトルバーをダブルクリックします。
⑧選択したフィールドを図のようにデザイングリッドまでドラッグします。

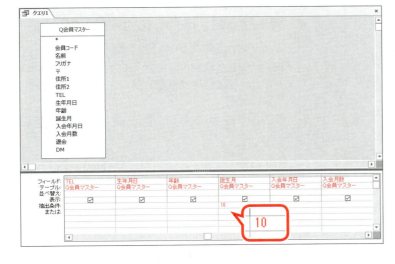

デザイングリッドにすべてのフィールドが登録されます。

抽出条件を設定します。

⑨「誕生月」フィールドの《抽出条件》セルに「10」と入力します。

更新クエリを実行した場合に、「DM」フィールドが☑になるレコードを確認します。
データシートビューに切り替えます。
⑩《デザイン》タブを選択します。
⑪《結果》グループの🔲(表示)をクリックします。
「誕生月」が「10」のレコードが表示されます。

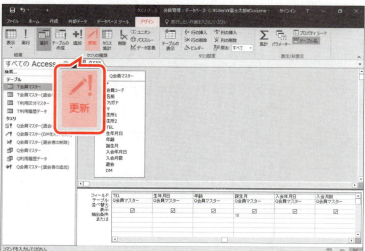

デザインビューに切り替えます。
⑫《ホーム》タブを選択します。
⑬《表示》グループの📐(表示)をクリックします。
アクションクエリの種類を指定します。
⑭《デザイン》タブを選択します。
⑮《クエリの種類》グループの🖉(クエリの種類:更新)をクリックします。

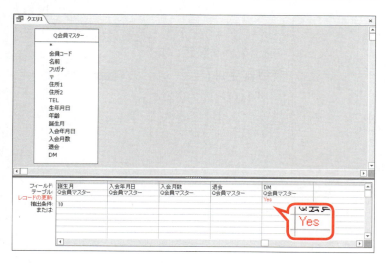

⑯デザイングリッドに《レコードの更新》の行が表示されていることを確認します。
※《クエリの種類》グループの🖉(クエリの種類:更新)がオン(濃い灰色の状態)になっていることを確認しましょう。
レコードをどのように書き換えるかを設定します。
⑰「DM」フィールドの《レコードの更新》セルに「Yes」と入力します。
※「True」または「On」、「-1」と入力してもかまいません。

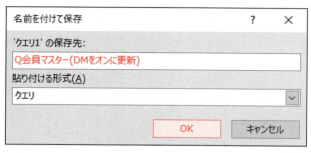

作成した更新クエリを保存します。
⑱[F12]を押します。
《名前を付けて保存》ダイアログボックスが表示されます。
⑲《'クエリ1'の保存先》に「Q会員マスター(DMをオンに更新)」と入力します。
⑳《OK》をクリックします。
※クエリを閉じておきましょう。

3 更新クエリの実行

更新クエリを実行し、10月生まれの会員の「DM」を ☑ に書き換えましょう。

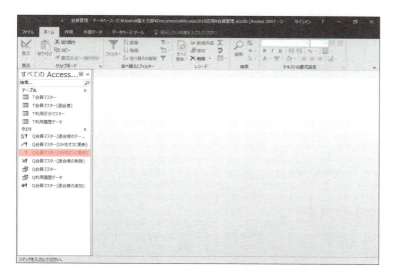

更新クエリを実行します。
①ナビゲーションウィンドウのクエリ「**Q会員マスター（DMをオンに更新）**」をダブルクリックします。

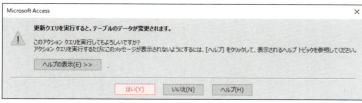

図のような確認のメッセージが表示されます。
②《はい》をクリックします。

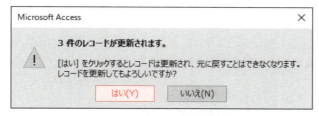

図のような確認のメッセージが表示されます。
③《はい》をクリックします。

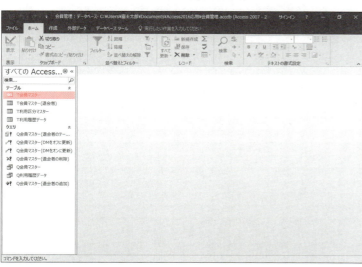

レコードが書き換えられます。
テーブル「**T会員マスター**」のレコードが書き換えられていることを確認します。
④ナビゲーションウィンドウのテーブル「**T会員マスター**」をダブルクリックします。

⑤10月生まれの会員の「DM」がになっていることを確認します。

※テーブルを閉じておきましょう。

アクションクエリの表示と実行

通常のクエリ（選択クエリ）では、《結果》グループの ▦（表示）と ！（実行）は同じ結果になります。アクションクエリでは、！（実行）をクリックするとクエリが実行され、テーブルのレコードが変更されます。▦（表示）をクリックすると、変更の対象となるレコードがデータシートビューで表示されますが、レコードは変更されません。アクションクエリの対象となるレコードを確認する際には、▦（表示）を使います。

Let's Try ためしてみよう

更新クエリ「Q会員マスター（DMをオフに更新）」を実行し、すべての会員の「DM」を □ に書き換えましょう。

Let's Try Answer

① ナビゲーションウィンドウのクエリ「Q会員マスター（DMをオフに更新）」をダブルクリック
② メッセージを確認し、《はい》をクリック
③ メッセージを確認し、《はい》をクリック
※テーブル「T会員マスター」をデータシートビューで開き、結果を確認しましょう。
※テーブルを閉じておきましょう。

4 更新クエリの編集

更新クエリを実行するたびに、「**誕生月**」を指定できるように更新クエリを編集しましょう。

1 パラメーターの設定

更新クエリ「**Q会員マスター（DMをオンに更新）**」をデザインビューで開き、《**抽出条件**》セルにパラメーターを設定しましょう。

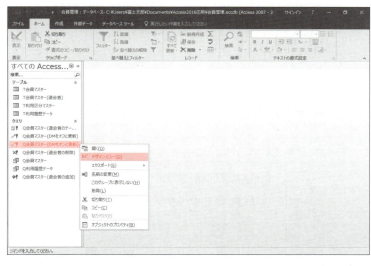

①ナビゲーションウィンドウのクエリ「**Q会員マスター（DMをオンに更新）**」を右クリックします。
②《**デザインビュー**》をクリックします。

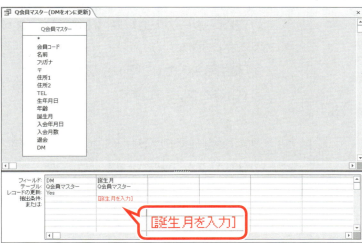

更新クエリがデザインビューで開かれます。
※更新クエリを保存し、再度デザインビューで開くと、条件を設定したフィールドと更新するフィールド以外は自動的に削除されます。

パラメーターを設定します。
③「**誕生月**」フィールドの《**抽出条件**》セルを次のように修正します。

[誕生月を入力]

※[ ]は半角で入力します。

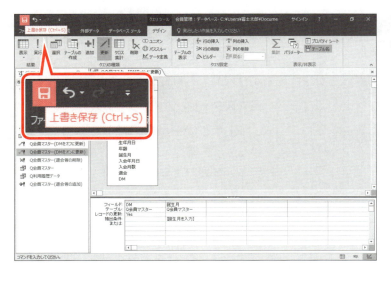

更新クエリを上書き保存します。
④クイックアクセスツールバーの 🖫 （上書き保存）をクリックします。
※クエリを閉じておきましょう。

2 更新クエリの実行

更新クエリを実行し、5月生まれの会員の「DM」を☑に書き換えましょう。

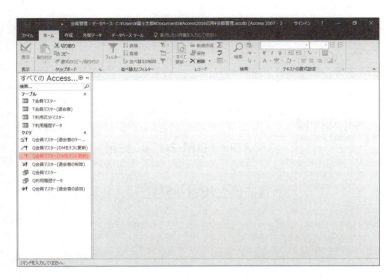

更新クエリを実行します。
① ナビゲーションウィンドウのクエリ「Q会員マスター（DMをオンに更新）」をダブルクリックします。

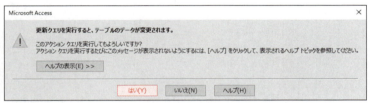

図のような確認のメッセージが表示されます。
②《はい》をクリックします。

《パラメーターの入力》ダイアログボックスが表示されます。
③「誕生月を入力」に「5」と入力します。
④《OK》をクリックします。

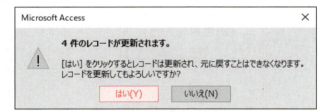

図のような確認のメッセージが表示されます。
⑤《はい》をクリックします。

レコードが書き換えられます。
テーブル「T会員マスター」のレコードが書き換えられていることを確認します。
⑥ ナビゲーションウィンドウのテーブル「T会員マスター」をダブルクリックします。
⑦ 5月生まれの会員の「DM」が☑になっていることを確認します。
※テーブルを閉じておきましょう。

Step 7 不一致クエリを作成する

1 不一致クエリ

「不一致クエリ」とは、2つのテーブルの共通フィールドを比較して、一方のテーブルにしか存在しないデータを抽出するクエリのことです。
不一致クエリを使うと、サービスを利用していない会員を探したり、売上のない商品を探したりできます。

T商品マスター

型番	商品名	単価
AAA	コーヒー	150
BBB	紅茶	160
CCC	オレンジジュース	120
DDD	ウーロン茶	120

比較

T売上データ

売上日	型番	数量
12/1	AAA	10
12/1	BBB	24
12/1	DDD	18
12/2	BBB	6
12/2	DDD	12
12/3	AAA	20
12/3	BBB	30
12/3	DDD	24

売上データがないので
売れていない商品であることがわかる

2 不一致クエリの作成

スポーツクラブを利用していない会員を抽出しましょう。
会員の利用履歴は、テーブル**「T利用履歴データ」**に保存されています。
テーブル**「T会員マスター」**とテーブル**「T利用履歴データ」**の共通フィールド**「会員コード」**を比較して、テーブル**「T利用履歴データ」**に存在しない会員を抽出します。
「不一致クエリウィザード」を使うと、対話形式で簡単に不一致クエリを作成できます。

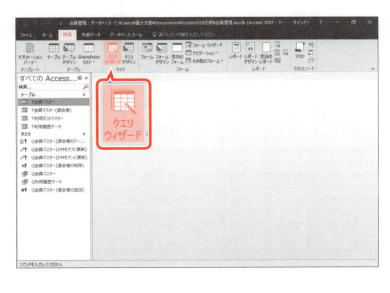

①《作成》タブを選択します。
②《クエリ》グループの （クエリウィザード）をクリックします。

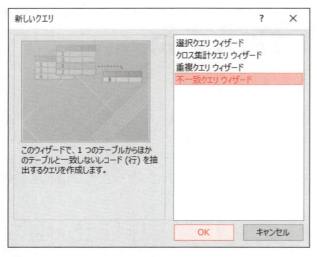

《新しいクエリ》ダイアログボックスが表示されます。

③一覧から《不一致クエリウィザード》を選択します。

④《OK》をクリックします。

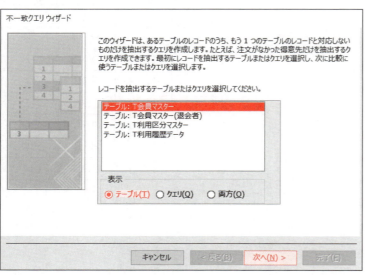

《不一致クエリウィザード》が表示されます。

レコードを抽出するテーブルを選択します。

⑤《表示》の《テーブル》を◉にします。

⑥一覧から「テーブル：T会員マスター」を選択します。

⑦《次へ》をクリックします。

比較に使うテーブルを選択します。

⑧《表示》の《テーブル》を◉にします。

⑨一覧から「テーブル：T利用履歴データ」を選択します。

⑩《次へ》をクリックします。

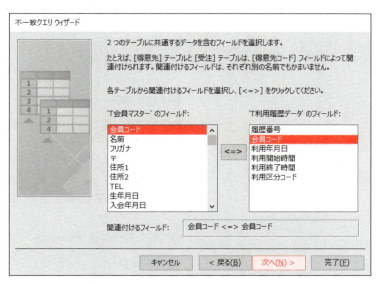

共通フィールドを選択します。

⑪《'T会員マスター'のフィールド》の一覧から「会員コード」が選択されていることを確認します。

⑫《'T利用履歴データ'のフィールド》の一覧から「会員コード」が選択されていることを確認します。

⑬《次へ》をクリックします。

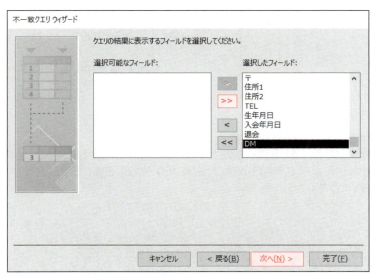

クエリの結果に表示するフィールドを選択します。

すべてのフィールドを選択します。

⑭ >> をクリックします。

⑮《次へ》をクリックします。

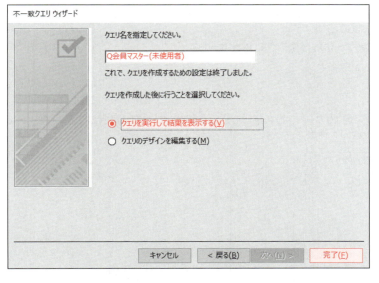

クエリ名を指定します。

⑯《クエリ名を指定してください。》に「Q会員マスター（未使用者）」と入力します。

⑰《クエリを実行して結果を表示する》を◉にします。

⑱《完了》をクリックします。

スポーツクラブを利用していない会員のレコードが表示されます。

※クエリを閉じ、データベース「会員管理.accdb」を閉じておきましょう。

不一致クエリをデザインビューで表示する

不一致クエリウィザードを使って作成された不一致クエリは、デザインビューで次のように表示されます。
※比較に使うテーブル「T利用履歴データ」の「会員コード」フィールドがデザイングリッドの右端に追加されます。

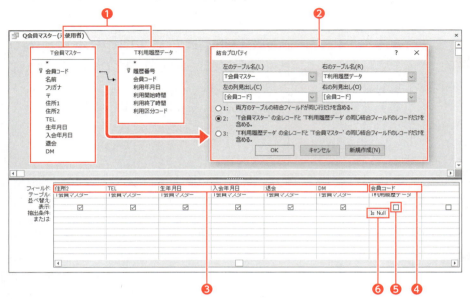

❶ 比較するテーブル

❷ 比較する共通フィールドと比較のプロパティ
※結合線をダブルクリックすると表示されます。

❸ クエリの結果に表示されるフィールド

❹ 比較に使う共通フィールド

❺《表示》セルが □ になる
※このフィールドを結果に表示しないという意味です。

❻《抽出条件》セルが「Is Null」になる
※「会員コード」がないレコードを抽出するという意味です。

重複クエリ

テーブルやクエリのフィールドに重複するデータが存在するかどうかを調べるクエリです。重複クエリウィザードを使うと、対話形式の設問に答えながら、重複クエリを作成できます。例えば、入会年月日が同じ人を探したり、複数の会社を担当している人を探したり、誤って二重登録してしまったデータを探したりするときに使います。

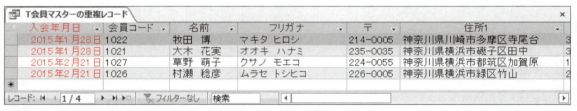

重複クエリウィザードを使ったクエリの作成方法は、次のとおりです。
◆《作成》タブ→《クエリ》グループの (クエリウィザード)→《重複クエリウィザード》

クロス集計クエリ

行見出しと列見出しにフィールドを配置し、合計や平均、カウントなどを集計できるクエリです。クロス集計クエリウィザードを使うと、対話形式の設問に答えながら、クロス集計クエリを作成できます。

利用年月日	合計 会員コード	A	B	C	D	E	F
2016/04/01	9	3	2	2		1	1
2016/04/02	2	1				1	
2016/04/03	8	4	1	1	1	1	
2016/04/04	8	4	2		1	1	
2016/04/05	8	5	1			2	
2016/04/06	7	3	2		1	1	
2016/04/07	1					1	
2016/04/08	11	6	3	1	1		
2016/04/09	6	2	1	1	1	1	
2016/04/10	7	2	3	1	1		

クロス集計クエリウィザードを使ったクエリの作成方法は、次のとおりです。
◆《作成》タブ→《クエリ》グループの (クエリウィザード)→《クロス集計クエリウィザード》

第6章

Chapter 6
販売管理データベースの概要

| Step1　販売管理データベースの概要 …………………… 107

Step 1 販売管理データベースの概要

1 データベースの概要

第7章～第10章では、データベース**「販売管理.accdb」**を使って、実用的なフォームやレポートの作成方法を学習します。
「販売管理.accdb」の目的とテーブルの設計は、次のとおりです。

●目的
ある酒類の卸業者を例に、次のようなデータを管理します。

・商品のマスター情報（型番、商品名、価格など）
・得意先のマスター情報（会社名、住所、電話番号など）
・売上情報（どの商品がどの得意先に売れたかなど）

●テーブルの設計
次の5つのテーブルに分類して、データを格納します。

2 データベースの確認

フォルダー「Access2016応用」に保存されているデータベース「**販売管理.accdb**」を開き、それぞれのテーブルを確認しましょう。

データベース「販売管理.accdb」を開いておきましょう。
また、《セキュリティの警告》メッセージバーの《コンテンツの有効化》をクリックしておきましょう。

1 テーブルの確認

あらかじめ作成されている各テーブルの内容を確認しましょう。

●T商品マスター

商品コード	商品名	商品区分コード	単価	販売終息
1010	金箔酒	A	¥4,500	☐
1020	大吟醸酒	A	¥5,500	☐
1030	吟醸酒	A	¥4,000	☐
1040	焼酎	A	¥1,800	☐
1050	にごり酒	A	¥2,500	☐
2010	オリジナルビール	B	¥200	☐
2020	ドイツビール	B	¥250	☐
2030	アメリカビール	B	¥300	☐
2040	オランダビール	B	¥200	☐
2050	イギリスビール	B	¥300	☐
2060	フランスビール	B	¥200	☑
3010	ブランデー	D	¥5,000	☐
3020	ウィスキー	D	¥3,500	☐
3030	シャンパン	D	¥4,000	☐
4010	フランスワイン（赤）	C	¥3,500	☐
4020	フランスワイン（白）	C	¥3,000	☐
4030	フランスワイン（ロゼ）	C	¥3,000	☐
4040	イタリアワイン（赤）	C	¥3,000	☐
4050	イタリアワイン（白）	C	¥2,800	☐
5010	梅酒	D	¥1,800	☐
5020	あんず酒	D	¥800	☐
5030	りんご酒	D	¥600	☑
5040	桂花珍酒	D	¥1,000	☐
5050	白酒	D	¥500	☐
*			¥0	☐

●T商品区分マスター

商品区分コード	商品区分
A	日本酒
B	ビール
C	ワイン
D	その他

●T得意先マスター

得意先コード	得意先名	フリガナ	〒	住所1	住所2	TEL
10010	スーパー浜富	スーパーハマトミ	606-0813	京都府京都市左京区下鴨貴船町	1-X	075-771-XXXX
10020	フラワースーパー	フラワースーパー	606-8402	京都府京都市左京区銀閣寺町	2-1-XX	075-701-XXXX
10030	北白川プラザ	キタシラカワプラザ	606-8254	京都府京都市左京区北白川東瀬ノ内町	3-XX	075-781-XXXX
10040	スターマーケット	スターマーケット	606-0065	京都府京都市左京区上高野八幡町	5-X-X	075-791-XXXX
10050	海山商店	ウミヤマショウテン	606-8021	京都府京都市左京区修学院沖殿町	11-X	075-701-XXXX
20010	福原スーパー	フクハラスーパー	602-8033	京都府京都市上京区上鍛冶町	10-X	075-231-XXXX
20020	さいとう商店	サイトウショウテン	602-0054	京都府京都市上京区飛鳥井町	8-1-X	075-222-XXXX
20030	スーパーハッピー	スーパーハッピー	602-0005	京都府京都市上京区妙顕寺前町	111-X	075-201-XXXX
20040	京都デパート	キョウトデパート	602-0036	京都府京都市上京区蒔鳥屋町	45-XX	075-252-XXXX
20050	丸山マーケット	マルヤママーケット	602-8141	京都府京都市上京区上堀川町	6-X	075-222-XXXX
30010	スーパーエブリデイ	スーパーエブリデイ	604-8316	京都府京都市中京区三坊大宮町	7-7-XX	075-231-XXXX
30020	なかむらデパート	ナカムラデパート	604-0024	京都府京都市中京区下妙覚寺町	XXX	075-251-XXXX
30030	フレッシュマーケット	フレッシュマーケット	604-8234	京都府京都市中京区藤西町	9-1-X	075-255-XXXX
30040	鈴木商店	スズキショウテン	604-0081	京都府京都市中京区田中町	1-5-X	075-201-XXXX
30050	高丸デパート	タカマルデパート	604-0921	京都府京都市中京区西生洲町	22-3-XX	075-252-XXXX

108

●T売上伝票

●T売上明細

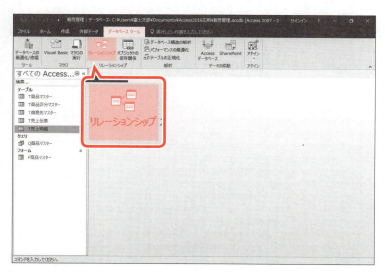

※実際の運用では、売上伝票、売上明細のデータはフォームで入力します。
学習を進めやすくするため、あらかじめデータを用意しています。

2 リレーションシップの確認

各テーブル間のリレーションシップを確認しましょう。

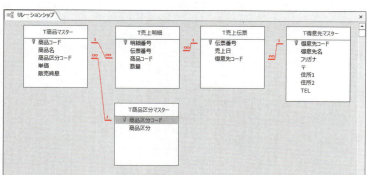

①《データベースツール》タブを選択します。
②《リレーションシップ》グループの (リレーションシップ)をクリックします。

リレーションシップウィンドウが表示されます。
③各テーブル間のリレーションシップを確認します。
※リレーションシップウィンドウを閉じておきましょう。

Chapter 7
第7章

フォームの活用

Check	この章で学ぶこと	111
Step1	作成するフォームを確認する	112
Step2	フォームのコントロールを確認する	113
Step3	コントロールを作成する	114
Step4	タブオーダーを設定する	132

Chapter 7

この章で学ぶこと

学習前に習得すべきポイントを理解しておき、
学習後には確実に習得できたかどうかを振り返りましょう。

1 フォームのコントロールについて説明できる。 → P.113

2 フォームに、統一したデザイン（テーマ）を適用できる。 → P.114

3 フォームに、任意の文字を自由に配置するラベルを作成できる。 → P.117

4 フォームに、ドロップダウン形式の一覧から値を選択するコンボボックスを作成できる。 → P.118

5 フォームに、常に表示されている一覧から値を選択するリストボックスを作成できる。 → P.124

6 フォームに、複数の選択肢からひとつを選択するオプショングループとオプションボタンを作成できる。 → P.127

7 カーソルがフォーム内のコントロールを移動する順番（タブオーダー）を設定できる。 → P.132

Step 1 作成するフォームを確認する

1 作成するフォームの確認

次のように、フォーム「**F商品マスター**」を編集しましょう。

●F商品マスター

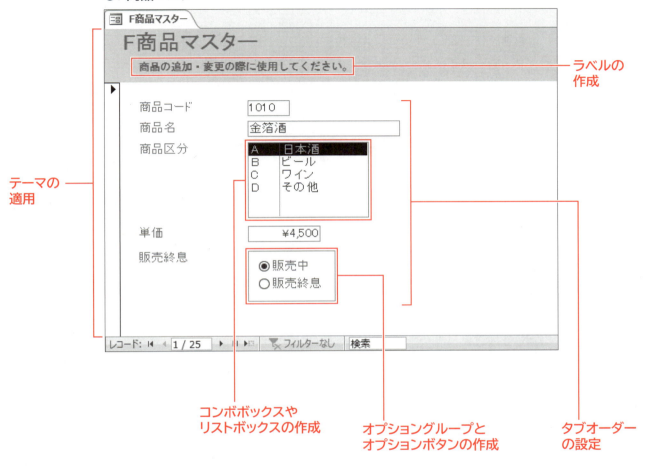

Step2 フォームのコントロールを確認する

1 フォームのコントロール

作成したフォームにコントロールを追加できます。最適なコントロールを配置すると、効率よくデータを入力できるようになります。
フォームには、次のようなコントロールがあります。

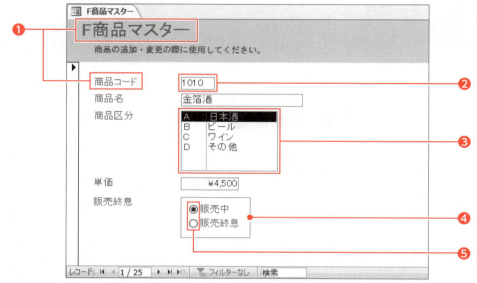

❶ラベル
タイトルやフィールド名、説明文を表示します。

❷テキストボックス
文字列や数値、式などの値を表示したり入力したりします。

❸リストボックス
常に表示される一覧から値を選択します。

❹オプショングループ
複数の選択肢をまとめて表示するためのグループです。複数の選択肢から値を選択します。

❺オプションボタン
◉選択されている状態
○選択されていない状態

❻コンボボックス
ドロップダウン形式の一覧から値を選択します。

❼チェックボックス
☑選択されている状態
☐選択されていない状態

❽トグルボタン
「販売中」選択されている状態
※ボタンの色は濃い色です。
「販売終息」選択されていない状態
※ボタンの色は薄い色です。

> **POINT ▶▶▶**
>
> **連結コントロールと非連結コントロール**
> テーブルやクエリのデータがもとになっているコントロールを「連結コントロール」、もとになっていないコントロールを「非連結コントロール」といいます。

Step3 コントロールを作成する

1 テーマの適用

「テーマ」を使うと、データベースのすべてのオブジェクトに対して、統一したデザインを適用できます。
フォーム「**F商品マスター**」にテーマ「**レトロスペクト**」を適用しましょう。

File OPEN フォーム「F商品マスター」をレイアウトビューで開いておきましょう。

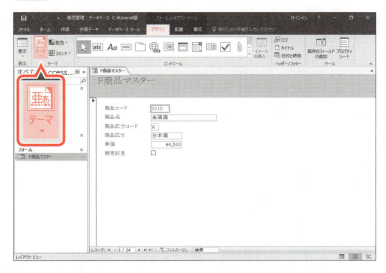

①《デザイン》タブを選択します。
②《テーマ》グループの (テーマ)をクリックします。

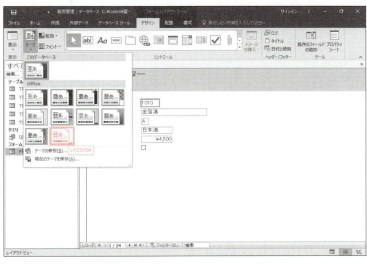

デザインの一覧が表示されます。
③《レトロスペクト》をクリックします。

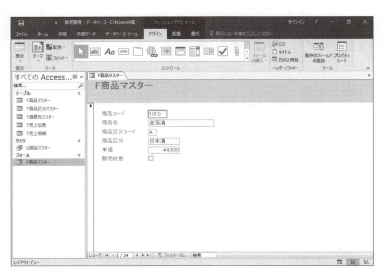

フォームにテーマのデザインが適用されます。

2 ビューの切り替え

フォームの構造の詳細を定義するには、デザインビューを使います。
デザインビューに切り替えましょう。

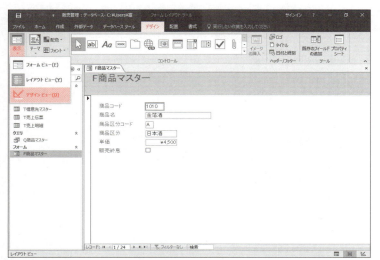

①《デザイン》タブを選択します。
※《ホーム》タブでもかまいません。
②《表示》グループの （表示）の をクリックします。
③《デザインビュー》をクリックします。

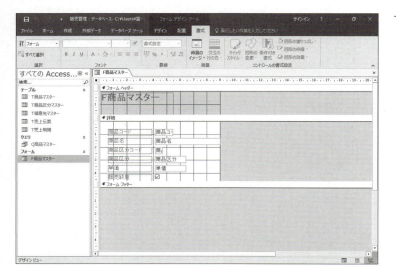

フォームがデザインビューで開かれます。

第7章 フォームの活用

115

3 デザインビューの画面構成

デザインビューの各部の名称と役割を確認しましょう。

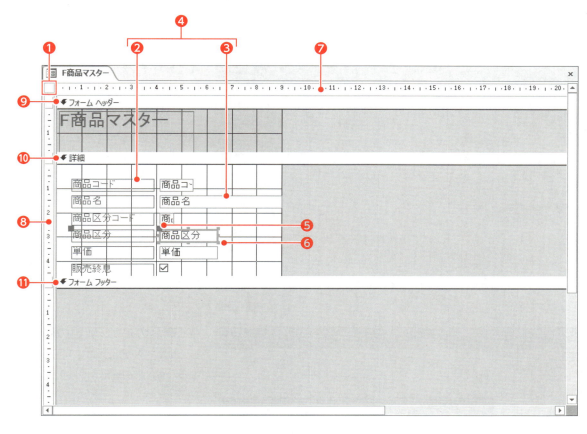

❶フォームセレクター
フォーム全体を選択するときに使います。

❷ラベル
タイトルやフィールド名を表示します。

❸テキストボックス
文字列や数値などのデータを表示します。

❹コントロール
ラベルやテキストボックスなどの各要素の総称です。

❺移動ハンドル
コントロールを移動するときに使います。

❻サイズハンドル
コントロールのサイズを変更するときに使います。

❼水平ルーラー
コントロールの配置や幅の目安にします。

❽垂直ルーラー
コントロールの配置や高さの目安にします。

❾《フォームヘッダー》セクション
フォームの上部に表示される領域です。

❿《詳細》セクション
各レコードが表示される領域です。

⓫《フォームフッター》セクション
フォームの下部に表示される領域です。

4 ラベルの追加

「ラベル」を使うと、フォーム上にタイトルや説明文などの任意の文字を自由に配置できます。
「F商品マスター」ラベルの下に、説明文「商品の追加・変更の際に使用してください。」を追加しましょう。

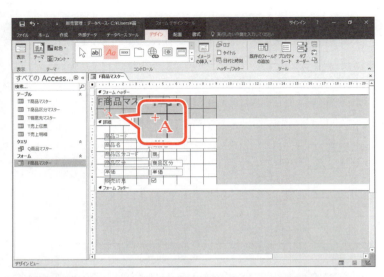

①《デザイン》タブを選択します。
②《コントロール》グループの Aa （ラベル）をクリックします。
マウスポインターの形が ⁺A に変わります。
③ラベルを作成する開始位置でクリックします。

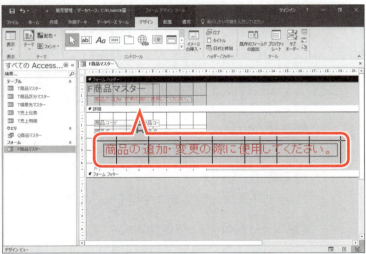

④「商品の追加・変更の際に使用してください。」と入力します。

※ラベル以外の場所をクリックし、選択を解除しておきましょう。

Let's Try ためしてみよう

ラベル「商品の追加・変更の際に使用してください。」に次の書式を設定しましょう。

フォント　　　：HGSゴシックE
フォントサイズ：10ポイント
フォントの色　：《テーマの色》の《オレンジ、アクセント1、黒＋基本色25％》（左から5番目、上から5番目）

Let's Try Answer

①ラベル「商品の追加・変更の際に使用してください。」を選択
②《書式》タブを選択
③《フォント》グループの MS Pゴシック (詳細) （フォント）の ▼ をクリックし、一覧から《HGSゴシックE》を選択
④《フォント》グループの 11 （フォントサイズ）に「10」と入力
⑤《フォント》グループの A▼ （フォントの色）の ▼ をクリック
⑥《テーマの色》の《オレンジ、アクセント1、黒＋基本色25％》（左から5番目、上から5番目）をクリック

5 コンボボックスの作成

「コンボボックス」を使うと、型番や商品名をドロップダウン形式の一覧で表示し、クリックして選択できます。また、コンボボックスに値を直接入力することもできます。

1 コンボボックスの作成

図のようなコンボボックスを作成しましょう。
「コンボボックスウィザード」を使うと、対話形式で簡単にコンボボックスを作成できます。

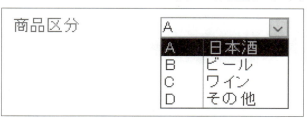

「商品区分コード」のラベルとテキストボックスを削除します。

① 「商品区分コード」テキストボックスを選択します。
② 「Delete」を押します。

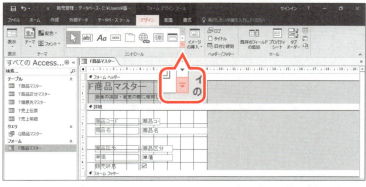

ラベルとテキストボックスが削除されます。
※テキストボックスを削除すると、ラベルも一緒に削除されます。

コンボボックスを追加します。

③ 《デザイン》タブを選択します。
④ 《コントロール》グループの ▼ (その他) をクリックします。

⑤ 《コントロールウィザードの使用》をオン（ が濃い灰色の状態）にします。
※お使いの環境によっては、ピンク色の状態になる場合があります。

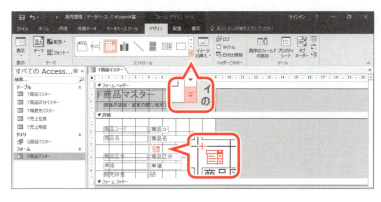

⑥ 《コントロール》グループの ▼ (その他) をクリックします。
⑦ （コンボボックス）をクリックします。
マウスポインターの形が に変わります。
⑧ コンボボックスを作成する開始位置でクリックします。

118

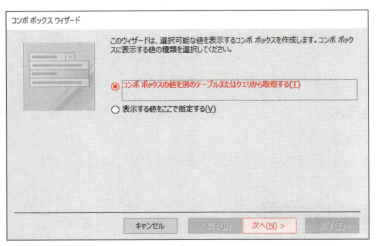

《コンボボックスウィザード》が表示されます。
コンボボックスに表示する値の種類を選択します。

⑨《コンボボックスの値を別のテーブルまたはクエリから取得する》を◉にします。
⑩《次へ》をクリックします。

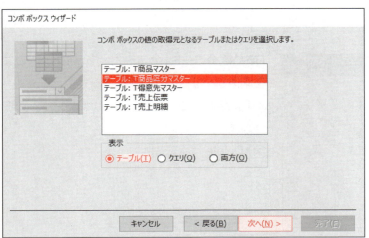

コンボボックスの値の取得元となるテーブルまたはクエリを選択します。

⑪《表示》の《テーブル》を◉にします。
⑫一覧から《テーブル：T商品区分マスター》を選択します。
⑬《次へ》をクリックします。

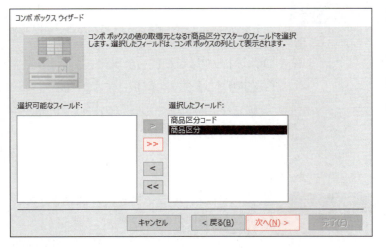

コンボボックスの値の取得元となるフィールドを選択します。
すべてのフィールドを選択します。
⑭ >> をクリックします。
⑮《次へ》をクリックします。

表示する値を並べ替える方法を指定する画面が表示されます。
※今回、並べ替えは指定しません。
⑯《次へ》をクリックします。

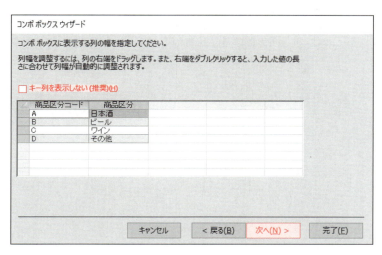

コンボボックスにキー列を表示するかどうかを指定します。

※「キー列」とは、主キーを設定したフィールドです。

⑰《キー列を表示しない(推奨)》を☐にします。

「商品区分コード」フィールドが表示されます。

⑱《次へ》をクリックします。

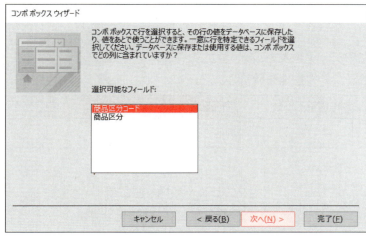

取得元のフィールドから保存の対象となるフィールドを選択します。

⑲一覧から「商品区分コード」を選択します。

⑳《次へ》をクリックします。

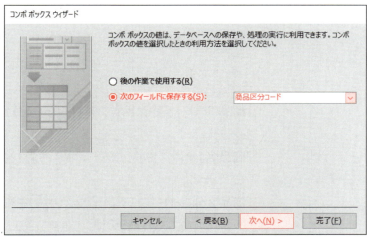

コンボボックスの一覧から選択したデータをどのフィールドに保存するかを指定します。

㉑《次のフィールドに保存する》を◉にします。

㉒ ▽ をクリックし、一覧から「商品区分コード」を選択します。

㉓《次へ》をクリックします。

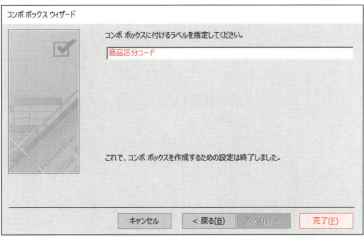

コンボボックスに付けるラベルを指定します。

㉔「商品区分コード」と入力します。

㉕《完了》をクリックします。

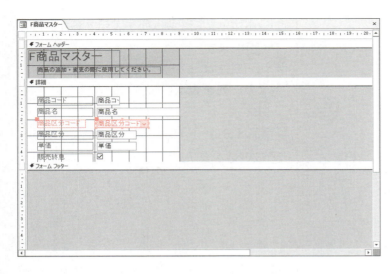

コンボボックスが作成されます。

※図のように、「商品区分コード」ラベルとコンボボックスの配置を調整しておきましょう。

2 データの入力

フォームビューに切り替えて、次のデータを入力しましょう。
データを入力しながら、コンボボックスの動作を確認します。

商品コード	商品名	商品区分コード	商品区分	単価	販売終息
5060	ざくろ酒	D	その他	700	☐

※赤字のデータを入力します。

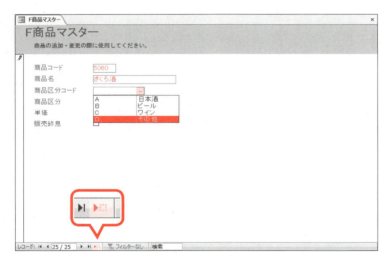

フォームビューに切り替えます。
①《デザイン》タブを選択します。
②《表示》グループの (表示)をクリックします。

新しいレコードを追加します。
③ (新しい(空の)レコード)をクリックします。
④「商品コード」テキストボックスに「5060」と入力します。
⑤「商品名」テキストボックスに「ざくろ酒」と入力します。
⑥「商品区分コード」コンボボックスの をクリックし、一覧から「D その他」を選択します。

「商品区分」テキストボックスに自動的に「その他」と表示されます。
⑦「単価」テキストボックスに「700」と入力します。
⑧「販売終息」が☐になっていることを確認します。

※デザインビューに切り替えておきましょう。

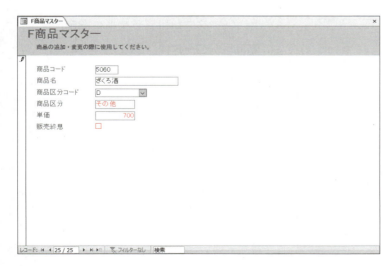

3 コンボボックスのプロパティの変更

コンボボックスウィザードを使ってコンボボックスを作成すると、コンボボックスのプロパティは自動的に設定されますが、設定したプロパティは、プロパティシートを使ってあとから変更することができます。
コンボボックスの名前を「**商品区分コード**」に変更し、一覧に表示されるフィールドの列幅を、1列目を「**1cm**」、2列目を「**2cm**」に設定しましょう。

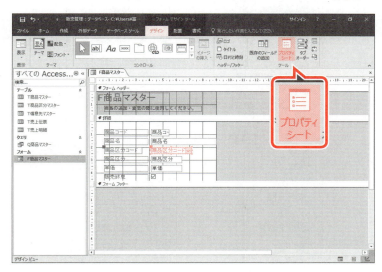

①「**商品区分コード**」コンボボックスを選択します。
②《**デザイン**》タブを選択します。
③《**ツール**》グループの（プロパティシート）をクリックします。

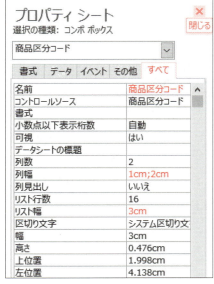

《**プロパティシート**》が表示されます。
④《**すべて**》タブを選択します。
⑤《**名前**》プロパティに「**商品区分コード**」と入力します。
⑥《**列幅**》プロパティに「**1;2**」と入力します。
※各列幅の長さを「；(セミコロン)」で区切ります。半角で入力します。
「**1cm;2cm**」と表示されます。
⑦《**リスト幅**》プロパティに「**3**」と入力します。
※各列幅の長さの合計を半角で入力します。
「**3cm**」と表示されます。
《**プロパティシート**》を閉じます。
⑧ （閉じる）をクリックします。

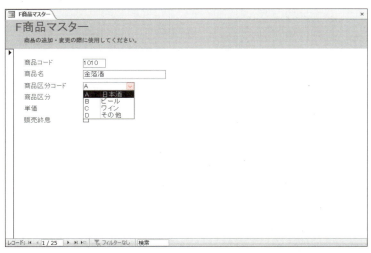

フォームビューに切り替えます。
⑨《**表示**》グループの（表示）をクリックします。
⑩「**商品区分コード**」コンボボックスの をクリックし、列幅が変更されていることを確認します。
※ Esc を押して、データ入力を中止しましょう。
※デザインビューに切り替えておきましょう。

その他の方法 （プロパティシートの表示）

◆デザインビューまたはレイアウトビューで表示
→コントロールを右クリック→《プロパティ》

122

POINT ▶▶▶

コンボボックスのプロパティ

コンボボックスに関連するプロパティは、次のとおりです。

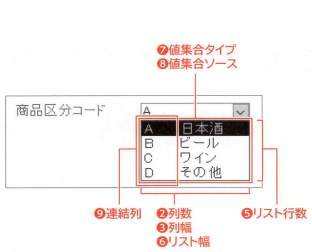

❶《コントロールソース》プロパティ
値の取得元のフィールド名を設定します。

❷《列数》プロパティ
表示する一覧の列数を設定します。

❸《列幅》プロパティ
表示する列幅を設定します。
《列数》プロパティで設定した列数が複数の場合、「;(セミコロン)」で値を区切って設定します。

❹《列見出し》プロパティ
表示する一覧の上にフィールド名を表示するかどうかを設定します。

❺《リスト行数》プロパティ
表示する一覧の行数を設定します。

❻《リスト幅》プロパティ
表示する一覧の列幅の合計を設定します。
《列幅》プロパティで設定した値を合計して設定します。

❼《値集合タイプ》プロパティ、❽《値集合ソース》プロパティ
表示する値の種類を設定します。

値集合タイプ	値集合ソース
テーブル/クエリ	値の取得元のテーブル/クエリ名を一覧から選択する
値リスト	値の一覧を直接入力する(例:日本酒;ビール;ワイン;その他)
フィールドリスト	値の取得元のフィールド名を一覧から選択する

❾《連結列》プロパティ
データとしてテーブルに保存される列を設定します。
《列幅》プロパティで設定した列を左から「1」「2」と数えて設定します。

6 リストボックスの作成

「**リストボックス**」は、コンボボックスと同様に一覧から値を選択するためのコントロールです。コンボボックスがドロップダウン形式の一覧からデータを選択するのに対して、リストボックスは常に表示されている一覧から値を選択します。
「**商品区分コード**」コンボボックスを図のようなリストボックスに変更しましょう。
コンボボックスとリストボックスは設定する内容が同じなので、簡単にコントロールの種類を変更できます。

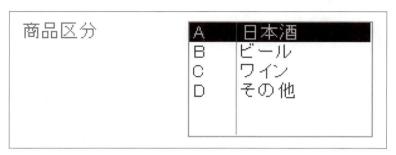

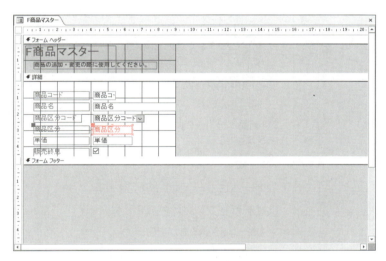

「**商品区分**」のラベルとテキストボックスを削除します。
①「**商品区分**」テキストボックスを選択します。
②[Delete]を押します。

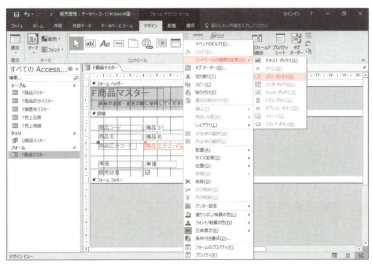

ラベルとテキストボックスが削除されます。
※テキストボックスを削除すると、ラベルも一緒に削除されます。
「**商品区分コード**」コンボボックスをリストボックスに変更します。
③「**商品区分コード**」コンボボックスを右クリックします。
④《**コントロールの種類の変更**》をポイントします。
⑤《**リストボックス**》をクリックします。

124

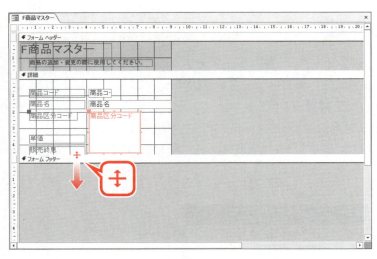

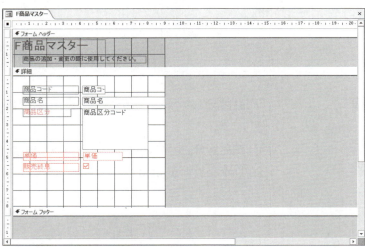

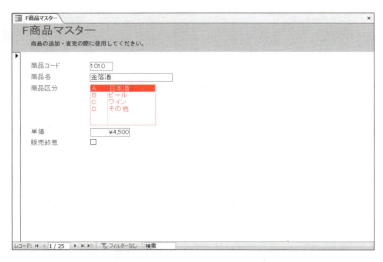

コンボボックスからリストボックスに変更されます。

「単価」のラベルとテキストボックス、「販売終息」のラベルとチェックボックスと重ならないように《詳細》セクションの領域を拡大します。

⑥《詳細》セクションと《フォームフッター》セクションの境界をポイントします。

マウスポインターの形が✢に変わります。

⑦下方向にドラッグします。

⑧図のように「単価」のラベルとテキストボックス、「販売終息」のラベルとチェックボックスを下に移動します。

※「単価」のラベルとテキストボックス、「販売終息」のラベルとチェックボックスを囲むようにドラッグし、Shiftを押しながら「商品区分コード」リストボックスをクリックして選択を解除し、下に移動すると効率的です。

⑨「商品区分コード」ラベルを「商品区分」に修正します。

※「商品区分コード」リストボックスの幅を少し広げておきましょう。

フォームビューに切り替えます。

⑩《デザイン》タブを選択します。

※《ホーム》タブでもかまいません。

⑪《表示》グループの (表示)をクリックします。

⑫「商品区分コード」リストボックスに変更され、データが一覧で表示されていることを確認します。

⑬リストボックスからデータが選択できることを確認します。

※Escを押して、データの入力を中止しましょう。
※デザインビューに切り替えておきましょう。

POINT ▶▶▶

リストボックスの作成

コンボボックスと同様に、リストボックスは「リストボックスウィザード」を使って対話形式で作成できます。新規にリストボックスを作成する方法は、次のとおりです。

◆デザインビューで表示→《デザイン》タブ→《コントロール》グループの (その他)→《コントロールウィザードの使用》をオン(が濃い灰色の状態)にする→《コントロール》グループの (その他)→ (リストボックス)

※お使いの環境によっては、 がピンク色の状態になる場合があります。

POINT

リストボックスのプロパティ

リストボックスに関連するプロパティは、次のとおりです。

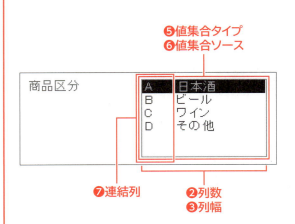

❶《コントロールソース》プロパティ
値の取得元のフィールド名を設定します。

❷《列数》プロパティ
表示する一覧の列数を設定します。

❸《列幅》プロパティ
表示する列幅を設定します。
《列数》プロパティで設定した列数が複数の場合、「;（セミコロン）」で値を区切って設定します。

❹《列見出し》プロパティ
表示する一覧の上にフィールド名を表示するかどうかを設定します。

❺《値集合タイプ》プロパティ、❻《値集合ソース》プロパティ
表示する値の種類を設定します。

値集合タイプ	値集合ソース
テーブル/クエリ	値の取得元のテーブル/クエリ名を一覧から選択する
値リスト	値の一覧を直接入力する（例：日本酒;ビール;ワイン;その他）
フィールドリスト	値の取得元のフィールド名を一覧から選択する

❼《連結列》プロパティ
データとしてテーブルに保存される列を設定します。
《列幅》プロパティで設定した列を左から「1」「2」と数えて設定します。

※《リスト行数》プロパティと《リスト幅》プロパティは、リストボックスにはありません。

 ### コンボボックスとリストボックスの利点

それぞれの利点によって、コントロールを使い分けましょう。

●コンボボックス
ドロップダウン形式なので、スペースを節約できます。

●リストボックス
一覧がすべて表示されるので、すばやく選択できます。

126

7 オプショングループとオプションボタンの作成

「**オプショングループ**」とは、複数のボタンを入れておく"入れ物"の役割を持つコントロールのことです。「**オプションボタン**」を使うと、複数の選択肢からひとつを選択できます。
図のようなオプショングループとオプションボタンを作成しましょう。

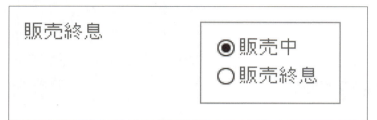

1 オプショングループとオプションボタンの作成

「**オプショングループウィザード**」を使うと、対話形式で簡単にオプショングループとオプションボタンを作成できます。

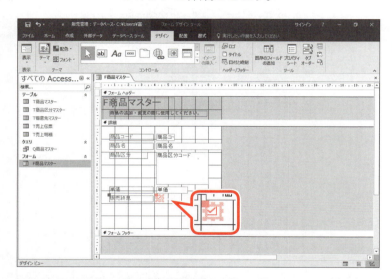

「**販売終息**」のラベルとチェックボックスを削除します。
①「**販売終息**」チェックボックスを選択します。
②[Delete]を押します。

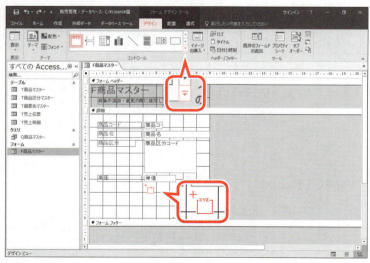

ラベルとチェックボックスが削除されます。
※チェックボックスを削除すると、ラベルも一緒に削除されます。

オプショングループを追加します。
③《**デザイン**》タブを選択します。
④《**コントロール**》グループの ▼ (その他) をクリックします。
⑤《**コントロールウィザードの使用**》をオン (が濃い灰色の状態) にします。
※お使いの環境によっては、ピンク色の状態になる場合があります。
⑥《**コントロール**》グループの ▼ (その他) をクリックします。
⑦ (オプショングループ) をクリックします。
マウスポインターの形が に変わります。
⑧オプショングループを作成する開始位置でクリックします。

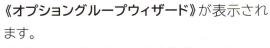

《オプショングループウィザード》が表示されます。

オプションに付けるラベルを指定します。

⑨《ラベル名》の1行目に「販売中」と入力し、Tab を押します。

⑩《ラベル名》の2行目に「販売終息」と入力し、Tab を押します。

⑪《次へ》をクリックします。

既定で選択されるオプションを設定します。

⑫《次のオプションを既定にする》を◉にし、「販売中」が選択されていることを確認します。

⑬《次へ》をクリックします。

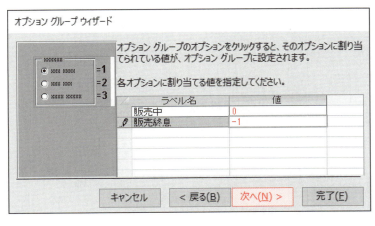

各オプションに割り当てる値を指定します。

⑭《値》の1行目に「0」と入力します。

※「販売中」が◉のとき、「販売終息」フィールドに「0」を入力するという意味です。「0」は、「No」「False」「Off」を意味します。

⑮《値》の2行目に「-1」と入力します。

※「販売終息」が◉のとき、「販売終息」フィールドに「-1」を入力するという意味です。「-1」は、「Yes」「True」「On」を意味します。

⑯《次へ》をクリックします。

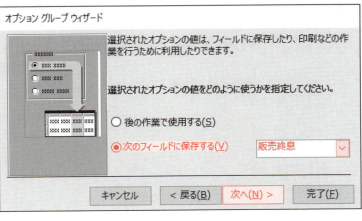

値を格納するフィールドを指定します。

⑰《次のフィールドに保存する》を◉にします。

⑱ ▽ をクリックし、一覧から「販売終息」を選択します。

⑲《次へ》をクリックします。

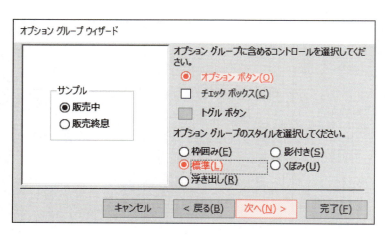

ボタンの種類を選択します。

⑳《オプションボタン》を◉にします。

オプショングループのスタイルを選択します。

㉑《標準》を◉にします。

㉒《次へ》をクリックします。

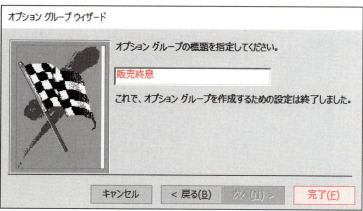

オプショングループの標題を指定します。

㉓「販売終息」と入力します。

㉔《完了》をクリックします。

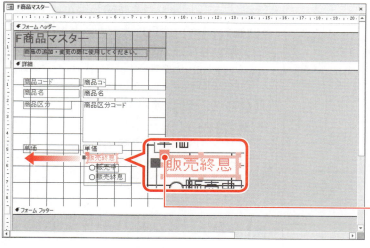

オプショングループとオプションボタンが作成されます。

オプショングループのラベルを移動します。

㉕「販売終息」ラベルを選択します。

㉖「販売終息」ラベルの■（移動ハンドル）をポイントします。

マウスポインターの形が✥に変わります。

㉗「販売終息」ラベルを左に移動します。

移動ハンドル

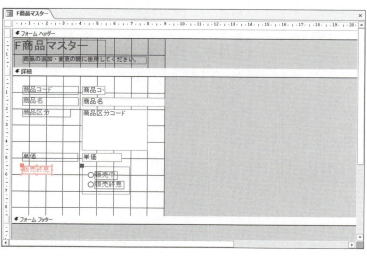

「販売終息」ラベルが移動します。

※図のように、オプショングループとラベルの配置を調整しておきましょう。

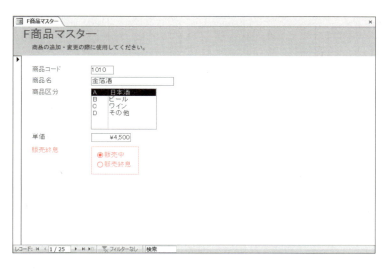

フォームビューに切り替えます。
㉘《表示》グループの ▦ （表示）をクリックします。
㉙オプショングループとオプションボタンが作成されていることを確認します。
㉚オプションボタンをクリックして、データが選択できることを確認します。
※ Esc を押して、データの入力を中止しましょう。
※ デザインビューに切り替えておきましょう。

2 オプショングループのプロパティの変更

作成したオプショングループのプロパティを変更しましょう。

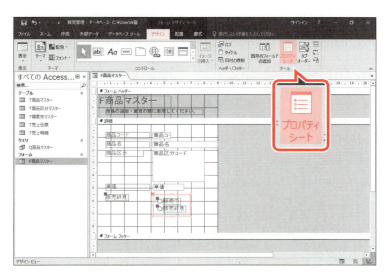

オプショングループを選択します。
①オプショングループの枠線をクリックします。
②《デザイン》タブを選択します。
③《ツール》グループの （プロパティシート）をクリックします。

《プロパティシート》が表示されます。
④《すべて》タブを選択します。
⑤《名前》プロパティに「販売終息」と入力します。
⑥《既定値》プロパティが「0」になっていることを確認します。

《プロパティシート》を閉じます。
⑦ ✕ （閉じる）をクリックします。

POINT ▶▶▶

オプショングループとオプションボタンのプロパティ

オプショングループとオプションボタンに関連するプロパティは、次のとおりです。

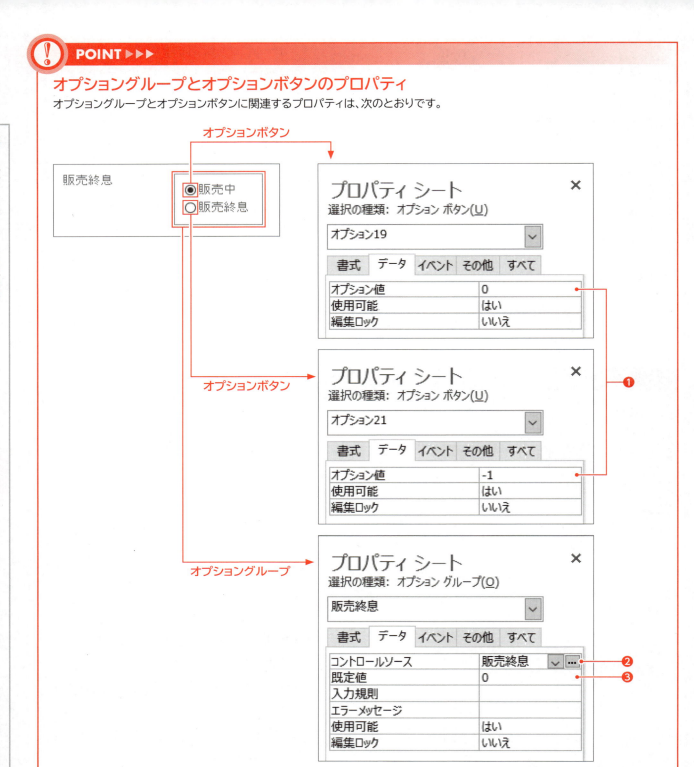

オプションボタン
❶《オプション値》プロパティ
フィールドに格納される値を設定します。

オプショングループ
❷《コントロールソース》プロパティ
もとになるフィールド名を設定します。

❸《既定値》プロパティ
既定で選択される値を設定します。

Step4 タブオーダーを設定する

1 タブオーダーの設定

「タブオーダー」とは、Tab や Enter を押したときにカーソルがフォーム内のコントロールを移動する順番のことです。
タブオーダーはコントロールを配置した順番になるので、コントロールの配置を変更したり、あとから追加したりすると、カーソルが移動する順番が変わります。タブオーダーの設定をすると、カーソルが移動する順番を自由に変更できます。
コントロールの並びどおりに、カーソルが移動するように、タブオーダーを設定しましょう。
※フォームビューに切り替え、Tab を何度か押して現在のタブオーダーを確認しておきましょう。
※デザインビューに切り替えておきましょう。

●現在のタブオーダー
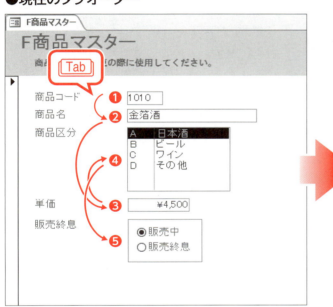

●設定後のタブオーダー
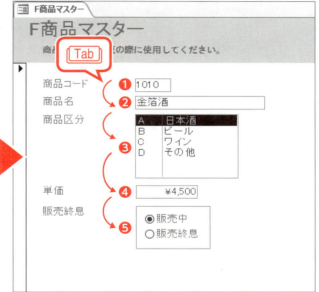

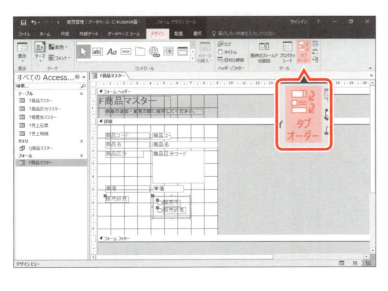

①《デザイン》タブを選択します。
②《ツール》グループの (タブオーダー)をクリックします。

132

《タブオーダー》ダイアログボックスが表示されます。

③《セクション》の《詳細》をクリックします。

④《タブオーダーの設定》に現在のタブオーダーが表示されていることを確認します。

⑤《自動》をクリックします。

コントロールの並びどおりに、タブオーダーが設定されます。

⑥《OK》をクリックします。

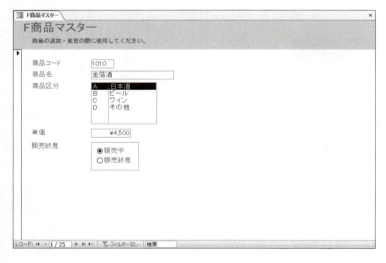

フォームビューに切り替えます。

⑦《表示》グループの ▦ (表示)をクリックします。

⑧ Tab を何度か押して、タブオーダーを確認します。

※フォームを上書き保存し、閉じておきましょう。

Chapter 8

第8章

メイン・サブフォームの作成

Check	この章で学ぶこと	135
Step1	作成するフォームを確認する	136
Step2	メイン・サブフォームを作成する	137
Step3	演算テキストボックスを作成する	155

Chapter 8

この章で学ぶこと

学習前に習得すべきポイントを理解しておき、
学習後には確実に習得できたかどうかを振り返りましょう。

1 メイン・サブフォームとは何かを説明できる。 → P.137

2 メインフォームを作成できる。 → P.139

3 サブフォームを作成できる。 → P.144

4 メインフォームにサブフォームを組み込んで、メイン・サブフォームを作成できる。 → P.148

5 指定したフィールドの合計を返すSum関数を使って、演算テキストボックスを作成できる。 → P.155

6 指定した日付に、指定した日付の単位の時間間隔を加算した日付を返すDateAdd関数を使って、演算テキストボックスを作成できる。 → P.159

7 指定した年、月、日に対応する日付を返すDateSerial関数を使って、演算テキストボックスを作成できる。 → P.161

8 異なるフォームのコントロールの値を参照する識別子を使って、演算テキストボックスを作成できる。 → P.162

135

Step 1 作成するフォームを確認する

1 作成するフォームの確認

次のようなフォーム**「F売上伝票」**を編集しましょう。

●F売上伝票

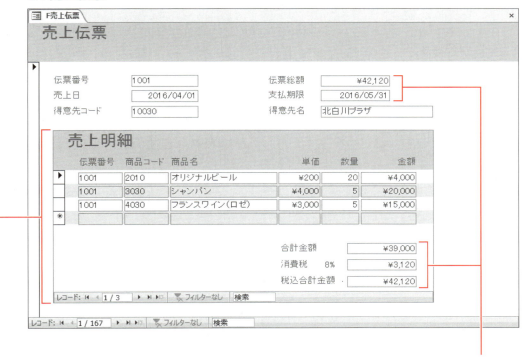

サブフォームの組み込み

演算テキストボックスの作成

Step 2 メイン・サブフォームを作成する

1 メイン・サブフォーム

「**メイン・サブフォーム**」とは、メインフォームとサブフォームから構成されるフォームのことです。主となるフォームを「**メインフォーム**」、メインフォームの中に組み込まれるフォームを「**サブフォーム**」といいます。

メイン・サブフォームは、明細行を組み込んだ売上伝票や会計伝票を作成する場合などに使います。

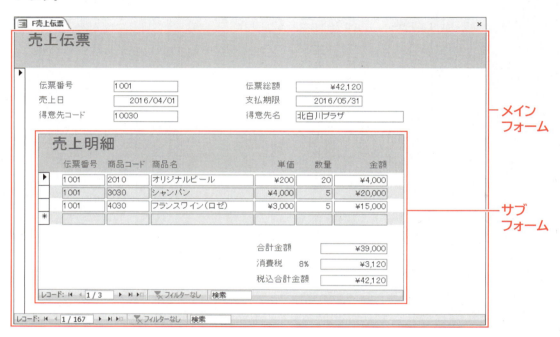

2 メイン・サブフォームの作成手順

メイン・サブフォームの基本的な作成手順は、次のとおりです。

1 メインフォームを作成する

もとになるテーブルとフィールドを確認する。
もとになるクエリを作成する。
フォームを単票形式で作成する。

2 サブフォームを作成する

もとになるテーブルとフィールドを確認する。
もとになるクエリを作成する。
フォームを表形式またはデータシート形式で作成する。

3 メインフォームにサブフォームを組み込む

メインフォームのコントロールのひとつとして、サブフォームを組み込む。

POINT ▶▶▶

メイン・サブフォームと単票形式のフォーム

メイン・サブフォームと単票形式のフォームでは、テーブルの設計方法が異なります。

■ メイン・サブフォーム

■ 単票フォーム

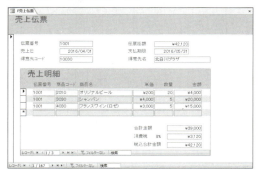

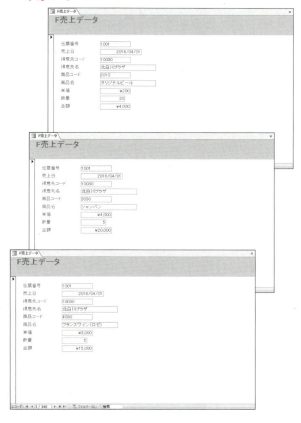

●テーブルの設計
メインフォームのもとになるテーブル

サブフォームのもとになるテーブル

●テーブルの設計
もとになるテーブル

●利点
伝票を書くイメージで入力できる
特定のフィールドを基準に明細を一覧で表示できる

●利点
1件1画面のため、テーブルの設計が容易である

3 メインフォームの作成

次のようなメインフォーム「**F売上伝票**」を作成しましょう。

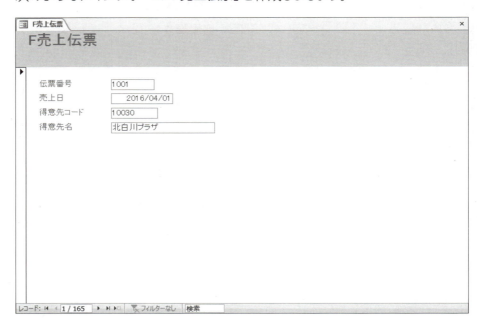

1 もとになるテーブルとフィールドの確認

メインフォームは、テーブル「**T売上伝票**」をもとに、必要なフィールドをテーブル「**T得意先マスター**」から選択して作成します。

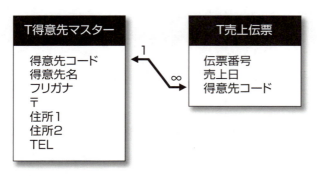

2 もとになるクエリの作成

メインフォームのもとになるクエリ「**Q売上伝票**」を作成しましょう。

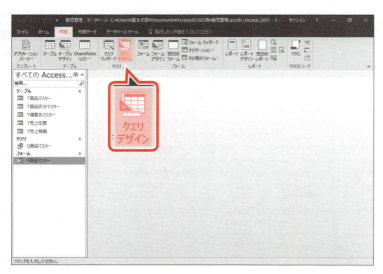

①《**作成**》タブを選択します。
②《**クエリ**》グループの （クエリデザイン）をクリックします。

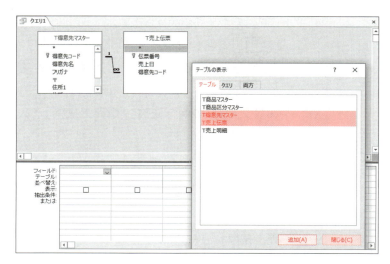

クエリウィンドウと《テーブルの表示》ダイアログボックスが表示されます。

③《テーブル》タブを選択します。
④一覧から「T得意先マスター」を選択します。
⑤ Shift を押しながら、「T売上伝票」を選択します。
⑥《追加》をクリックします。

《テーブルの表示》ダイアログボックスを閉じます。

⑦《閉じる》をクリックします。

クエリウィンドウに2つのテーブルのフィールドリストが表示されます。

⑧テーブル間にリレーションシップの結合線が表示されていることを確認します。

※図のように、フィールドリストのサイズを調整しておきましょう。

⑨次の順番でフィールドをデザイングリッドに登録します。

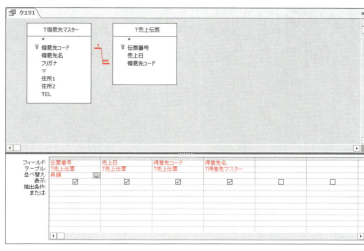

テーブル	フィールド
T売上伝票	伝票番号
〃	売上日
〃	得意先コード
T得意先マスター	得意先名

⑩「伝票番号」フィールドの《並べ替え》セルを《昇順》に設定します。

データシートビューに切り替えて、結果を確認します。

⑪《デザイン》タブを選択します。
⑫《結果》グループの （表示）をクリックします。

140

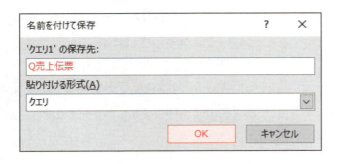

作成したクエリを保存します。
⑬ `F12` を押します。
《名前を付けて保存》ダイアログボックスが表示されます。
⑭《'クエリ1'の保存先》に「**Q売上伝票**」と入力します。
⑮《**OK**》をクリックします。
※クエリを閉じておきましょう。

3 メインフォームの作成

クエリ「**Q売上伝票**」をもとに、メインフォーム「**F売上伝票**」を作成しましょう。

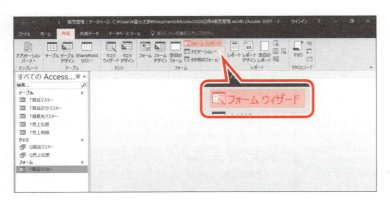

①《**作成**》タブを選択します。
②《**フォーム**》グループの <kbd>フォーム ウィザード</kbd>（フォームウィザード）をクリックします。

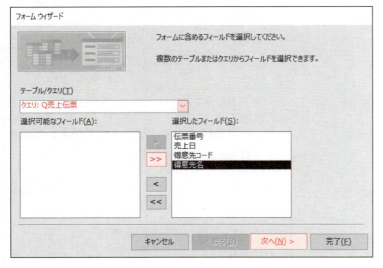

《フォームウィザード》が表示されます。
③《**テーブル/クエリ**》の ∨ をクリックし、一覧から「**クエリ：Q売上伝票**」を選択します。
すべてのフィールドを選択します。
④ `>>` をクリックします。
⑤《**次へ**》をクリックします。

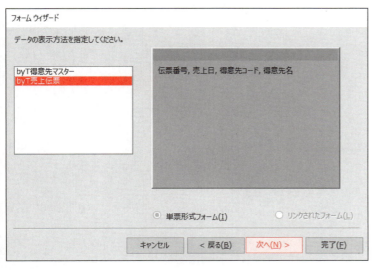

データの表示形式を指定します。
⑥「**byT売上伝票**」が選択されていることを確認します。
⑦《**次へ**》をクリックします。

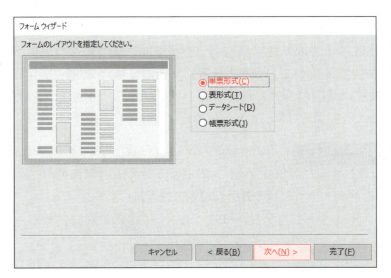

フォームのレイアウトを指定します。
⑧《単票形式》を◉にします。
⑨《次へ》をクリックします。

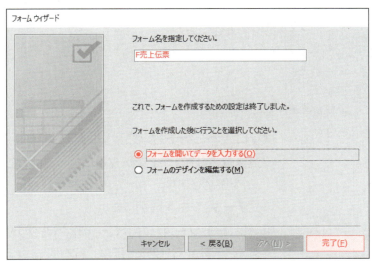

フォーム名を入力します。
⑩《フォーム名を指定してください。》に「F売上伝票」と入力します。
⑪《フォームを開いてデータを入力する》を◉にします。
⑫《完了》をクリックします。

作成したフォームがフォームビューで表示されます。
※レイアウトビューでコントロールのサイズを調整しておきましょう。
※レコード移動ボタンを使って、レコードの並び順を確認しておきましょう。
※《フィールドリスト》が表示された場合は、×（閉じる）をクリックして閉じておきましょう。
※デザインビューに切り替えておきましょう。

4 もとになるクエリの設定

フォームウィザードで指定したクエリは、作成したフォーム上で完全には認識されない場合があります。ここでは、フォームのもとになるクエリ「**Q売上伝票**」で「**伝票番号**」を昇順に設定しましたが、フォームでは「**伝票番号**」が昇順になっていません。
フォームのもとになるクエリを正しく認識させましょう。

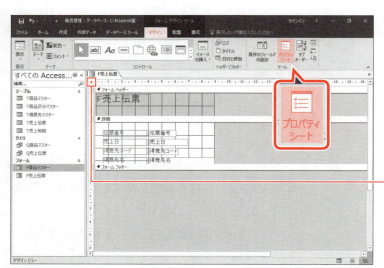

フォームセレクター

フォームのプロパティを設定します。
①フォームセレクターをクリックします。
②《デザイン》タブを選択します。
③《ツール》グループの (プロパティシート)をクリックします。

《プロパティシート》が表示されます。
④《選択の種類》が《フォーム》になっていることを確認します。
⑤《データ》タブを選択します。
⑥《レコードソース》プロパティの をクリックし、一覧から「**Q売上伝票**」を選択します。
《プロパティシート》を閉じます。
⑦ (閉じる)をクリックします。

フォームビューに切り替えます。
⑧《表示》グループの (表示)をクリックします。
⑨レコード移動ボタンを使って、「**伝票番号**」順にレコードが表示されていることを確認します。
※フォームを上書き保存し、閉じておきましょう。

4 サブフォームの作成

次のようなサブフォーム「**F売上明細**」を作成しましょう。

伝票番号	商品コード	商品名	単価	数量	金額
1001	2010	オリジナルビール	¥200	20	¥4,000
1001	3030	シャンパン	¥4,000	5	¥20,000
1001	4030	フランスワイン（ロゼ）	¥3,000	5	¥15,000
1002	1050	にごり酒	¥2,500	25	¥62,500
1002	2030	アメリカビール	¥300	40	¥12,000
1003	1010	金箔酒	¥4,500	5	¥22,500
1003	3010	ブランデー	¥5,000	10	¥50,000
1004	1030	吟醸酒	¥4,000	15	¥60,000
1004	4020	フランスワイン（白）	¥3,000	15	¥45,000
1004	1040	焼酎	¥1,800	10	¥18,000
1004	2020	ドイツビール	¥250	30	¥7,500
1004	2050	イギリスビール	¥300	10	¥3,000
1005	1020	大吟醸酒	¥5,500	9	¥49,500
1005	4050	イタリアワイン（白）	¥2,800	2	¥5,600
1006	3020	ウィスキー	¥3,500	20	¥70,000
1006	2040	オランダビール	¥200	40	¥8,000
1006	5010	梅酒	¥1,800	5	¥9,000
1007	2060	フランスビール	¥200	10	¥2,000
1007	4010	フランスワイン（赤）	¥3,500	5	¥17,500

1 もとになるテーブルとフィールドの確認

サブフォームは、テーブル「**T売上明細**」をもとに、必要なフィールドを「**T商品マスター**」から選択して作成します。

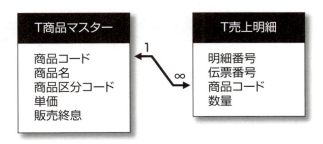

2 もとになるクエリの作成

サブフォームのもとになるクエリ「**Q売上明細**」を作成しましょう。

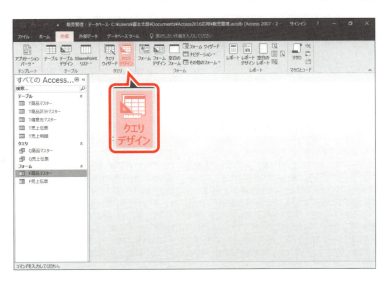

①《**作成**》タブを選択します。
②《**クエリ**》グループの （クエリデザイン）をクリックします。

144

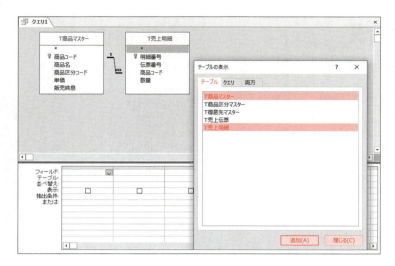

クエリウィンドウと《テーブルの表示》ダイアログボックスが表示されます。

③《テーブル》タブを選択します。

④一覧から「T商品マスター」を選択します。

⑤ Ctrl を押しながら、「T売上明細」を選択します。

⑥《追加》をクリックします。

《テーブルの表示》ダイアログボックスを閉じます。

⑦《閉じる》をクリックします。

クエリウィンドウに2つのテーブルのフィールドリストが表示されます。

⑧テーブル間にリレーションシップの結合線が表示されていることを確認します。

⑨次の順番でフィールドをデザイングリッドに登録します。

テーブル	フィールド
T売上明細	明細番号
〃	伝票番号
〃	商品コード
T商品マスター	商品名
〃	単価
T売上明細	数量

⑩「明細番号」フィールドの《並べ替え》セルを《昇順》に設定します。

「金額」フィールドを作成します。

⑪「数量」フィールドの右の《フィールド》セルに次のように式を入力します。

> 金額：[単価]＊[数量]

※記号は半角で入力します。入力の際、[]は省略できます。

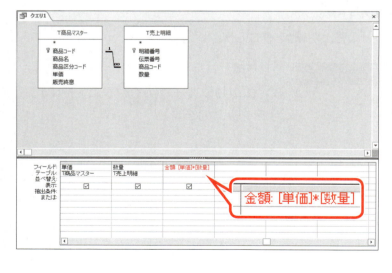

145

データシートビューに切り替えて、結果を確認します。

⑫《デザイン》タブを選択します。

⑬《結果》グループの (表示)をクリックします。

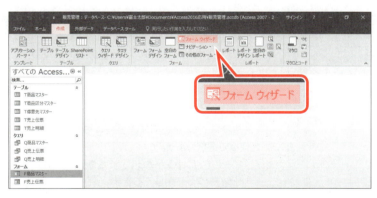

作成したクエリを保存します。

⑭ F12 を押します。

《名前を付けて保存》ダイアログボックスが表示されます。

⑮《'クエリ1'の保存先》に「Q売上明細」と入力します。

⑯《OK》をクリックします。

※クエリを閉じておきましょう。

3 サブフォームの作成

クエリ「Q売上明細」をもとに、サブフォーム「F売上明細」を作成しましょう。

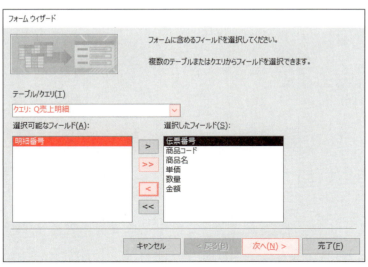

①《作成》タブを選択します。

②《フォーム》グループの フォームウィザード （フォームウィザード）をクリックします。

《フォームウィザード》が表示されます。

③《テーブル/クエリ》の をクリックし、一覧から「クエリ:Q売上明細」を選択します。

「明細番号」以外のフィールドを選択します。

④ >> をクリックします。

⑤《選択したフィールド》の一覧から「明細番号」を選択します。

⑥ < をクリックします。

⑦《次へ》をクリックします。

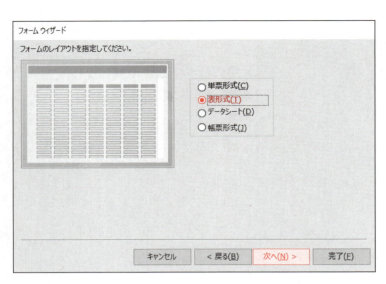

フォームのレイアウトを指定します。

⑧《表形式》を◉にします。

⑨《次へ》をクリックします。

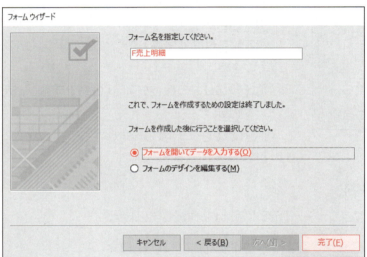

フォーム名を入力します。

⑩《フォーム名を指定してください。》に「F売上明細」と入力します。

⑪《フォームを開いてデータを入力する》を◉にします。

⑫《完了》をクリックします。

作成したフォームがフォームビューで表示されます。

※レイアウトビューでコントロールのサイズを調整しておきましょう。

※「伝票番号」ラベルと「商品コード」ラベルは、Tab を使って選択します。

※《フィールドリスト》が表示された場合は、✕（閉じる）をクリックして閉じておきましょう。

※フォームを上書き保存し、閉じておきましょう。

5 メインフォームへのサブフォームの組み込み

メインフォーム「F売上伝票」にサブフォーム「F売上明細」を組み込みましょう。
メインフォームのひとつのコントロールとしてサブフォームを組み込むことによって、メイン・サブフォームを作成できます。

1 リレーションシップの確認

メインフォームのもとになるテーブルとサブフォームのもとになるテーブルには、リレーションシップが設定されている必要があります。
リレーションシップを確認しましょう。

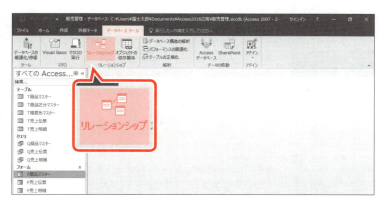

①《データベースツール》タブを選択します。
②《リレーションシップ》グループの (リレーションシップ)をクリックします。

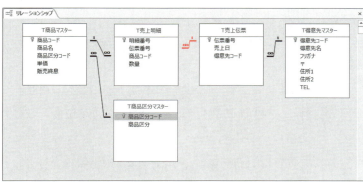

リレーションシップウィンドウが表示されます。
③テーブル「T売上伝票」の「伝票番号」フィールドとテーブル「T売上明細」の「伝票番号」フィールドが結合されていることを確認します。
※リレーションシップウィンドウを閉じておきましょう。

2 サブフォームの組み込み

「サブフォームウィザード」を使って、メインフォームにサブフォームを組み込みましょう。

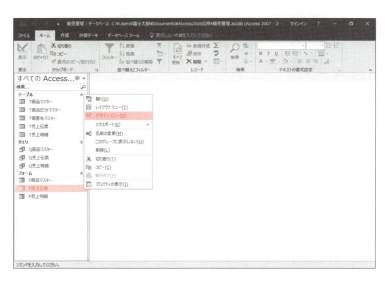

メインフォームをデザインビューで開きます。
①ナビゲーションウィンドウのフォーム「F売上伝票」を右クリックします。
②《デザインビュー》をクリックします。

148

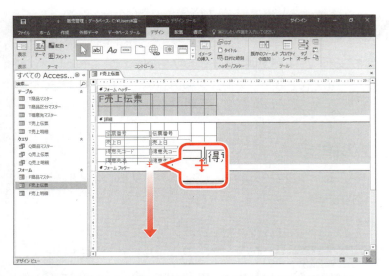

《詳細》セクションの領域を拡大します。
③《詳細》セクションと《フォームフッター》セクションの境界をポイントします。
マウスポインターの形が✥に変わります。
④下方向にドラッグします。

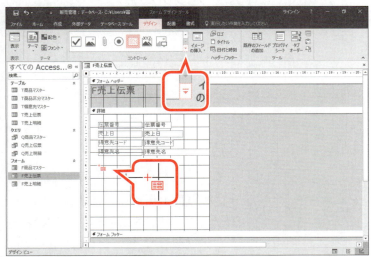

⑤《デザイン》タブを選択します。
⑥《コントロール》グループの▼(その他)をクリックします。
⑦《コントロールウィザードの使用》をオン(が濃い灰色の状態)にします。
※お使いの環境によっては、ピンク色の状態になる場合があります。
⑧《コントロール》グループの▼(その他)をクリックします。
⑨ (サブフォーム/サブレポート)をクリックします。
マウスポインターの形が⁺▦に変わります。
⑩サブフォームを組み込む開始位置でクリックします。

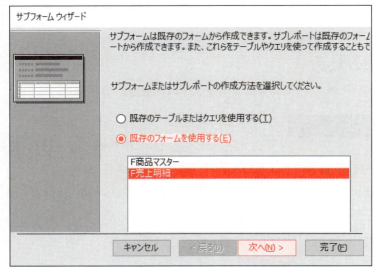

《サブフォームウィザード》が表示されます。
サブフォームの作成方法を選択します。
⑪《既存のフォームを使用する》を◉にします。
⑫一覧から「F売上明細」を選択します。
⑬《次へ》をクリックします。

第8章 メイン・サブフォームの作成

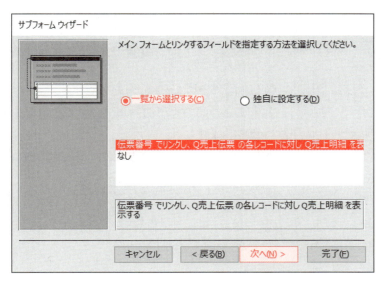

リンクするフィールドを指定します。

⑭《一覧から選択する》を◉にします。

⑮一覧の《伝票番号でリンクし、Q売上伝票の各レコードに対しQ売上明細を…》が選択されていることを確認します。

⑯《次へ》をクリックします。

サブフォームの名前を入力します。

⑰《サブフォームまたはサブレポートの名前を指定してください。》に「売上明細」と入力します。

⑱《完了》をクリックします。

メインフォームにサブフォームが組み込まれます。

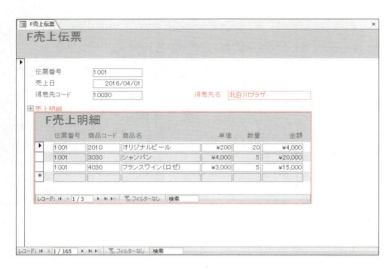

レイアウトビューに切り替えます。

⑲《表示》グループの (表示)の をクリックします。

⑳《レイアウトビュー》をクリックします。

㉑図のように、コントロールのサイズと配置を調整します。

※売上明細には、5件くらい表示されるように調整します。

※フォームを上書き保存しておきましょう。

Let's Try ためしてみよう

① メインフォームのタイトルを「売上伝票」に変更しましょう。
② サブフォームのタイトルを「売上明細」に変更しましょう。
③ メインフォームの「売上明細」ラベルを削除しましょう。

※フォームを上書き保存しておきましょう。
※フォームビューに切り替えておきましょう。

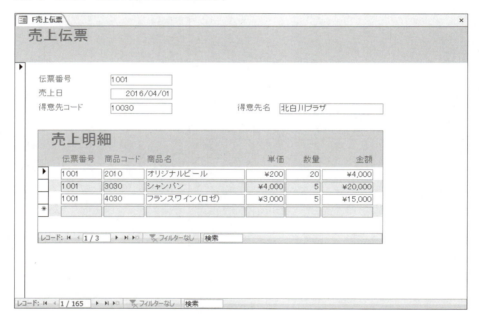

Let's Try Answer

①
① メインフォームのタイトル「F売上伝票」を「売上伝票」に修正

②
① サブフォームのタイトル「F売上明細」を「売上明細」に修正

③
① メインフォームの「売上明細」ラベルを選択
② [Delete] を押す

POINT ▶▶▶

サブフォームのプロパティ

デザインビューまたはレイアウトビューでサブフォームを選択した状態で《デザイン》タブの《ツール》グループの （プロパティシート）をクリックすると、次のような《プロパティシート》が表示されます。《データ》タブでは、サブフォームのもとになるフォームや、メインフォームとサブフォームを結合するフィールド名を設定できます。

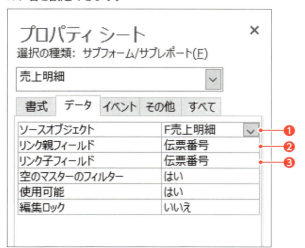

❶《ソースオブジェクト》プロパティ
サブフォームにするフォームを設定します。

❷《リンク親フィールド》プロパティ
メインフォーム側の共通フィールド名を設定します。

❸《リンク子フィールド》プロパティ
サブフォーム側の共通フィールド名を設定します。

POINT ▶▶▶

フォームウィザードによるメイン・サブフォームの作成

クエリ「Q売上伝票」とクエリ「Q売上明細」をもとに、フォームウィザードでフォームを作成すると、ウィザードの中でメイン・サブフォームを作成できます。フォームウィザードでメイン・サブフォームを作成する場合、もとになるテーブルまたはクエリにリレーションシップが作成されている必要があります。

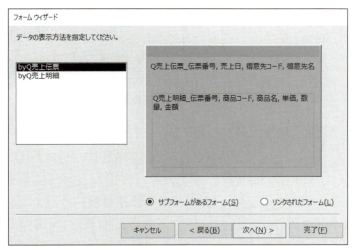

フォームウィザードによるメイン・サブフォームを作成する方法は、次のとおりです。

◆《作成》タブ→《フォーム》グループの （フォームウィザード）→《テーブル/クエリ》の →一覧から「クエリ：Q売上伝票」を選択→必要なフィールドを選択→《テーブル/クエリ》の →一覧から「クエリ：Q売上明細」を選択→必要なフィールドを選択→《次へ》→「byQ売上伝票」が選択されていることを確認→《⦿サブフォームがあるフォーム》

6 データの入力

メイン・サブフォームにデータを入力しましょう。メインフォームに次のデータを入力します。

伝票番号	売上日	得意先コード	得意先名
1166	2016/06/28	30030	フレッシュマーケット

サブフォームに次のデータを入力します。

伝票番号	商品コード	商品名	単価	数量	金額
1166	4010	フランスワイン（赤）	¥3,500	10	¥35,000
1166	4020	フランスワイン（白）	¥3,000	20	¥60,000
1166	4030	フランスワイン（ロゼ）	¥3,000	15	¥45,000

※赤字のデータを入力します。

メインフォームの新規の伝票入力画面を表示します。

① メインフォーム側の ▶* （新しい（空の）レコード）をクリックします。

②「伝票番号」に「1166」と入力し、Tab または Enter を押します。

③「売上日」に、本日の日付が自動的に表示されることを確認します。

※もとになるテーブル「T売上伝票」のフィールドプロパティで本日の日付を表示するように設定しています。

④「売上日」を「2016/06/28」に修正し、Tab または Enter を押します。

⑤「得意先コード」に「30030」と入力し、Tab または Enter を押します。
「得意先名」が自動的に参照されます。

サブフォームにデータを入力します。

⑥「商品コード」に「4010」と入力し、Tab または Enter を押します。
「伝票番号」にメインフォームの「伝票番号」が自動的に表示されます。
「商品名」と「単価」が自動的に参照されます。

⑦「数量」に「10」と入力し、Tab または Enter を押します。
「金額」が自動的に表示されます。

⑧ 同様に、次のデータを入力します。

伝票番号	商品コード	商品名	単価	数量	金額
1166	4020	フランスワイン（白）	¥3,000	20	¥60,000
1166	4030	フランスワイン（ロゼ）	¥3,000	15	¥45,000

※「伝票番号」「商品名」「単価」「金額」が自動的に参照されることを確認しましょう。

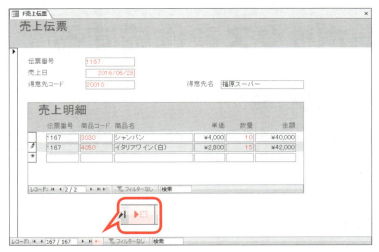

メインフォームの次の伝票入力画面を表示します。

⑨メインフォーム側の （新しい（空の）レコード）をクリックします。

⑩同様に、次のデータを入力します。

メインフォーム

伝票番号	売上日	得意先コード	得意先名
1167	2016/06/28	20010	福原スーパー

サブフォーム

伝票番号	商品コード	商品名	単価	数量	金額
1167	3030	シャンパン	¥4,000	10	¥40,000
1167	4050	イタリアワイン（白）	¥2,800	15	¥42,000

POINT ▶▶▶

メイン・サブフォームのデータ入力

メイン・サブフォームにデータを入力する場合、メインフォームを開いてメインフォーム側から入力します。サブフォームを先に入力したり、サブフォームだけを開いてデータを入力したりすると、メインフォームのデータとサブフォームのデータが、正しい関連を持たない状態になります。

サブフォームの「伝票番号」テキストボックス

メインフォームとサブフォームは、共通フィールドである「伝票番号」でつながっています。サブフォームに「伝票番号」テキストボックスを表示しなくても同じように動作します。

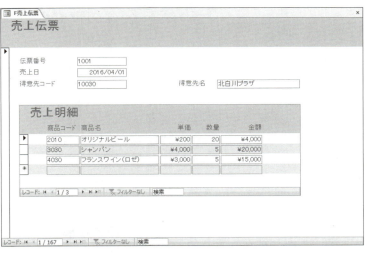

Step3 演算テキストボックスを作成する

1 演算テキストボックスの作成

「**演算テキストボックス**」とは、式を設定し式の結果を表示するテキストボックスのことです。
メイン・サブフォームに、演算テキストボックスを作成しましょう。

1 Sum関数

サブフォームに「**合計金額**」テキストボックスを作成しましょう。
Sum関数を使って、「**金額**」の合計を求めます。

●Sum関数

Sum（[フィールド名]）

指定したフィールドの値の合計値を返します。
例)「金額」フィールドの合計を求める場合
　　　Sum（[金額]）

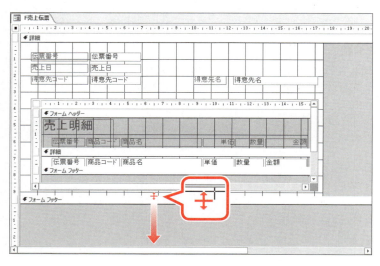

デザインビューに切り替えます。
①《**ホーム**》タブを選択します。
②《**表示**》グループの ▼ （表示）の 表示 をクリックします。
③《**デザインビュー**》をクリックします。
《**詳細**》セクションの領域を拡大します。
④メインフォームの《**詳細**》セクションと《**フォームフッター**》セクションの境界をポイントします。
マウスポインターの形が ✥ に変わります。
⑤下方向にドラッグします。

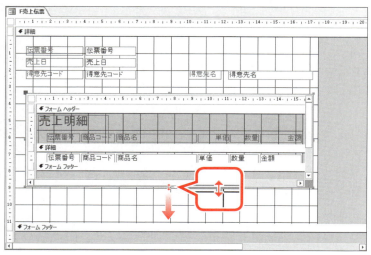

サブフォームのサイズを拡大します。
⑥サブフォームを選択します。
⑦図の■（サイズハンドル）をポイントします。
マウスポインターの形が ↕ に変わります。
⑧下方向にドラッグします。

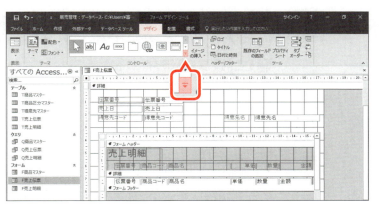

サイズが拡大されます。

⑨《デザイン》タブを選択します。

⑩《コントロール》グループの ▼ (その他) をクリックします。

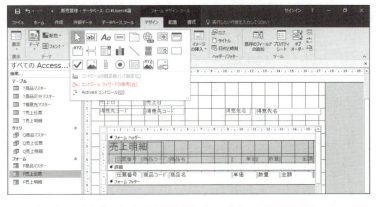

⑪《コントロールウィザードの使用》をオフ（ が標準の色の状態）にします。

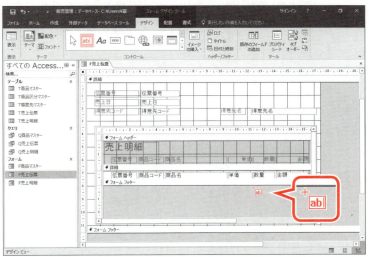

⑫《コントロール》グループの abl (テキストボックス) をクリックします。

マウスポインターの形が ⁺abl に変わります。

⑬ テキストボックスを作成する開始位置でクリックします。

※サブフォーム側の《フォームフッター》セクションに作成します。メインフォーム側に作成しないように注意しましょう。

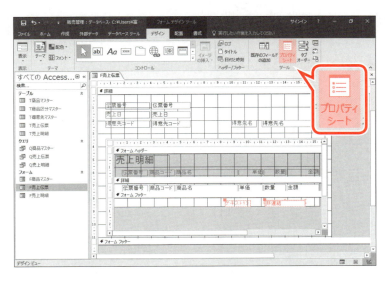

テキストボックスが作成されます。

「金額」フィールドの値を合計する式を設定します。

⑭《ツール》グループの (プロパティシート) をクリックします。

156

《プロパティシート》が表示されます。

⑮《すべて》タブを選択します。

⑯《名前》プロパティに「**合計金額**」と入力します。

⑰《コントロールソース》プロパティに次のように入力します。

=Sum（[金額]）

※英字と記号は半角で入力します。入力の際、[]は省略できます。

⑱《書式》プロパティの ⌄ をクリックし、一覧から《**通貨**》を選択します。

《プロパティシート》を閉じます。

⑲ ✕ （閉じる）をクリックします。

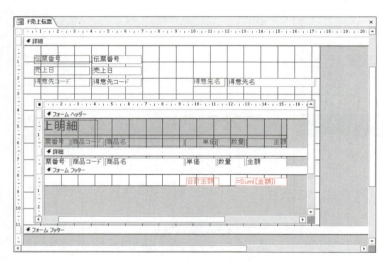

⑳ テキストボックスに式が表示されていることを確認します。

㉑「**テキストn**」ラベルを「**合計金額**」に修正します。

※「n」は自動的に付けられた連番です。

※図のように、コントロールのサイズと配置を調整しておきましょう。

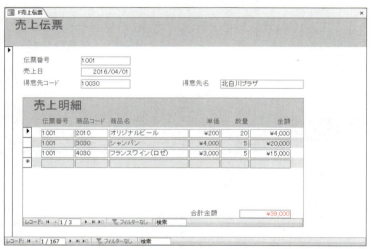

フォームビューに切り替えます。

㉒《**表示**》グループの 🗐 （表示）をクリックします。

㉓ テキストボックスに式の結果が表示されていることを確認します。

デザインビューに切り替えます。
㉔《ホーム》タブを選択します。
㉕《表示》グループの (表示)の をクリックします。
㉖《デザインビュー》をクリックします。
㉗同様に、次のテキストボックスを作成します。

名前	コントロールソース	書式
消費税率	=0.08	パーセント
消費税	=Int([合計金額]*[消費税率])	通貨
税込合計金額	=[合計金額]+[消費税]	通貨

※英字と記号は半角で入力します。入力の際、[ ]は省略できます。
※Int関数は、P.68「第4章 参考学習 様々な関数」の「●Int関数」を参照してください。
㉘「消費税率」の「テキストn」ラベルを削除します。
㉙「テキストn」ラベルをそれぞれ「消費税」と「税込合計金額」に修正します。
※図のように、コントロールのサイズと配置を調整しておきましょう。

「消費税率」テキストボックスのプロパティを設定します。
㉚「消費税率」テキストボックスを選択します。
㉛《デザイン》タブを選択します。
㉜《ツール》グループの (プロパティシート)をクリックします。

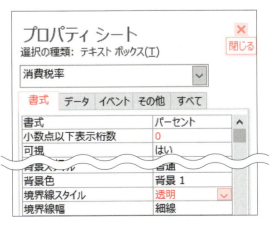

《プロパティシート》が表示されます。
㉝《書式》タブを選択します。
㉞《小数点以下表示桁数》の をクリックし、一覧から《0》を選択します。
㉟《境界線スタイル》の をクリックし、一覧から《透明》を選択します。
《プロパティシート》を閉じます。
㊱ (閉じる)をクリックします。

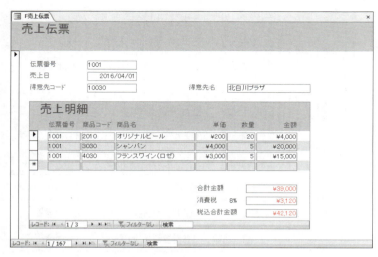

フォームビューに切り替えます。

㊲《表示》グループの ▣ （表示）をクリックします。

㊳テキストボックスに式の結果が表示されていることを確認します。

※デザインビューに切り替えておきましょう。

> **POINT ▶▶▶**
>
> **消費税率変更時の対応**
>
>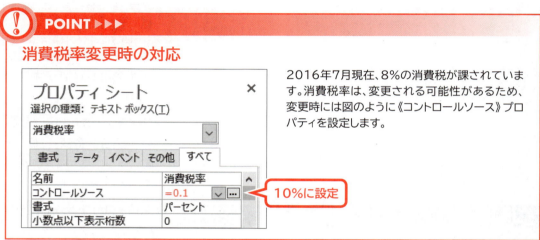
>
> 2016年7月現在、8%の消費税が課されています。消費税率は、変更される可能性があるため、変更時には図のように《コントロールソース》プロパティを設定します。

2 DateAdd関数

メインフォームに「**支払期限**」テキストボックスを作成しましょう。
「**支払期限**」は、「**売上日**」の「**2か月後**」に設定しましょう。DateAdd関数を使って、「**売上日**」から「**2か月後**」の日付を求めます。

●**DateAdd関数**

DateAdd（日付の単位,時間間隔,日付）

指定した日付に、指定した日付の単位の時間間隔を加算した日付を返します。
日付の単位を指定する方法は、次のとおりです。

日付の単位	指定する形式
年	"yyyy"
月	"m"
週	"ww"
日	"d"
時	"h"
分	"n"
秒	"s"

例） 2016年5月1日から14日後の日付　　DateAdd("d",14,"2016/5/1") → 2016/05/15
　　2016年5月1日から6か月後の日付　　DateAdd("m",6,"2016/5/1") → 2016/11/01
　　2016年5月1日から1年後の日付　　　DateAdd("yyyy",1,"2016/5/1") → 2017/05/01

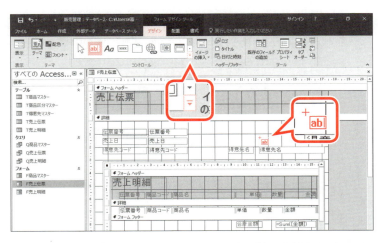

①《デザイン》タブを選択します。
②《コントロール》グループの ▼ (その他)をクリックします。
③《コントロールウィザードの使用》をオフ (が標準の色の状態) にします。
④《コントロール》グループの abl (テキストボックス) をクリックします。
マウスポインターの形が ⁺abl に変わります。
⑤テキストボックスを作成する開始位置でクリックします。

テキストボックスが作成されます。
「支払期限」を求める式を設定します。
⑥《ツール》グループの (プロパティシート) をクリックします。

《プロパティシート》が表示されます。
⑦《すべて》タブを選択します。
⑧《名前》プロパティに「支払期限」と入力します。
⑨《コントロールソース》プロパティに次のように入力します。

=DateAdd("m",2,[売上日])

※英数字と記号は半角で入力します。入力の際、[ ]は省略できます。
《プロパティシート》を閉じます。
⑩ ✕ (閉じる) をクリックします。

⑪テキストボックスに式が表示されていることを確認します。
⑫「テキストn」ラベルを「支払期限」に修正します。
※「n」は自動的に付けられた連番です。
※図のように、コントロールの配置を調整しておきましょう。

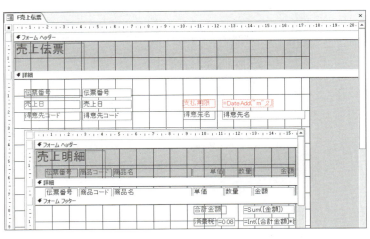

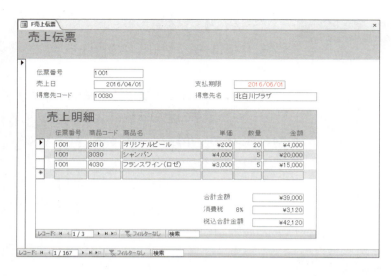

フォームビューに切り替えます。

⑬《表示》グループの ▦ (表示) をクリックします。

⑭テキストボックスに式の結果が表示されていることを確認します。

※デザインビューに切り替えておきましょう。

3 DateSerial 関数

「支払期限」を「売上日」の翌月の月末に修正しましょう。
DateSerial関数を使って、「売上日」の翌月の月末を求めます。

> ●DateSerial関数
>
> DateSerial（年,月,日）
>
> 指定した年、月、日に対応する日付を返します。
> 例) 2016年5月1日　　　　　DateSerial(2016,5,1) → 2016/05/01
> 　　2016年5月1日の前日　　DateSerial(2016,5,1)-1 → 2016/04/30
> 　　2016年5月末日　　　　　DateSerial(2016,5+1,1)-1 → 2016/05/31
> 　　2016年5月の翌月の月末　DateSerial(2016,5+2,1)-1 → 2016/06/30

①「支払期限」テキストボックスを選択します。

②《デザイン》タブを選択します。

③《ツール》グループの ▦ (プロパティシート) をクリックします。

《プロパティシート》が表示されます。

④《すべて》タブを選択します。

⑤《コントロールソース》プロパティを次のように修正します。

=DateSerial(Year([売上日]),Month([売上日])+2,1)-1

※英数字と記号は半角で入力します。入力の際、[ ] は省略できます。

※Year関数は、P.54「第4章　Step2　関数を利用する」の「●Year関数」を参照してください。

※Month関数は、P.52「第4章　Step2　関数を利用する」の「●Month関数」を参照してください。

《プロパティシート》を閉じます。

⑥ ✕ (閉じる) をクリックします。

フォームビューに切り替えます。
⑦《表示》グループの ▭ (表示) をクリックします。
⑧テキストボックスに式の結果が表示されていることを確認します。
※フォームを上書き保存しておきましょう。
※デザインビューに切り替えておきましょう。

時刻に関する関数
TimeSerial関数を使うと、時刻を求めることができます。

> ●**TimeSerial 関数**
>
> **TimeSerial（時,分,秒）**
>
> 指定した時、分、秒に対応する時刻を返します。
> 例）10時15分12秒を時刻で返す場合
> 　　　　　TimeSerial（10,15,12） → 10:15:12

4 識別子

メインフォームに、サブフォームの「**税込合計金額**」テキストボックスの値を参照する「**伝票総額**」テキストボックスを作成しましょう。
異なるフォームのコントロールの値を参照するには、「**識別子**」を使って式を設定します。

●識別子
識別子には、次の2種類があります。

識別子	意味	利用例
！（エクスクラメーションマーク）	ユーザー定義のオブジェクトやコントロールに付ける	**Forms![F商品マスター]![単価]** ※フォーム「F商品マスター」の「単価」テキストボックスという意味です。
．（ピリオド）	Access定義のプロパティに付ける	**Forms![F商品マスター]![単価].FontSize** ※フォーム「F商品マスター」の「単価」テキストボックスの《フォントサイズ》プロパティという意味です。 **[売上明細].Form![税込合計金額]** ※サブフォーム「売上明細」の「税込合計金額」テキストボックスという意味です。

162

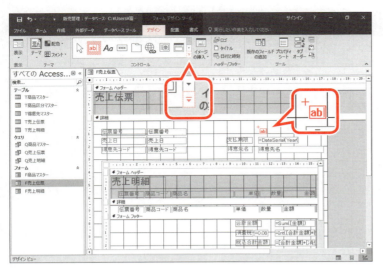

作成したコントロールの値を参照する式を設定します。

①《デザイン》タブを選択します。
②《コントロール》グループの ▼ (その他) をクリックします。
③《コントロールウィザードの使用》をオフ（ が標準の色の状態）にします。
④《コントロール》グループの abl (テキストボックス) をクリックします。
マウスポインターの形が ⁺abl に変わります。
⑤テキストボックスを作成する開始位置でクリックします。

テキストボックスが作成されます。
「税込合計金額」テキストボックスの値を参照する式を設定します。
⑥《ツール》グループの (プロパティシート) をクリックします。

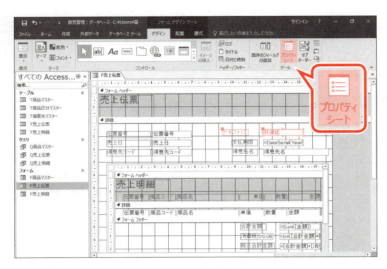

《プロパティシート》が表示されます。
⑦《すべて》タブを選択します。
⑧《名前》プロパティに「伝票総額」と入力します。
式ビルダーを使って、式を設定します。
⑨《コントロールソース》プロパティの … をクリックします。

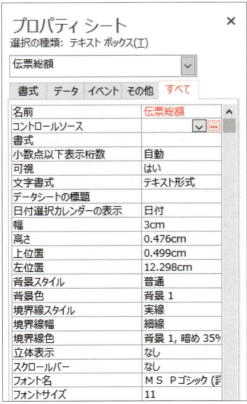

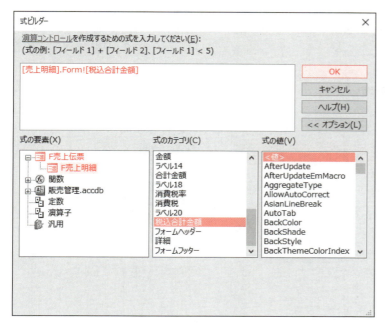

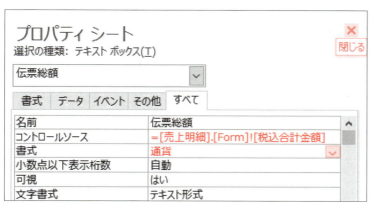

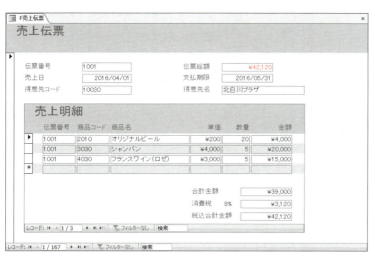

《式ビルダー》ダイアログボックスが表示されます。

⑩《式の要素》の一覧から「F売上伝票」をダブルクリックします。

⑪「F売上明細」をクリックします。

⑫《式のカテゴリ》の一覧から「税込合計金額」を選択します。

※一覧に表示されていない場合は、スクロールして調整します。

⑬《式の値》の一覧から《〈値〉》をダブルクリックします。

式ボックスに「[売上明細].Form![税込合計金額]」と表示されます。

⑭《OK》をクリックします。

《プロパティシート》に戻ります。

《コントロールソース》プロパティに式ビルダーで設定した式が表示されます。

※式ビルダーを使わずに、式を直接入力してもかまいません。

⑮《書式》プロパティの ▽ をクリックし、一覧から《通貨》を選択します。

《プロパティシート》を閉じます。

⑯ ✕ (閉じる)をクリックします。

⑰テキストボックスに式が表示されていることを確認します。

⑱「テキストn」ラベルを「伝票総額」に修正します。

※「n」は自動的に付けられた連番です。

※図のように、コントロールの配置を調整しておきましょう。

フォームビューに切り替えます。

⑲《表示》グループの ▥ (表示)をクリックします。

⑳テキストボックスに式の結果が表示されていることを確認します。

※フォームを上書き保存し、閉じておきましょう。

POINT ▶▶▶

式ビルダー

■をクリックすると、《式ビルダー》ダイアログボックスが表示されます。
式ビルダーを使うと、式の値を選択して式を入力できます。

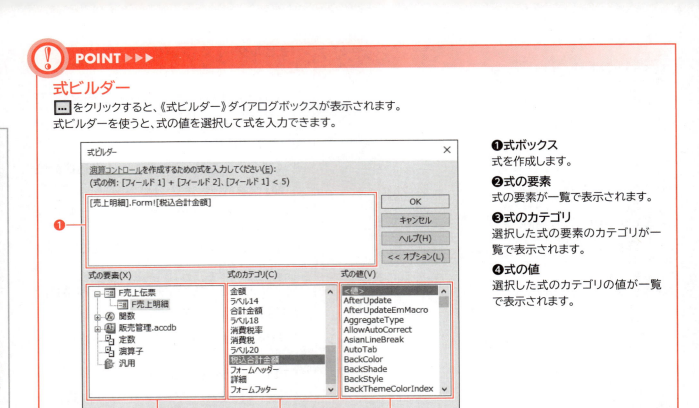

❶式ボックス
式を作成します。

❷式の要素
式の要素が一覧で表示されます。

❸式のカテゴリ
選択した式の要素のカテゴリが一覧で表示されます。

❹式の値
選択した式のカテゴリの値が一覧で表示されます。

サブフォームを別のウィンドウで開く

メインフォームをデザインビューで開いているときに、その中のサブフォームを別のウィンドウで開いて作業できます。サブフォームの表示領域を拡大して、コントロールのサイズや配置を調整できます。
◆サブフォームを右クリック→《新しいウィンドウでサブフォームを開く》

メイン・サブフォームを変更して保存せずに閉じた場合

メインフォームとサブフォームの両方のレイアウトを変更して保存せずに閉じると、次のようなメッセージが表示されます。

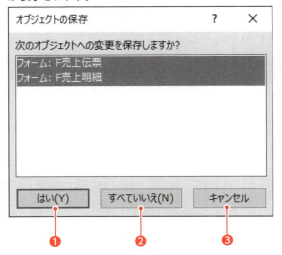

❶はい
一覧から選択したフォームを上書き保存し、閉じます。

❷すべていいえ
フォームを両方とも保存せずに閉じます。

❸キャンセル
フォームを保存せずに、フォームウィンドウに戻ります。

第9章 | **Chapter 9**

メイン・サブレポートの作成

Check	この章で学ぶこと	167
Step1	作成するレポートを確認する	168
Step2	レポートのコントロールを確認する	169
Step3	メイン・サブレポートを作成する	170
Step4	コントロールの書式を設定する	191

Chapter 9

この章で学ぶこと

学習前に習得すべきポイントを理解しておき、学習後には確実に習得できたかどうかを振り返りましょう。

1 レポートのコントロールについて説明できる。 → P.169

2 メイン・サブレポートとは何かを説明できる。 → P.170

3 メインレポートを作成できる。 → P.171

4 サブレポートを作成できる。 → P.179

5 メインレポートにサブレポートを組み込んで、メイン・サブレポートを作成できる。 → P.186

6 メイン・サブレポートのテキストボックスに、コントロールの書式を設定できる。 → P.191

7 異なるレポートの値を参照する識別子を使って、演算テキストボックスを作成できる。 → P.194

8 メイン・サブレポートに、直線を作成できる。 → P.199

Step 1 作成するレポートを確認する

1 作成するレポートの確認

次のようなレポート「**R請求書**」を作成しましょう。

●R請求書

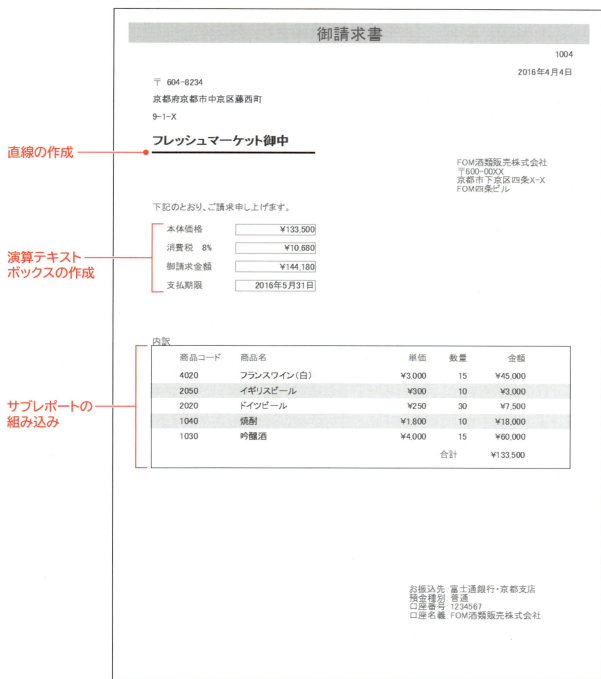

- 直線の作成
- 演算テキストボックスの作成
- サブレポートの組み込み

Step2 レポートのコントロールを確認する

1 レポートのコントロール

作成したレポートにコントロールを追加できます。
レポートには、次のようなコントロールがあります。

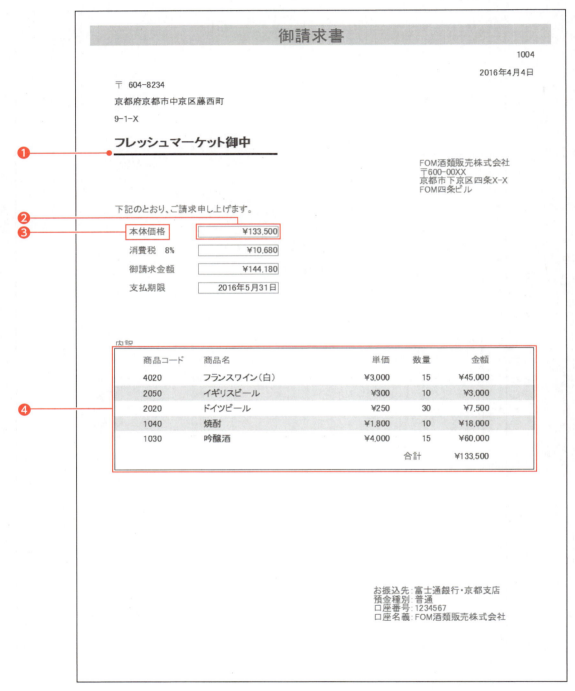

❶直線
装飾用の罫線です。

❷テキストボックス
文字列や数値、式などの値を表示します。

❸ラベル
タイトルやフィールド名、説明文などを表示します。

❹サブレポート
レポートに組み込まれるレポートです。

Step3 メイン・サブレポートを作成する

1 メイン・サブレポート

「**メイン・サブレポート**」とは、メインレポートとサブレポートから構成されるレポートのことです。主となるレポートを「**メインレポート**」、メインレポートの中に組み込まれるレポートを「**サブレポート**」といいます。

メイン・サブレポートは、明細行を組み込んだ請求書や納品書をレポートで作成する場合などに使います。

メインレポート ─

御請求書

1004
2016年4月4日

〒 604-8234
京都府京都市中京区藤西町
9-1-X

フレッシュマーケット御中

FOM酒類販売株式会社
〒600-00XX
京都市下京区四条X-X
FOM四条ビル

下記のとおり、ご請求申し上げます。

本体価格	¥133,500
消費税 8%	¥10,680
御請求金額	¥144,180
支払期限	2016年5月31日

内訳

サブレポート ─

商品コード	商品名	単価	数量	金額
4020	フランスワイン(白)	¥3,000	15	¥45,000
2050	イギリスビール	¥300	10	¥3,000
2020	ドイツビール	¥250	30	¥7,500
1040	焼酎	¥1,800	10	¥18,000
1030	吟醸酒	¥4,000	15	¥60,000
			合計	¥133,500

お振込先:富士通銀行・京都支店
預金種別:普通
口座番号:1234567
口座名義:FOM酒類販売株式会社

2 メイン・サブレポートの作成手順

メイン・サブレポートの基本的な作成手順は、次のとおりです。

1 メインレポートを作成する

もとになるテーブルとフィールドを確認する。
もとになるクエリを作成する。
レポートを単票形式で作成する。

2 サブレポートを作成する

もとになるテーブルとフィールドを確認する。
もとになるクエリを作成する。
レポートを表形式で作成する。

3 メインレポートにサブレポートを組み込む

メインレポートのコントロールのひとつとして、サブレポートを組み込む。

3 メインレポートの作成

次のようなメインレポート「R請求書」を作成しましょう。

```
                        御請求書

                                              1004
                                              2016/04/04

    〒 604-8234
    京都府京都市中京区藤西町
    9-1-X

    フレッシュマーケット
```

1 もとになるテーブルとフィールドの確認

メインレポートは、テーブル「**T売上伝票**」をもとに、必要なフィールドを「**T得意先マスター**」から選択して作成します。

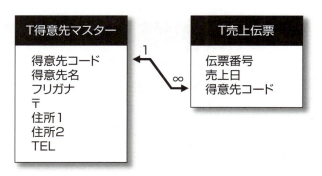

2 もとになるクエリの作成

メインレポートのもとになるクエリ「**Q請求書**」を作成しましょう。

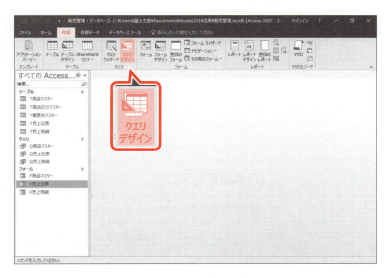

①《**作成**》タブを選択します。
②《**クエリ**》グループの (クエリデザイン)をクリックします。

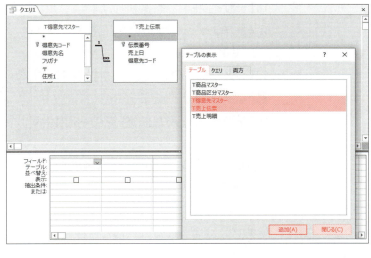

クエリウィンドウと《**テーブルの表示**》ダイアログボックスが表示されます。

③《**テーブル**》タブを選択します。
④一覧から「**T得意先マスター**」を選択します。
⑤ Shift を押しながら、「**T売上伝票**」を選択します。
⑥《**追加**》をクリックします。
《**テーブルの表示**》ダイアログボックスを閉じます。
⑦《**閉じる**》をクリックします。

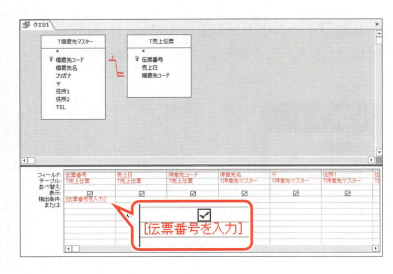

クエリウィンドウに2つのテーブルのフィールドリストが表示されます。

⑧テーブル間にリレーションシップの結合線が表示されていることを確認します。

※図のように、フィールドリストのサイズを調整しておきましょう。

⑨次の順番でフィールドをデザイングリッドに登録します。

テーブル	フィールド
T売上伝票	伝票番号
〃	売上日
〃	得意先コード
T得意先マスター	得意先名
〃	〒
〃	住所1
〃	住所2

指定した伝票だけを印刷できるように、パラメーターを設定します。

⑩「**伝票番号**」フィールドの《**抽出条件**》セルに次のように入力します。

[伝票番号を入力]

※[ ]は半角で入力します。

データシートビューに切り替えて、結果を確認します。

⑪《**デザイン**》タブを選択します。

⑫《**結果**》グループの ▦ （表示）をクリックします。

《**パラメーターの入力**》ダイアログボックスが表示されます。

⑬「**伝票番号を入力**」に任意の「**伝票番号**」を入力します。

※「1001」～「1167」のデータがあります。

⑭《**OK**》をクリックします。

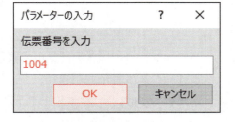

指定した「**伝票番号**」のデータが抽出されます。

作成したクエリを保存します。

⑮ `F12` を押します。

《**名前を付けて保存**》ダイアログボックスが表示されます。

⑯《'クエリ1'の保存先》に「**Q請求書**」と入力します。

⑰《**OK**》をクリックします。

※クエリを閉じておきましょう。

3 メインレポートの作成

クエリ「**Q請求書**」をもとに、メインレポート「**R請求書**」を作成しましょう。

① 《**作成**》タブを選択します。
② 《**レポート**》グループの 🗟 (レポートウィザード) をクリックします。

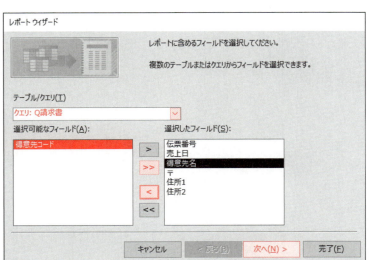

《**レポートウィザード**》が表示されます。

③《**テーブル/クエリ**》の ∨ をクリックし、一覧から「**クエリ：Q請求書**」を選択します。

「**得意先コード**」以外のフィールドを選択します。

④ `>>` をクリックします。

⑤《**選択したフィールド**》の一覧から「**得意先コード**」を選択します。

⑥ `<` をクリックします。

⑦《**次へ**》をクリックします。

174

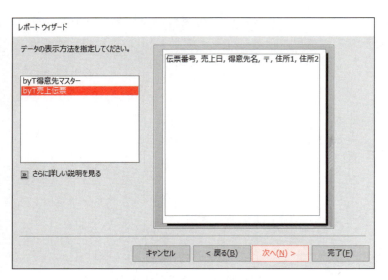

データの表示方法を指定します。
⑧一覧から「byT売上伝票」が選択されていることを確認します。
⑨《次へ》をクリックします。

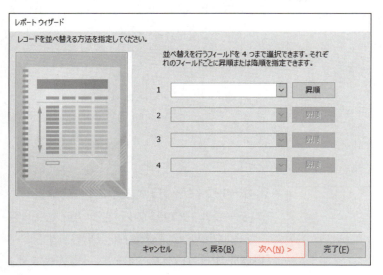

グループレベルを指定する画面が表示されます。
※今回、グループレベルは指定しません。
⑩《次へ》をクリックします。

レコードを並べ替える方法を指定する画面が表示されます。
※今回、並べ替えは指定しません。
⑪《次へ》をクリックします。

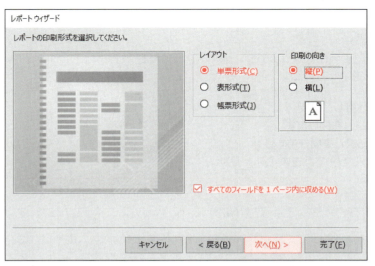

レポートの印刷形式を選択します。

⑫《レイアウト》の《単票形式》を◉にします。
⑬《印刷の向き》の《縦》を◉にします。
⑭《すべてのフィールドを1ページ内に収める》を☑にします。
⑮《次へ》をクリックします。

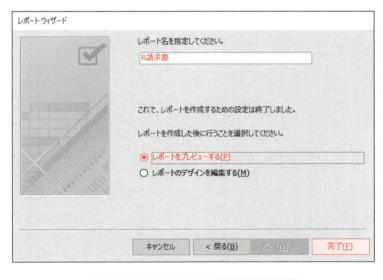

レポート名を入力します。

⑯《レポート名を指定してください。》に「R請求書」と入力します。
⑰《レポートをプレビューする》を◉にします。
⑱《完了》をクリックします。

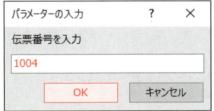

《パラメーターの入力》ダイアログボックスが表示されます。

⑲「伝票番号を入力」に任意の「伝票番号」を入力します。
※「1001」～「1167」のデータがあります。
⑳《OK》をクリックします。

指定した「伝票番号」のデータが印刷プレビューで表示されます。

※印刷プレビューを閉じ、デザインビューに切り替えておきましょう。
※《フィールドリスト》が表示された場合は、☒(閉じる)をクリックして閉じておきましょう。

176

 **ためしてみよう**

次のようにメインレポートのレイアウトを変更しましょう。
※省略する場合は、次の手順に従って操作しましょう。

①レポート「R請求書」を上書き保存し、閉じます。
②データベース「販売管理.accdb」を閉じます。
③データベース「販売管理1.accdb」を開きます。
④レポート「R請求書」をデザインビューで開きます。

●《レポートヘッダー》セクション
①「R請求書」ラベルを「御請求書」に変更し、完成図を参考にコントロールの配置を調整しましょう。

●《詳細》セクション
②「伝票番号」「売上日」「得意先名」「住所1」「住所2」の各ラベルを削除しましょう。
③完成図を参考にコントロールのサイズと配置を調整しましょう。

●《ページフッター》セクション
④すべてのコントロールを削除しましょう。
※印刷プレビューに切り替えて、結果を確認しましょう。
※レポートを上書き保存し、閉じておきましょう。

Let's Try Answer

①
①「R請求書」ラベルを「御請求書」に修正
②完成図を参考にコントロールの配置を調整

②
①「伝票番号」「売上日」「得意先名」「住所1」「住所2」の各ラベルを選択
②[Delete]を押す

③
①完成図を参考にコントロールのサイズと配置を調整

④
①《ページフッター》セクション内のすべてのコントロールを選択
②[Delete]を押す

複数のコントロールの配置

《配置》タブの《サイズ変更と並べ替え》グループのコマンドを使うと、複数のコントロールのサイズや間隔、配置を調整することができます。

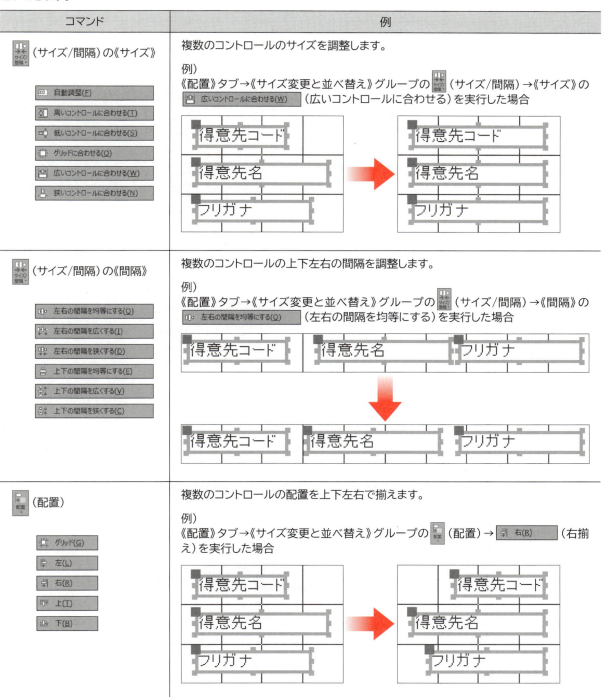

4 サブレポートの作成

次のようなサブレポート**「R請求内訳」**を作成しましょう。

商品コード	商品名	単価	数量	金額
2010	オリジナルビール	¥200	20	¥4,000
3030	シャンパン	¥4,000	5	¥20,000
4030	フランスワイン(ロゼ)	¥3,000	5	¥15,000
			合計	¥39,000
商品コード	商品名	単価	数量	金額
1050	にごり酒	¥2,500	25	¥62,500
2030	アメリカビール	¥300	40	¥12,000
			合計	¥74,500
商品コード	商品名	単価	数量	金額
3010	ブランデー	¥5,000	10	¥50,000
1010	金箔酒	¥4,500	5	¥22,500
			合計	¥72,500
商品コード	商品名	単価	数量	金額
2050	イギリスビール	¥300	10	¥3,000
商品コード	商品名	単価	数量	金額
4010	フランスワイン(赤)	¥3,500	5	¥17,500
2060	フランスビール	¥200	10	¥2,000
			合計	¥19,500
商品コード	商品名	単価	数量	金額
4040	イタリアワイン(赤)	¥3,000	15	¥45,000

1 もとになるテーブルとフィールドの確認

サブレポートは、テーブル**「T売上明細」**をもとに、必要なフィールドを**「T商品マスター」**から選択して作成します。

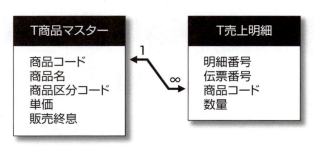

2 もとになるクエリの確認

サブレポートのもとになるクエリは、メイン・サブフォームで作成したクエリ「Q売上明細」と同じです。

※クエリ「Q売上明細」をデザインビューで開き、フィールドを確認しておきましょう。

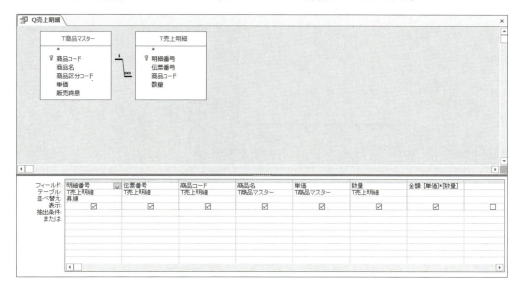

3 サブレポートの作成

クエリ「Q売上明細」をもとに、伝票番号ごとにグループ化して集計行のあるサブレポート「R請求内訳」を作成しましょう。

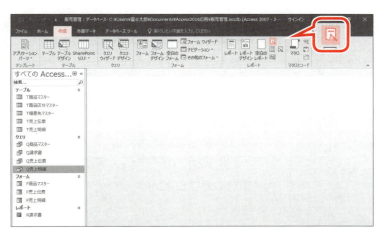

①《作成》タブを選択します。
②《レポート》グループの 📄 (レポートウィザード) をクリックします。

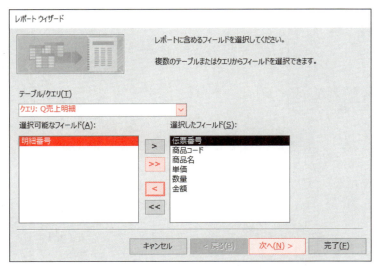

《レポートウィザード》が表示されます。
③《テーブル/クエリ》の ⌄ をクリックし、一覧から「クエリ：Q売上明細」を選択します。
「明細番号」以外のフィールドを選択します。
④ >> をクリックします。
⑤《選択したフィールド》の一覧から「明細番号」を選択します。
⑥ < をクリックします。
⑦《次へ》をクリックします。

180

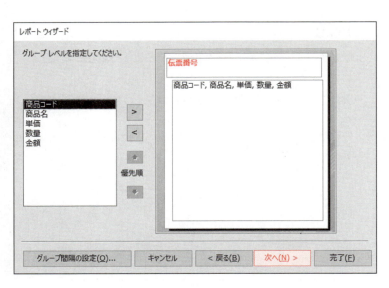

グループレベルを指定します。

⑧「**伝票番号**」が選択されていることを確認します。

※「伝票番号」ごとに分類するという意味です。

⑨《**次へ**》をクリックします。

> **! POINT ▶▶▶**
>
> ### グループレベルの指定
> グループレベルを指定すると、指定したフィールドごとにレコードを分類できます。
>
> | 伝票番号 | 商品コード | 商品名 | 単価 | 数量 | 金額 |
> |---|---|---|---|---|---|
> | 1001 | | | | | |
> | | 2010 | オリジナルビール | ¥200 | 20 | ¥4,000 |
> | | 3030 | シャンパン | ¥4,000 | 5 | ¥20,000 |
> | | 4030 | フランスワイン（ロゼ） | ¥3,000 | 5 | ¥15,000 |
> | 1002 | | | | | |
> | | 1050 | にごり酒 | ¥2,500 | 25 | ¥62,500 |
> | | 2030 | アメリカビール | ¥300 | 40 | ¥12,000 |

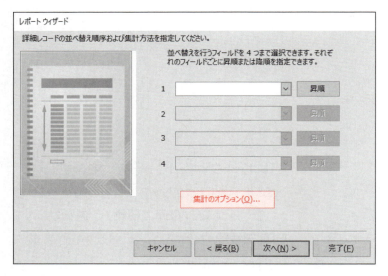

レコードを並べ替える方法を指定する画面が表示されます。

※今回、並べ替えは指定しません。

レコードの集計方法を指定します。

⑩《**集計のオプション**》をクリックします。

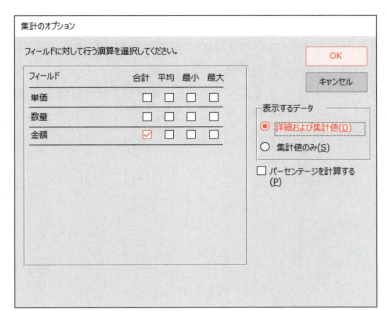

《集計のオプション》ダイアログボックスが表示されます。
フィールドに対して行う演算を選択します。
⑪「金額」の《合計》を にします。
⑫《表示するデータ》の《詳細および集計値》を ◉ にします。
⑬《OK》をクリックします。

> **POINT ▶▶▶**
>
> ### 集計行の追加
>
> 集計のオプションを指定すると、金額の合計などの集計行を追加することができます。
> 集計行を追加すると、グループ化したレコードごとに合計や平均を求めることができます。
>
> | 伝票番号 | 商品コード | 商品名 | 単価 | 数量 | 金額 |
> |---|---|---|---|---|---|
> | 1001 | | | | | |
> | | 2010 | オリジナルビール | ¥200 | 20 | ¥4,000 |
> | | 3030 | シャンパン | ¥4,000 | 5 | ¥20,000 |
> | | 4030 | フランスワイン（ロゼ） | ¥3,000 | 5 | ¥15,000 |
> | | | | | 合計 | ¥39,000 |
> | 1002 | | | | | |
> | | 1050 | にごり酒 | ¥2,500 | 25 | ¥62,500 |
> | | 2030 | アメリカビール | ¥300 | 40 | ¥12,000 |
> | | | | | 合計 | ¥74,500 |

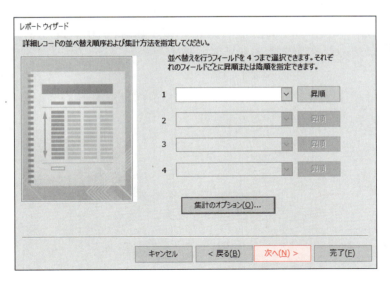

《レポートウィザード》に戻ります。
⑭《次へ》をクリックします。

182

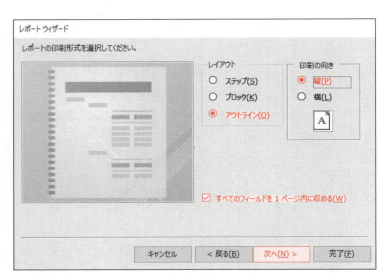

レポートの印刷形式を選択します。

⑮《レイアウト》の《アウトライン》を ◉ にします。

⑯《印刷の向き》の《縦》を ◉ にします。

⑰《すべてのフィールドを1ページ内に収める》を ☑ にします。

⑱《次へ》をクリックします。

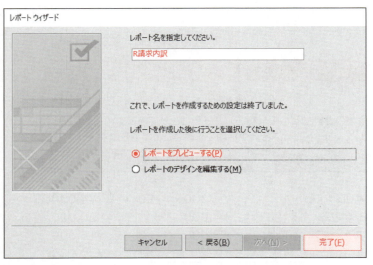

レポート名を入力します。

⑲《レポート名を指定してください。》に「R請求内訳」と入力します。

⑳《レポートをプレビューする》を ◉ にします。

㉑《完了》をクリックします。

作成したレポートが印刷プレビューで表示されます。

㉒ データが「**伝票番号**」ごとに分類され、集計行が追加されていることを確認します。

デザインビューに切り替えます。

㉓ ステータスバーの （デザインビュー）をクリックします。

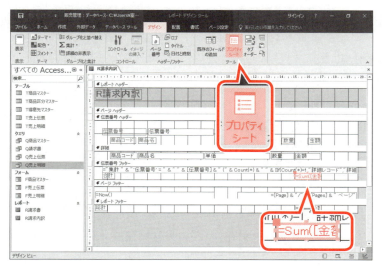

集計行のプロパティを確認します。
※《フィールドリスト》が表示された場合は、🗙 (閉じる)をクリックして閉じておきましょう。

㉔《伝票番号フッター》セクションの集計行のテキストボックスを選択します。
㉕《デザイン》タブを選択します。
㉖《ツール》グループの 📋 (プロパティシート)をクリックします。

《プロパティシート》が表示されます。
㉗《すべて》タブを選択します。
㉘《名前》プロパティが「**金額の合計**」になっていることを確認します。
㉙《コントロールソース》プロパティが「**=Sum（[金額]）**」になっていることを確認します。
㉚《書式》プロパティの ⌄ をクリックし、一覧から《**通貨**》を選択します。
㉛《境界線スタイル》プロパティの ⌄ をクリックし、一覧から《**透明**》を選択します。
《プロパティシート》を閉じます。
㉜ 🗙 (閉じる)をクリックします。
※印刷プレビューに切り替えて、結果を確認しましょう。
※デザインビューに切り替えておきましょう。

ためしてみよう

次のようにサブレポートのレイアウトを変更しましょう。
※省略する場合は、次の手順に従って操作しましょう。

> ①レポート「R請求内訳」を上書き保存し、閉じます。
> ②データベース「販売管理.accdb」または「販売管理1.accdb」を閉じます。
> ③データベース「販売管理2.accdb」を開きます。
> ④レポート「R請求内訳」をデザインビューで開きます。

●《レポートヘッダー》セクション、《レポートフッター》セクション
①《レポートヘッダー》セクションと《レポートフッター》セクションを非表示にして、各セクション内のコントロールを削除しましょう。

●《ページヘッダー》セクション、《ページフッター》セクション
②《ページヘッダー》セクションと《ページフッター》セクションを非表示にして、《ページフッター》セクション内のコントロールを削除しましょう。

●《伝票番号ヘッダー》セクション
③「伝票番号」のラベルとテキストボックスを削除しましょう。完成図を参考にコントロールのサイズと配置を調整し、セクションの領域を詰めましょう。

●《詳細》セクション
④完成図を参考にコントロールのサイズと配置を調整しましょう。

●《伝票番号フッター》セクション
⑤「="集計 " & "'伝票番号'…」テキストボックスを削除し、完成図を参考にコントロールのサイズと配置を調整しましょう。
※印刷プレビューに切り替えて、結果を確認しましょう。
※レポートを上書き保存し、閉じておきましょう。

Let's Try Answer

①
① 任意のセクション内で右クリック
②《レポートヘッダー/フッター》をクリック
③ メッセージを確認し、《はい》をクリック

②
① 任意のセクション内で右クリック
②《ページヘッダー/フッター》をクリック
③ メッセージを確認し、《はい》をクリック

③
①「伝票番号」テキストボックスを選択
②[Delete]を押す
※テキストボックスを削除すると、ラベルも一緒に削除されます。

③ 完成図を参考にコントロールのサイズと配置を調整
④《伝票番号ヘッダー》セクションと《詳細》セクションの境界をポイントし、上方向にドラッグ

④
① 完成図を参考にコントロールのサイズと配置を調整

⑤
①「="集計 " & "'伝票番号'…」テキストボックスを選択
②[Delete]を押す
③ 完成図を参考にコントロールのサイズと配置を調整

5 メインレポートへのサブレポートの組み込み

メインレポート「**R請求書**」にサブレポート「**R請求内訳**」を組み込みましょう。
メインレポートのひとつのコントロールとしてサブレポートを組み込むことによって、メイン・サブレポートを作成できます。

1 リレーションシップの確認

メインレポートのもとになるテーブルとサブレポートのもとになるテーブルには、リレーションシップが設定されている必要があります。
※リレーションシップを確認しておきましょう。

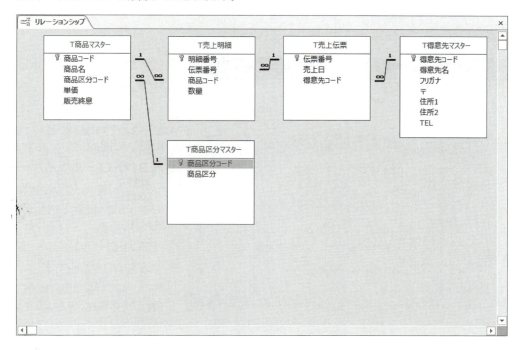

2 サブレポートの組み込み

「**サブレポートウィザード**」を使って、メインレポートにサブレポートを組み込みましょう。

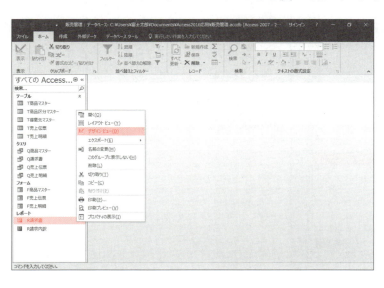

メインレポートをデザインビューで開きます。
①ナビゲーションウィンドウのレポート「**R請求書**」を右クリックします。
②《**デザインビュー**》をクリックします。

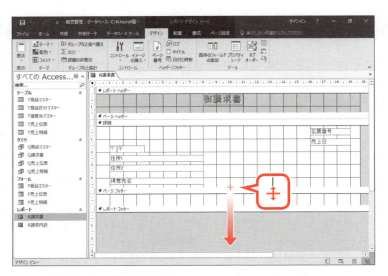

《詳細》セクションの領域を拡大します。
③《詳細》セクションと《ページフッター》セクションの境界をポイントします。
マウスポインターの形が✥に変わります。
④下方向にドラッグします。

⑤《デザイン》タブを選択します。
⑥《コントロール》グループの (コントロール)をクリックします。
※表示されていない場合は、《コントロール》グループの (その他)をクリックします。
⑦《コントロールウィザードの使用》をオン (が濃い灰色の状態) にします。
※お使いの環境によっては、ピンク色の状態になる場合があります。
⑧《コントロール》グループの (コントロール)をクリックします。
※表示されていない場合は、《コントロール》グループの (その他)をクリックします。
⑨ (サブフォーム/サブレポート) をクリックします。
マウスポインターの形が に変わります。
⑩サブレポートを組み込む開始位置でクリックします。

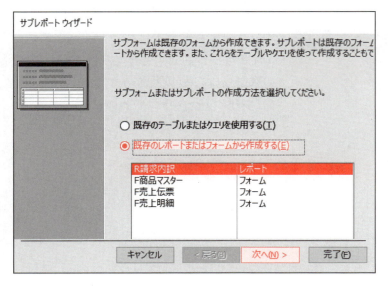

《サブレポートウィザード》が表示されます。
サブレポートの作成方法を選択します。
⑪《既存のレポートまたはフォームから作成する》を◉にします。
⑫一覧から「R請求内訳」を選択します。
⑬《次へ》をクリックします。

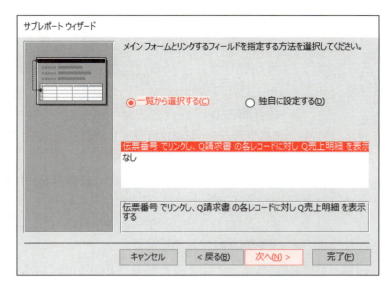

リンクするフィールドを指定します。

⑭《一覧から選択する》を◉にします。
⑮一覧から《伝票番号でリンクし、Q請求書の各レコードに対しQ売上明細を表示・・・》が選択されていることを確認します。
⑯《次へ》をクリックします。

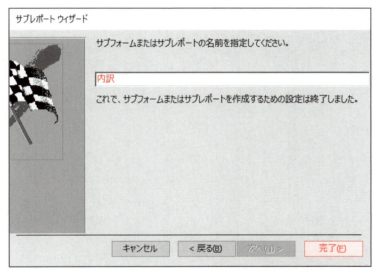

サブレポートの名前を入力します。

⑰《サブフォームまたはサブレポートの名前を指定してください。》に「内訳」と入力します。
⑱《完了》をクリックします。

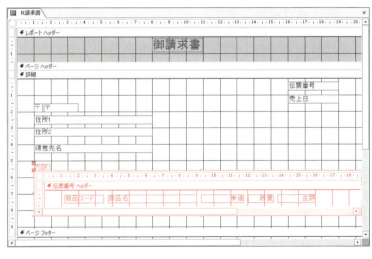

メインレポートにサブレポートが組み込まれます。

188

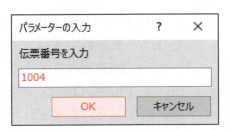

印刷プレビューに切り替えます。

⑲《ホーム》タブを選択します。

⑳《表示》グループの (表示) の をクリックします。

㉑《印刷プレビュー》をクリックします。

《パラメーターの入力》ダイアログボックスが表示されます。

㉒《伝票番号を入力》に任意の「伝票番号」を入力します。

※「1001」～「1167」のデータがあります。

㉓《OK》をクリックします。

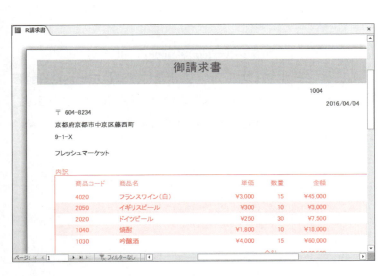

㉔メインレポートにサブレポートが組み込まれていることを確認します。

POINT ▶▶▶

サブレポートのプロパティ

デザインビューまたはレイアウトビューでサブレポートを選択した状態で《デザイン》タブの《ツール》グループの (プロパティシート) をクリックすると、次のような《プロパティシート》が表示されます。《データ》タブでは、サブレポートのもとになるレポートや、メインレポートとサブレポートを結合するフィールド名を設定できます。

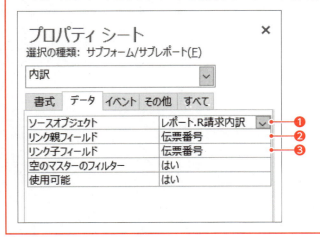

❶《ソースオブジェクト》プロパティ
サブレポートにするレポートを設定します。

❷《リンク親フィールド》プロパティ
メインレポート側の共通フィールド名を設定します。

❸《リンク子フィールド》プロパティ
サブレポート側の共通フィールド名を設定します。

3 コントロールのサイズ調整

コントロールが用紙のページからはみ出して配置されている場合、はみ出した部分は次ページに印刷されてしまいます。

ページ内にすべてのコントロールを収めたいときは、レイアウトビューを使って配置を調整します。レイアウトビューでは印刷範囲が点線で表示されるので、点線の範囲内にコントロールを配置します。

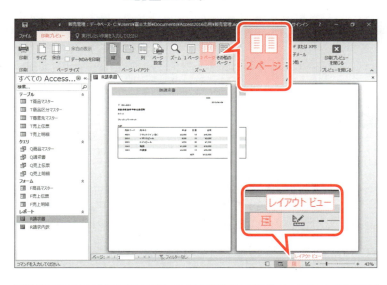

①《印刷プレビュー》タブを選択します。
②《ズーム》グループの (2ページ) をクリックします。
印刷結果が表示されます。
はみ出してしまった部分 (タイトル部分や「内訳」サブレポートの枠) が2ページ目に表示されます。
レイアウトビューに切り替えます。
③ステータスバーの (レイアウトビュー) をクリックします。

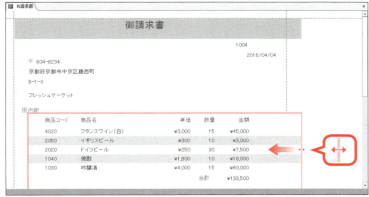

④「内訳」サブレポートを選択します。
⑤枠線の右側をポイントします。
※表示されていない場合は、スクロールして調整、またはナビゲーションウィンドウを最小化します。
マウスポインターの形が ↔ に変わります。
⑥点線内に収まるように枠線を左方向にドラッグします。

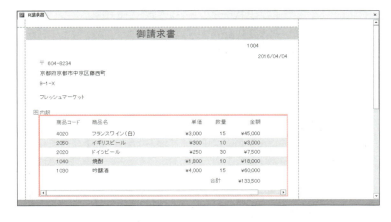

はみ出した部分が調整されます。
※印刷プレビューで1ページ内に収まっていることを確認しましょう。
※レポートを上書き保存しておきましょう。

STEP UP セクションの高さの自動調整

上記の操作では、レイアウトビューではみ出した部分を調整したことによって、《レポートヘッダー》セクションの高さが自動的に調整されています。(「御請求書」ラベルの下余白が詰まります。)
レイアウトビューで操作すると、セクションの高さが自動的に調整されます。セクションの高さを自動的に変更したくない場合は、次のように設定します。

◆デザインビューで表示→セクションのバーを選択→《デザイン》タブ→《ツール》グループの (プロパティシート)→《書式》タブ→《高さの自動調整》プロパティを《いいえ》

190

Step 4 コントロールの書式を設定する

1 コントロールの書式設定

「**得意先名**」テキストボックスのデータが「**○御中**」の形式で表示されるように設定しましょう。
また、次の書式を設定しましょう。

> フォントサイズ：16
> 太字

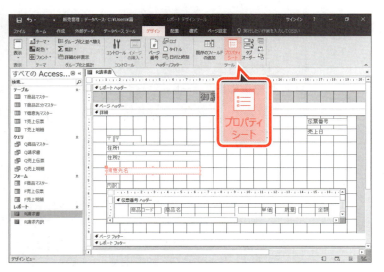

デザインビューに切り替えます。
①ステータスバーの ▨ （デザインビュー）をクリックします。
②「**得意先名**」テキストボックスを選択します。
③《**デザイン**》タブを選択します。
④《**ツール**》グループの ▨ （プロパティシート）をクリックします。

《**プロパティシート**》が表示されます。
⑤《**書式**》タブを選択します。
⑥《**書式**》プロパティに「**@"御中"**」と入力します。
※「**&"御中"**」と入力してもかまいません。
※記号は半角で入力します。入力の際、「"」は省略できます。

《**プロパティシート**》を閉じます。
⑦ ✕ （閉じる）をクリックします。

⑧「**得意先名**」テキストボックスが選択されていることを確認します。
⑨《**書式**》タブを選択します。
⑩《**フォント**》グループの 11 ▼ （フォントサイズ）に「**16**」と入力します。
⑪《**フォント**》グループの B （太字）をクリックします。

書式が設定されます。
※図のように、コントロールのサイズと配置を調整しておきましょう。
※印刷プレビューに切り替えて、結果を確認しましょう。
※デザインビューに切り替えておきましょう。

ためしてみよう

次のようにメイン・サブレポートのレイアウトを変更しましょう。
※省略する場合は、次の手順に従って操作しましょう。

①レポート「R請求書」を上書き保存し、閉じます。
②データベース「販売管理.accdb」または「販売管理1.accdb」「販売管理2.accdb」を閉じます。
③データベース「販売管理3.accdb」を開きます。
④レポート「R請求書」をデザインビューで開きます。

●《詳細》セクション
① 「伝票番号」テキストボックスのデータが右揃えで表示されるように設定しましょう。
② 「売上日」テキストボックスのデータが「○○○○年○月○日」の形式で表示されるように、「日付(L)」の書式を設定しましょう。
③ 完成図を参考にセクションの領域を拡大し、「内訳」サブレポートの配置を調整しましょう。
④ 次のラベルを作成しましょう。

```
下記のとおり、ご請求申し上げます。
```

```
FOM酒類販売株式会社    Ctrl + Enter
〒600-00XX             Ctrl + Enter
京都市下京区四条X-X      Ctrl + Enter
FOM四条ビル
```

Hint ラベル内で改行する場合、 Ctrl を押しながら Enter を押します。

⑤ 完成図を参考にコントロールのサイズと配置を調整しましょう。

●《ページフッター》セクション
⑥ 完成図を参考にセクションの領域を拡大しましょう。
⑦ 次のラベルを作成しましょう。

```
お振込先：富士通銀行・京都支店   Ctrl + Enter
預金種別：普通                  Ctrl + Enter
口座番号：1234567              Ctrl + Enter
口座名義：FOM酒類販売株式会社
```

⑧ 完成図を参考にコントロールのサイズと配置を調整しましょう。
※印刷プレビューに切り替えて、結果を確認しましょう。
※レポートを上書き保存しておきましょう。
※デザインビューに切り替えておきましょう。

Let's Try Answer

①
①「伝票番号」テキストボックスを選択
②《書式》タブを選択
③《フォント》グループの ≡（右揃え）をクリック

②
①「売上日」テキストボックスを選択
②《デザイン》タブを選択
③《ツール》グループの（プロパティシート）をクリック
④《書式》タブを選択
⑤《書式》プロパティの ∨ をクリックし、一覧から《日付(L)》を選択
⑥《プロパティシート》の ✕（閉じる）をクリック

③
①《詳細》セクションと《ページフッター》セクションの境界をポイントし、下方向にドラッグ
②「内訳」サブレポートの配置を調整

④
①《デザイン》タブを選択
②《コントロール》グループの（コントロール）をクリック
※表示されていない場合は、次の操作に進みます。
③ Aa（ラベル）をクリック
④ 1つ目のラベルを作成する開始位置でクリック
⑤ 「下記のとおり、ご請求申し上げます。」と入力
⑥ 同様に、2つ目のラベルを作成

⑤
① 完成図を参考にコントロールのサイズと配置を調整

⑥
①《ページフッター》セクションと《レポートフッター》セクションの境界をポイントし、下方向にドラッグ

⑦
①《デザイン》タブを選択
②《コントロール》グループの（コントロール）をクリック
※表示されていない場合は、次の操作に進みます。
③ Aa（ラベル）をクリック
④ ラベルを作成する開始位置でクリック
⑤ ラベルを入力

⑧
① 完成図を参考にコントロールのサイズと配置を調整

2 演算テキストボックスの作成

サブレポートの集計行には、「**金額の合計**」テキストボックスが作成されています。
メインレポート側に「**金額の合計**」テキストボックスの値を参照する「**本体価格**」テキストボックスを作成しましょう。

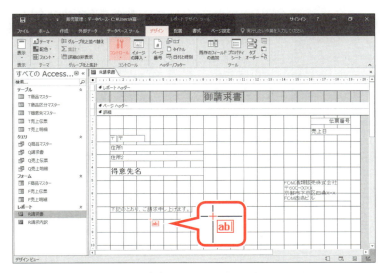

①《**デザイン**》タブを選択します。
②《**コントロール**》グループの (コントロール) をクリックします。
※表示されていない場合は、次の操作に進みます。
③ (テキストボックス) をクリックします。
※《**コントロールウィザードの使用**》は、オンでもオフでもかまいません。
マウスポインターの形が に変わります。
④テキストボックスを作成する開始位置でクリックします。

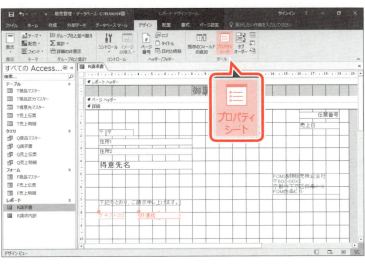

テキストボックスが作成されます。
⑤《**ツール**》グループの (プロパティシート) をクリックします。

《**プロパティシート**》が表示されます。
⑥《**すべて**》タブを選択します。
⑦《**名前**》プロパティに「**本体価格**」と入力します。
式ビルダーを使って、式を設定します。
⑧《**コントロールソース**》プロパティの をクリックします。

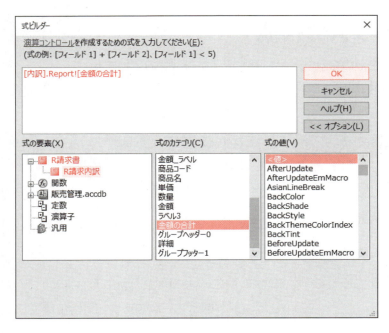

《式ビルダー》ダイアログボックスが表示されます。

⑨《式の要素》の一覧から「R請求書」をダブルクリックします。

⑩「R請求内訳」をクリックします。

⑪《式のカテゴリ》の一覧から「金額の合計」を選択します。

※一覧に表示されていない場合は、スクロールして調整します。

⑫《式の値》の一覧から《〈値〉》をダブルクリックします。

式ボックスに「[内訳].Report![金額の合計]」と表示されます。

※サブレポート「内訳」の「金額の合計」テキストボックスという意味です。
※識別子の詳細は、P.162「第8章 Step3 演算テキストボックスを作成する」の「4 識別子」を参照してください。

⑬《OK》をクリックします。

《プロパティシート》に戻ります。

《コントロールソース》プロパティに式ビルダーで設定した式が表示されます。

※式ビルダーを使わずに、式を直接入力してもかまいません。

⑭《書式》プロパティの ▽ をクリックし、一覧から《通貨》を選択します。

《プロパティシート》を閉じます。

⑮ ✕ (閉じる)をクリックします。

⑯「テキストn」ラベルを「本体価格」に修正します。

※「n」は自動的に付けられた連番です。
※図のように、コントロールのサイズと配置を調整しておきましょう。

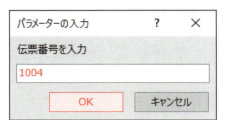

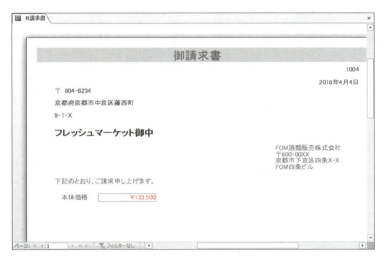

印刷プレビューに切り替えます。

⑰《表示》グループの (表示) の をクリックします。

⑱《印刷プレビュー》をクリックします。
《パラメーターの入力》ダイアログボックスが表示されます。

⑲「伝票番号を入力」に任意の「伝票番号」を入力します。

※「1001」～「1167」のデータがあります。

⑳《OK》をクリックします。

㉑テキストボックスに式の結果が表示されていることを確認します。

※デザインビューに切り替えておきましょう。

ためしてみよう

次のようにメイン・サブレポートのレイアウトを変更しましょう。
※省略する場合は、次の手順に従って操作しましょう。

①レポート「R請求書」を上書き保存し、閉じます。
②データベース「販売管理.accdb」または「販売管理1.accdb」「販売管理2.accdb」「販売管理3.accdb」を閉じます。
③データベース「販売管理4.accdb」を開きます。
④レポート「R請求書」をデザインビューで開きます。

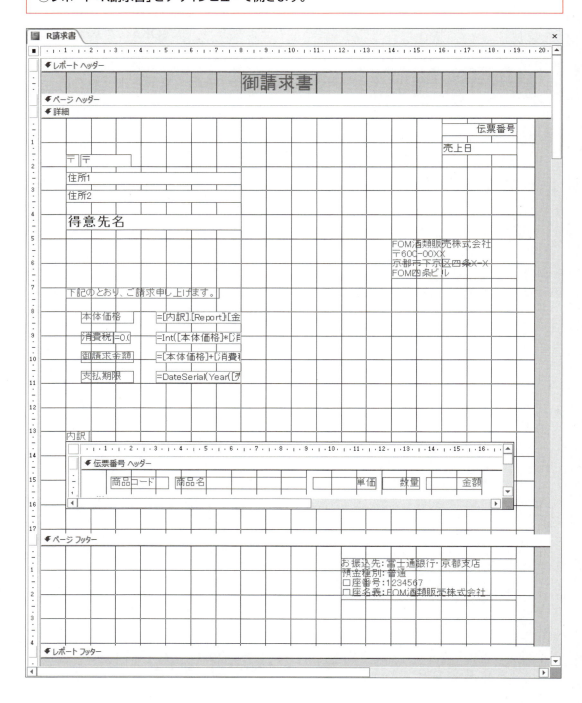

●《詳細》セクション
① 次の演算テキストボックスを作成しましょう。

名前	コントロールソース	書式
消費税率	=0.08	パーセント
消費税	=Int（[本体価格]＊[消費税率]）	通貨
御請求金額	=[本体価格]＋[消費税]	通貨
支払期限	=DateSerial（Year（[売上日]），Month（[売上日]）＋2,1）－1	日付（L）

Hint　《プロパティシート》を表示したまま、続けて作成できます。

②「消費税率」の「テキストn」ラベルを削除しましょう。また、「消費税率」テキストボックスの小数点以下表示桁数を0にし、境界線を透明にします。
③「テキストn」ラベルをそれぞれ「消費税」「御請求金額」「支払期限」に修正しましょう。
④ 完成図を参考にコントロールのサイズと配置を調整しましょう。
※印刷プレビューに切り替えて、結果を確認しましょう。
※レポートを上書き保存しておきましょう。
※デザインビューに切り替えておきましょう。

Let's Try Answer

①
①《デザイン》タブを選択
②《コントロール》グループの (コントロール) をクリック
※表示されていない場合は、次の操作に進みます。
③ (テキストボックス) をクリック
④ テキストボックスを作成する開始位置でクリック
⑤《ツール》グループの (プロパティシート) をクリック
⑥《すべて》タブを選択
⑦《名前》プロパティに「消費税率」と入力
⑧《コントロールソース》プロパティに「=0.08」と入力
※半角で入力します。
⑨《書式》プロパティの をクリックし、一覧から《パーセント》を選択
⑩《コントロール》グループの (コントロール) をクリック
※表示されていない場合は、次の操作に進みます。
⑪ (テキストボックス) をクリック
⑫ テキストボックスを作成する開始位置でクリック
⑬《すべて》タブを選択
⑭《名前》プロパティに「消費税」と入力
⑮《コントロールソース》プロパティに「=Int（[本体価格]＊[消費税率]）」と入力
※英字と記号は半角で入力します。入力の際、[]は省略できます。
⑯《書式》プロパティの をクリックし、一覧から《通貨》を選択
⑰ 同様に、「御請求金額」テキストボックスと「支払期限」テキストボックスを作成
⑱《プロパティシート》の (閉じる) をクリック

②
①「消費税率」の「テキストn」ラベルを選択
※「n」は自動的に付けられた連番です。
② Delete を押す
③「消費税率」テキストボックスを選択
④《デザイン》タブを選択
⑤《ツール》グループの (プロパティシート) をクリック
⑥《書式》タブを選択
⑦《小数点以下表示桁数》の をクリックし、一覧から《0》を選択
⑧《境界線スタイル》の をクリックし、一覧から《透明》を選択
⑨《プロパティシート》の (閉じる) をクリック

③
①「消費税」テキストボックスの左の「テキストn」ラベルを「消費税」に修正
② 同様に、「御請求金額」テキストボックスの左の「テキストn」ラベルを「御請求金額」に修正
③ 同様に、「支払期限」テキストボックスの左の「テキストn」ラベルを「支払期限」に修正
※「n」は自動的に付けられた連番です。

④
① 完成図を参考にコントロールのサイズと配置を調整

3 直線の作成

得意先名の下側に直線を作成しましょう。

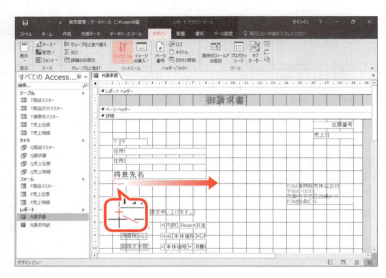

①《デザイン》タブを選択します。
②《コントロール》グループの (コントロール)をクリックします。
※表示されていない場合は、《コントロール》グループの￬(その他)をクリックします。
※《コントロールウィザードの使用》は、オンでもオフでもかまいません。
③ ＼ (直線)をクリックします。
マウスポインターの形が +＼ に変わります。
④ [Shift]を押しながら、図のようにドラッグします。
※[Shift]を先に押してからドラッグします。
※[Shift]を押しながらドラッグすると、水平線・垂直線を作成できます。

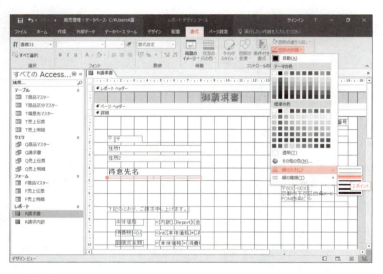

直線が作成されます。
直線を太くします。
⑤《書式》タブを選択します。
⑥《コントロールの書式設定》グループの (図形の枠線)をクリックします。
⑦《線の太さ》をポイントし、《2ポイント》をクリックします。

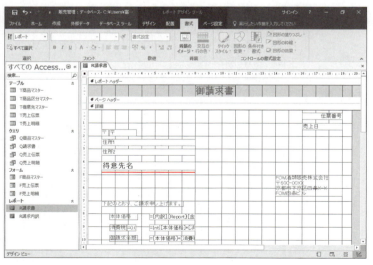

直線が太くなります。
※直線以外の場所をクリックし、選択を解除しておきましょう。
※印刷プレビューに切り替えて、結果を確認しましょう。
※レポートを上書き保存し、閉じておきましょう。

第10章 | Chapter 10

レポートの活用

Check	この章で学ぶこと	201
Step1	作成するレポートを確認する	202
Step2	集計行のあるレポートを作成する	203
Step3	編集するレポートを確認する	217
Step4	累計を設定する	218
Step5	改ページを設定する	222
Step6	パラメーターを設定する	227

Chapter 10

この章で学ぶこと

学習前に習得すべきポイントを理解しておき、
学習後には確実に習得できたかどうかを振り返りましょう。

1 集計行のあるレポートを作成できる。 → P.203

2 レポートを作成したあとに、並べ替えやグループ化を設定できる。 → P.212

3 《重複データ非表示》プロパティを設定して、重複するデータを非表示にできる。 → P.215

4 《集計実行》プロパティを設定して、累計を求めることができる。 → P.218

5 《改ページ》プロパティを設定して、レポートに表紙を作成できる。 → P.222

6 パラメーターを設定して、レポートに取り込むことができる。 → P.227

7 《印刷時拡張》プロパティと《印刷時縮小》プロパティを設定して、パラメーターで入力した文字の長さに合わせて、自動的に調整して印刷できる。 → P.232

Step 1 作成するレポートを確認する

1 作成するレポートの確認

次のようなレポート「R売上累計表」を作成しましょう。

●R売上累計表

- 並べ替え/グループ化の設定
- 重複データの非表示
- 売上日ごとに分類
- 売上日ごとに金額を集計
- 全体の金額を集計

Step2 集計行のあるレポートを作成する

1 もとになるクエリの作成

レポート「**R売上累計表**」のもとになるクエリ「**Q売上累計表**」を作成しましょう。

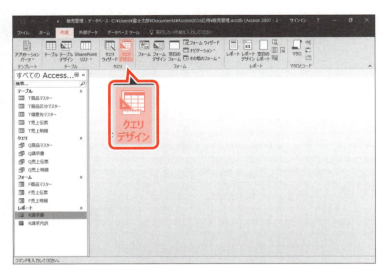

①《**作成**》タブを選択します。
②《**クエリ**》グループの (クエリデザイン)をクリックします。

クエリウィンドウと《**テーブルの表示**》ダイアログボックスが表示されます。
③《**テーブル**》タブを選択します。
④一覧から「**T商品マスター**」を選択します。
⑤ Ctrl を押しながら、「**T売上伝票**」「**T売上明細**」を選択します。
⑥《**追加**》をクリックします。
《**テーブルの表示**》ダイアログボックスを閉じます。
⑦《**閉じる**》をクリックします。

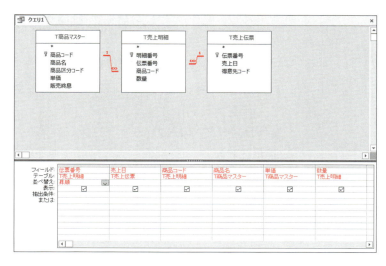

クエリウィンドウに3つのテーブルのフィールドリストが表示されます。

⑧テーブル間にリレーションシップの結合線が表示されていることを確認します。

※図のように、フィールドリストの配置を調整しておきましょう。

⑨次の順番でフィールドをデザイングリッドに登録します。

テーブル	フィールド
T売上明細	伝票番号
T売上伝票	売上日
T売上明細	商品コード
T商品マスター	商品名
〃	単価
T売上明細	数量

⑩「伝票番号」フィールドの《並べ替え》セルを《昇順》に設定します。

「金額」フィールドを作成します。

⑪「数量」フィールドの右の《フィールド》セルに次のように入力します。

金額：[単価]＊[数量]

※記号は半角で入力します。入力の際、[]は省略できます。

指定した期間の売上明細だけを印刷できるように、パラメーターを設定します。

⑫「売上日」フィールドの《抽出条件》セルに次のように入力します。

Between␣[開始年月日を入力]␣And␣[終了年月日を入力]

※英字と記号は半角で入力します。
※␣は半角空白を表します。
※列幅を調整して、条件を確認しましょう。

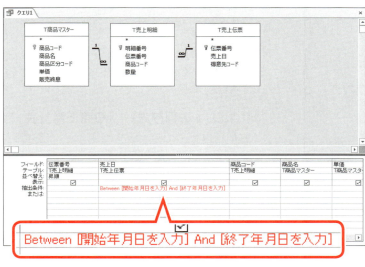

204

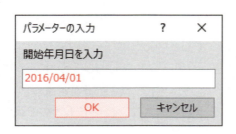

データシートビューに切り替えて、結果を確認します。

⑬《デザイン》タブを選択します。

⑭《結果》グループの ▦ （表示）をクリックします。

《パラメーターの入力》ダイアログボックスが表示されます。

⑮「開始年月日を入力」に任意の日付を入力します。

※「2016/04/01」〜「2016/06/28」のデータがあります。

⑯《OK》をクリックします。

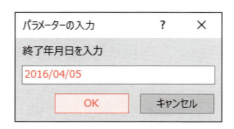

《パラメーターの入力》ダイアログボックスが表示されます。

⑰「終了年月日を入力」に任意の日付を入力します。

※「2016/04/01」〜「2016/06/28」のデータがあります。

⑱《OK》をクリックします。

指定した期間のデータがデータシートビューで表示されます。

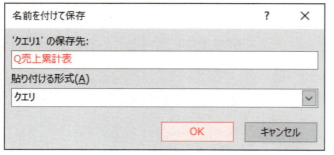

作成したクエリを保存します。

⑲ F12 を押します。

《名前を付けて保存》ダイアログボックスが表示されます。

⑳《'クエリ1'の保存先》に「Q売上累計表」と入力します。

㉑《OK》をクリックします。

※クエリを閉じておきましょう。

2 レポートの作成

クエリ「**Q売上累計表**」をもとに、売上日ごとにグループ化して集計行のあるレポート「**R売上累計表**」を作成しましょう。

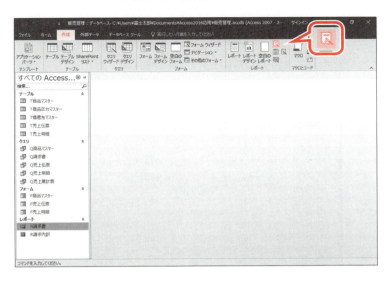

①《**作成**》タブを選択します。
②《**レポート**》グループの ▢ （レポートウィザード）をクリックします。

《**レポートウィザード**》が表示されます。

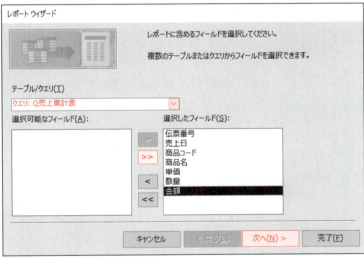

③《**テーブル/クエリ**》の ▽ をクリックし、一覧から「**クエリ：Q売上累計表**」を選択します。
すべてのフィールドを選択します。
④ >> をクリックします。
⑤《**次へ**》をクリックします。

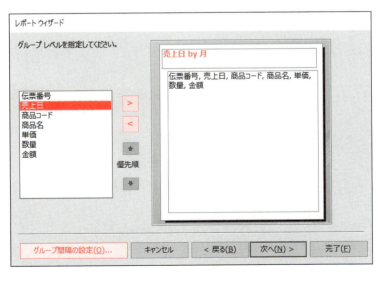

グループレベルを指定します。
自動的に「**伝票番号**」が指定されているので、解除します。
⑥ < をクリックします。
⑦一覧から「**売上日**」を選択します。
⑧ > をクリックします。
「**売上日 by 月**」のグループレベルが設定されます。
※「売上日」を月ごとに分類するという意味です。
グループ間隔を設定します。
⑨《**グループ間隔の設定**》をクリックします。

206

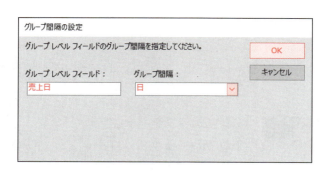

《グループ間隔の設定》ダイアログボックスが表示されます。

⑩《グループレベルフィールド》が「売上日」になっていることを確認します。

⑪《グループ間隔》の ∨ をクリックし、一覧から《日》を選択します。

⑫《OK》をクリックします。

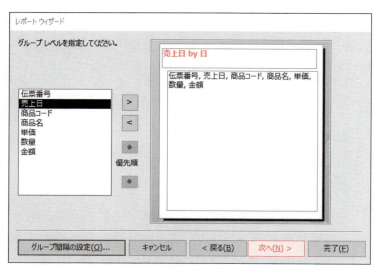

《レポートウィザード》に戻ります。

⑬「売上日 by 日」のグループレベルに変更されていることを確認します。

※「売上日」を日ごとに分類するという意味です。

⑭《次へ》をクリックします。

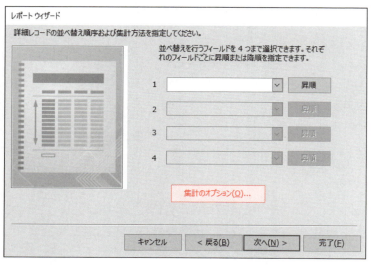

レコードを並べ替える方法を指定する画面が表示されます。

※今回、並べ替えは指定しません。

レコードの集計方法を指定します。

⑮《集計のオプション》をクリックします。

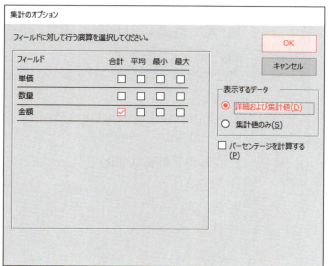

《集計のオプション》ダイアログボックスが表示されます。

フィールドに対して行う演算を選択します。

⑯「金額」の《合計》を ☑ にします。

⑰《表示するデータ》の《詳細および集計値》を ◉ にします。

⑱《OK》をクリックします。

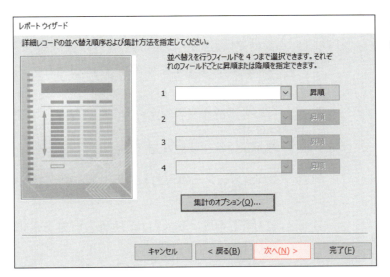

《レポートウィザード》に戻ります。
⑲《次へ》をクリックします。

レポートの印刷形式を選択します。
⑳《レイアウト》の《アウトライン》を◉にします。
㉑《印刷の向き》の《縦》を◉にします。
㉒《すべてのフィールドを1ページ内に収める》を☑にします。
㉓《次へ》をクリックします。

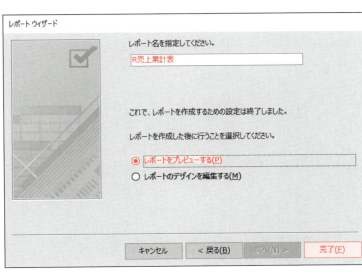

レポート名を入力します。
㉔《レポート名を指定してください。》に「R売上累計表」と入力します。
㉕《レポートをプレビューする》を◉にします。
㉖《完了》をクリックします。

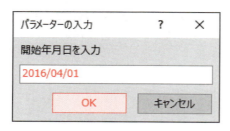

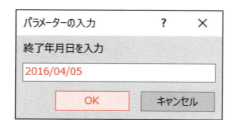

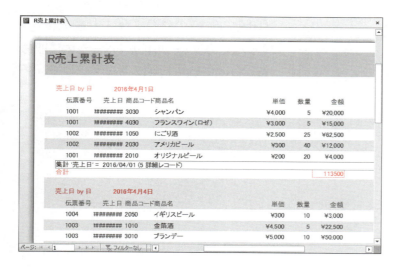

《パラメーターの入力》ダイアログボックスが表示されます。

㉗「**開始年月日を入力**」に任意の日付を入力します。

※「2016/04/01」～「2016/06/28」のデータがあります。

㉘《**OK**》をクリックします。

《パラメーターの入力》ダイアログボックスが表示されます。

㉙「**終了年月日を入力**」に任意の日付を入力します。

※「2016/04/01」～「2016/06/28」のデータがあります。

㉚《**OK**》をクリックします。

指定した期間のデータが印刷プレビューで表示されます。

㉛データが「**売上日**」ごとに分類され、集計行が追加されていることを確認します。

※印刷プレビューを閉じ、デザインビューに切り替えておきましょう。

※《フィールドリスト》が表示された場合は、 ✕ (閉じる)をクリックして閉じておきましょう。

ためしてみよう

次のようにレイアウトを変更しましょう。
※省略する場合は、次の手順に従って操作しましょう。

> ①レポート「R売上累計表」を上書き保存し、閉じます。
> ②データベース「販売管理.accdb」または「販売管理1.accdb」「販売管理2.accdb」「販売管理3.accdb」「販売管理4.accdb」を閉じます。
> ③データベース「販売管理5.accdb」を開きます。
> ④レポート「R売上累計表」をデザインビューで開きます。

●《レポートヘッダー》セクション
①「R売上累計表」ラベルを「売上累計表」に変更しましょう。
②高さが自動的に調整されないようにしましょう。

Hint 《レポートヘッダー》セクションのバーを選択→《ツール》グループの (プロパティシート)→《書式》タブ→《高さの自動調整》プロパティを《いいえ》にします。

●《売上日ヘッダー》セクション
③「売上日」ラベルを削除しましょう。
④「売上日 by 日」ラベルを「売上日」に変更しましょう。
⑤完成図を参考にコントロールのサイズと配置を調整しましょう。

●《詳細》セクション
⑥「売上日」テキストボックスを削除しましょう。
⑦完成図を参考にコントロールのサイズと配置を調整しましょう。
⑧高さが自動的に調整されないようにしましょう。

●《売上日フッター》セクション
⑨「="集計 " & "'売上日'…"」テキストボックスを削除しましょう。
⑩「金額の合計」テキストボックスに通貨の書式を設定しましょう。
⑪完成図を参考にコントロールのサイズと配置を調整しましょう。
⑫高さが自動的に調整されないようにしましょう。

●《ページフッター》セクション
⑬すべてのコントロールを削除し、セクションの領域を詰めましょう。

●《レポートフッター》セクション
⑭「金額総計合計」テキストボックスに通貨の書式を設定しましょう。
⑮完成図を参考にセクションの領域を拡大しましょう。
⑯完成図を参考にコントロールのサイズと配置を調整しましょう。
※印刷プレビューに切り替えて、結果を確認しましょう。
※レポートを上書き保存しておきましょう。

Let's Try Answer

①
①「R売上累計表」ラベルを「売上累計表」に修正

②
①《レポートヘッダー》セクションのバーを選択
②《デザイン》タブを選択
③《ツール》グループの ▣ (プロパティシート) をクリック
④《書式》タブを選択
⑤《高さの自動調整》プロパティの ▽ をクリックし、一覧から《いいえ》を選択
⑥《プロパティシート》の ✕ (閉じる) をクリック

③
①「売上日」ラベルを選択
②[Delete]を押す

④
①「売上日 by 日」ラベルを「売上日」に修正

⑤
①完成図を参考にコントロールのサイズと配置を調整

⑥
①「売上日」テキストボックスを選択
②[Delete]を押す

⑦
①完成図を参考にコントロールのサイズと配置を調整

⑧
①《詳細》セクションのバーを選択
②《デザイン》タブを選択
③《ツール》グループの ▣ (プロパティシート) をクリック
④《書式》タブを選択
⑤《高さの自動調整》プロパティの ▽ をクリックし、一覧から《いいえ》を選択
⑥《プロパティシート》の ✕ (閉じる) をクリック

⑨
①「="集計 " & "'売上日'…」テキストボックスを選択
②[Delete]を押す

⑩
①「金額の合計」テキストボックスを選択
②《デザイン》タブを選択
③《ツール》グループの ▣ (プロパティシート) をクリック
④《書式》タブを選択
⑤《書式》プロパティの ▽ をクリックし、一覧から《通貨》を選択
⑥《プロパティシート》の ✕ (閉じる) をクリック

⑪
①完成図を参考にコントロールのサイズと配置を調整

⑫
①《売上日フッター》セクションのバーを選択
②《デザイン》タブを選択
③《ツール》グループの ▣ (プロパティシート) をクリック
④《書式》タブを選択
⑤《高さの自動調整》プロパティの ▽ をクリックし、一覧から《いいえ》を選択
⑥《プロパティシート》の ✕ (閉じる) をクリック

⑬
①《ページフッター》セクション内のすべてのコントロールを選択
②[Delete]を押す
③《ページフッター》セクションと《レポートフッター》セクションの境界をポイントし、上方向にドラッグ

⑭
①「金額総計合計」テキストボックスを選択
②《デザイン》タブを選択
③《ツール》グループの ▣ (プロパティシート) をクリック
④《書式》タブを選択
⑤《書式》プロパティの ▽ をクリックし、一覧から《通貨》を選択
⑥《プロパティシート》の ✕ (閉じる) をクリック

⑮
①《レポートフッター》セクションの下の境界をポイントし、下方向にドラッグ

⑯
①完成図を参考にコントロールのサイズと配置を調整

3 並べ替え/グループ化の設定

レポートを作成したあとから、並べ替えやグループレベルを指定することもできます。
「売上日」ごとに分類したデータを、さらに「伝票番号」を基準に並べ替えましょう。

●並べ替え前

売上日	2016年4月1日					
	伝票番号	商品コード	商品名	単価	数量	金額
	1001	3030	シャンパン	¥4,000	5	¥20,000
	1001	4030	フランスワイン(ロゼ)	¥3,000	5	¥15,000
	1002	1050	にごり酒	¥2,500	25	¥62,500
	1002	2030	アメリカビール	¥300	40	¥12,000
	1001	2010	オリジナルビール	¥200	20	¥4,000
					合計	¥113,500

●並べ替え後

売上日	2016年4月1日					
	伝票番号	商品コード	商品名	単価	数量	金額
	1001	3030	シャンパン	¥4,000	5	¥20,000
	1001	4030	フランスワイン(ロゼ)	¥3,000	5	¥15,000
	1001	2010	オリジナルビール	¥200	20	¥4,000
	1002	1050	にごり酒	¥2,500	25	¥62,500
	1002	2030	アメリカビール	¥300	40	¥12,000
					合計	¥113,500

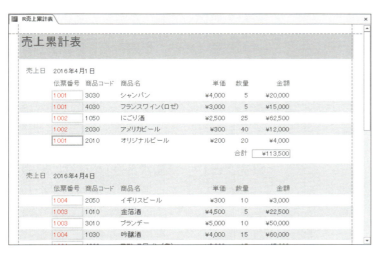

レイアウトビューに切り替えます。

① ステータスバーの ▭ (レイアウトビュー)をクリックします。

②「売上日」内で「伝票番号」が昇順になっていないことを確認します。

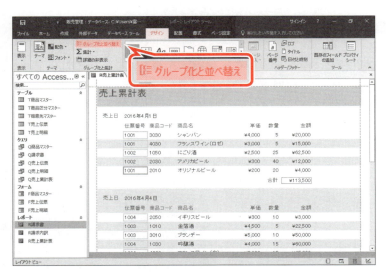

③《デザイン》タブを選択します。
④《グループ化と集計》グループの (グループ化と並べ替え)をクリックします。

《グループ化》ダイアログボックスが表示されます。
⑤《グループ化：売上日　昇順》と表示されていることを確認します。
⑥《並べ替えの追加》をクリックします。

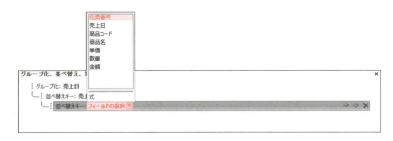

《並べ替えキー：フィールドの選択》が表示されます。
⑦《フィールドの選択》の一覧から「伝票番号」を選択します。

⑧《並べ替えキー：伝票番号　昇順》と表示されていることを確認します。
《グループ化》ダイアログボックスを閉じます。
⑨ ×（グループ化ダイアログボックスを閉じる）をクリックします。
⑩「売上日」内で「伝票番号」を基準に昇順に並べ替えられていることを確認します。

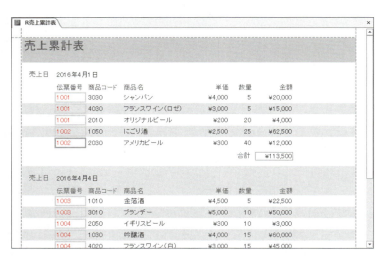

 その他の方法（並べ替え/グループ化の設定）
◆デザインビューで表示→レポートウィンドウ内を右クリック→《並べ替え/グループ化の設定》

ためしてみよう

「売上日」内で「伝票番号」順になっているデータをさらに「商品コード」を基準に昇順に並べ替えましょう。

●並べ替え前

売上日	2016年4月1日					
	伝票番号	商品コード	商品名	単価	数量	金額
	1001	3030	シャンパン	¥4,000	5	¥20,000
	1001	4030	フランスワイン（ロゼ）	¥3,000	5	¥15,000
	1001	2010	オリジナルビール	¥200	20	¥4,000
	1002	1050	にごり酒	¥2,500	25	¥62,500
	1002	2030	アメリカビール	¥300	40	¥12,000
					合計	¥113,500

●並べ替え後

売上日	2016年4月1日					
	伝票番号	商品コード	商品名	単価	数量	金額
	1001	2010	オリジナルビール	¥200	20	¥4,000
	1001	3030	シャンパン	¥4,000	5	¥20,000
	1001	4030	フランスワイン（ロゼ）	¥3,000	5	¥15,000
	1002	1050	にごり酒	¥2,500	25	¥62,500
	1002	2030	アメリカビール	¥300	40	¥12,000
					合計	¥113,500

Let's Try Answer

①《デザイン》タブを選択
②《グループ化と集計》グループの グループ化と並べ替え （グループ化と並べ替え）をクリック
③《並べ替えの追加》をクリック
④《フィールドの選択》の一覧から「商品コード」を選択
⑤《並べ替えキー：商品コード　昇順》と表示されていることを確認
⑥ × （グループ化ダイアログボックスを閉じる）をクリック

4 重複データの非表示

《重複データ非表示》プロパティを設定すると、重複するデータを非表示にするかどうかを指定できます。コントロールの値が直前のデータと同じ場合に2行目以降を非表示にできます。
「伝票番号」の重複するデータを非表示にするように設定しましょう。

●設定前

●設定後

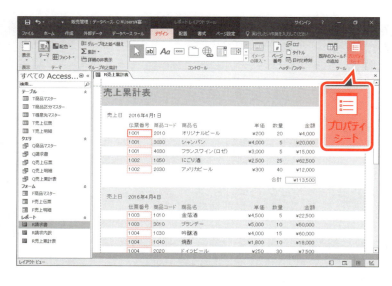

①「伝票番号」テキストボックスを選択します。
※「伝票番号」テキストボックスであれば、どれでもかまいません。
②《デザイン》タブを選択します。
③《ツール》グループの (プロパティシート)をクリックします。

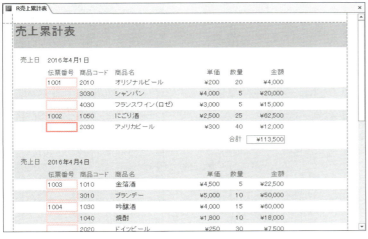

《プロパティシート》が表示されます。

④《書式》タブを選択します。

⑤《重複データ非表示》プロパティの ▽ をクリックし、一覧から《はい》を選択します。

※一覧に表示されていない場合は、スクロールして調整します。

《プロパティシート》を閉じます。

⑥ ✕ (閉じる)をクリックします。

⑦「伝票番号」の重複するデータが非表示になっていることを確認します。

※レポートを上書き保存しておきましょう。

Step3 編集するレポートを確認する

1 編集するレポートの確認

次のように、レポート「R売上累計表」を編集しましょう。

●R売上累計表

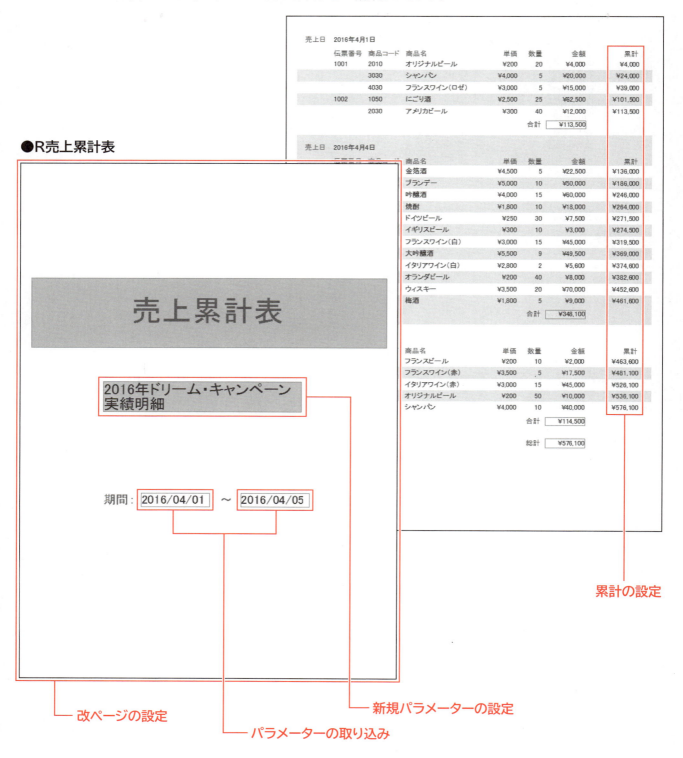

Step 4 累計を設定する

1 累計の設定

「累計」ラベルと「累計」テキストボックスを作成しましょう。
「累計」テキストボックスに「金額」の値を累計します。累計を求めるには、《コントロールソース》プロパティを「金額」にして、《集計実行》プロパティを設定します。

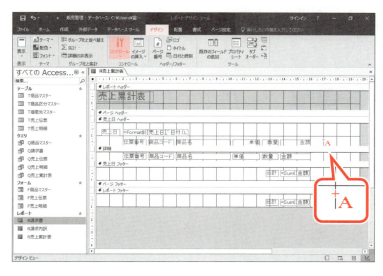

デザインビューに切り替えます。
①《デザイン》タブを選択します。
※《ホーム》タブでもかまいません。
②《表示》グループの (表示)の をクリックします。
③《デザインビュー》をクリックします。
「累計」ラベルを作成します。
④《デザイン》タブを選択します。
⑤《コントロール》グループの (コントロール)をクリックします。
※表示されていない場合は、次の操作に進みます。
⑥ Aa (ラベル)をクリックします。
※《コントロールウィザードの使用》は、オンでもオフでもかまいません。
マウスポインターの形が ^+A に変わります。
⑦ラベルを作成する開始位置でクリックします。

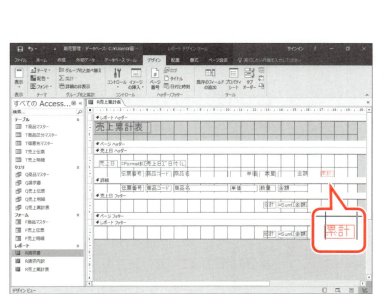

⑧「累計」と入力します。
⑨ラベル以外の場所をクリックします。
ラベルが作成されます。

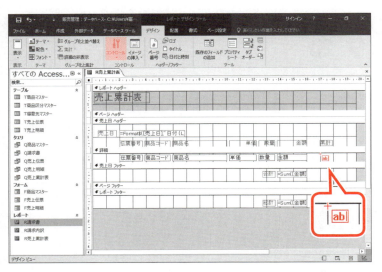

「**累計**」テキストボックスを作成します。

⑩《**コントロール**》グループの （コントロール）をクリックします。

※表示されていない場合は、次の操作に進みます。

⑪ ![ab|] （テキストボックス）をクリックします。

※《**コントロールウィザードの使用**》は、オンでもオフでもかまいません。

マウスポインターの形が $^+$![ab|] に変わります。

⑫テキストボックスを作成する開始位置でクリックします。

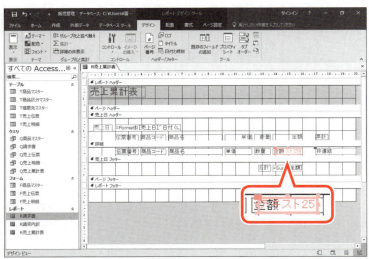

⑬「**テキストn**」ラベルを削除します。

※「n」は自動的に付けられた連番です。

⑭作成したテキストボックスを選択します。

⑮《**ツール**》グループの （プロパティシート）をクリックします。

《**プロパティシート**》が表示されます。

⑯《**すべて**》タブを選択します。

⑰《**名前**》プロパティに「**累計**」と入力します。

⑱《**コントロールソース**》プロパティの ![▼] をクリックし、一覧から「**金額**」を選択します。

⑲《**境界線スタイル**》プロパティの ![▼] をクリックし、一覧から《**透明**》を選択します。

⑳《**集計実行**》プロパティの ![▼] をクリックし、一覧から《**全体**》を選択します。

※一覧に表示されていない場合は、スクロールして調整します。

《**プロパティシート**》を閉じます。

㉑ ![×] （閉じる）をクリックします。

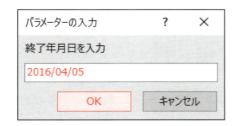

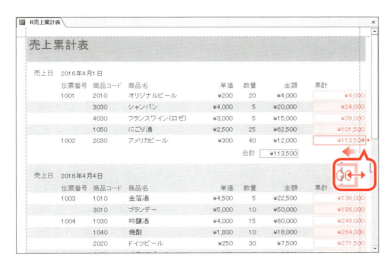

レイアウトビューに切り替えます。
㉒《表示》グループの (表示)の をクリックします。
㉓《レイアウトビュー》をクリックします。
《パラメーターの入力》ダイアログボックスが表示されます。
㉔「開始年月日を入力」に任意の日付を入力します。
※「2016/04/01」～「2016/06/28」のデータがあります。
㉕《OK》をクリックします。

《パラメーターの入力》ダイアログボックスが表示されます。
㉖「終了年月日を入力」に任意の日付を入力します。
※「2016/04/01」～「2016/06/28」のデータがあります。
㉗《OK》をクリックします。

指定した期間のデータがレイアウトビューで表示されます。
㉘「金額」の「累計」が表示されていることを確認します。
ページ内に収まらない領域を調整します。
※テキストボックスを作成する位置によっては、ページ内に収まらない場合があります。
㉙「累計」テキストボックスを選択します。
※「累計」テキストボックスであれば、どれでもかまいません。
㉚枠線の右側をポイントします。
マウスポインターの形が⇔に変わります。
㉛点線内に収まるように枠線を左方向にドラッグします。

はみ出した領域が調整されます。
※図のように、コントロールのサイズと配置を調整しておきましょう。
※印刷プレビューに切り替えて、結果を確認しましょう。
※レポートを上書き保存しておきましょう。

POINT ▶▶▶

《集計実行》プロパティ

《集計実行》プロパティの設定値は、次のとおりです。

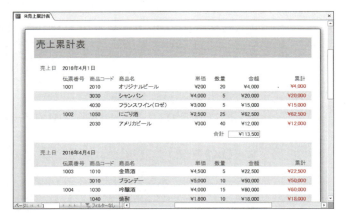

●しない
集計しません。
《集計実行》プロパティの初期値です。

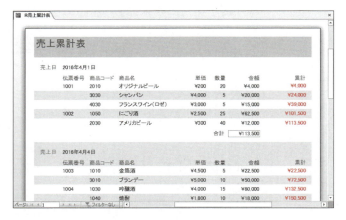

●グループ全体
グループレベルごとに集計します。
グループレベルごとに累計がクリアされます。

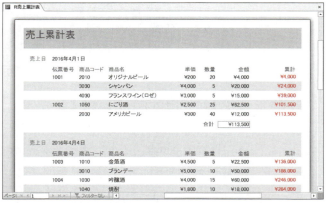

●全体
全体を通して集計します。

Step5 改ページを設定する

1 改ページの設定

《改ページ》プロパティを設定すると、レポートを任意の位置で改ページできます。
レポートヘッダーに改ページを設定して、レポートの表紙を作成しましょう。

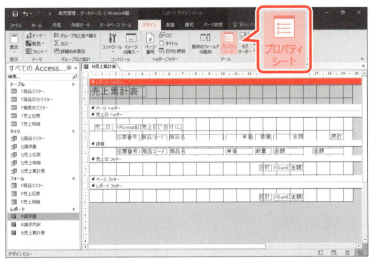

デザインビューに切り替えます。
①ステータスバーの（デザインビュー）をクリックします。
②《レポートヘッダー》セクションのバーをクリックします。
③《デザイン》タブを選択します。
④《ツール》グループの（プロパティシート）をクリックします。

《プロパティシート》が表示されます。
⑤《書式》タブを選択します。
⑥《改ページ》プロパティの　をクリックし、一覧から《カレントセクションの後》を選択します。
※《改ページ》プロパティの一覧が見えない場合は、《プロパティシート》の左側の境界線をポイントし、マウスポインターの形が⇔に変わったら左方向にドラッグします。

《プロパティシート》を閉じます。
⑦×（閉じる）をクリックします。

印刷プレビューに切り替えます。
⑧《表示》グループの（表示）の　をクリックします。
⑨《印刷プレビュー》をクリックします。
《パラメーターの入力》ダイアログボックスが表示されます。
⑩「開始年月日を入力」に任意の日付を入力します。
※「2016/04/01」～「2016/06/28」のデータがあります。
⑪《OK》をクリックします。

222

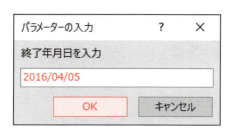

《パラメーターの入力》ダイアログボックスが表示されます。

⑫「終了年月日を入力」に任意の日付を入力します。

※「2016/04/01」～「2016/06/28」のデータがあります。

⑬《OK》をクリックします。

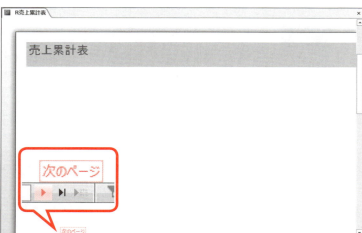

⑭《レポートヘッダー》セクションのあとで改ページされ、レポートの表紙が作成されていることを確認します。

次ページを確認します。

⑮ ▶ (次のページ) をクリックします。

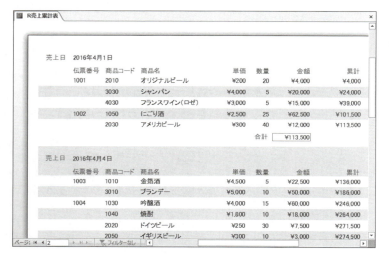

《ページヘッダー》セクション以下のデータが表示されます。

※デザインビューに切り替えておきましょう。

❗ POINT ▶▶▶

《改ページ》プロパティ

《改ページ》プロパティの設定値は、次のとおりです。

●しない
改ページしません。《改ページ》プロパティの初期値です。

●カレントセクションの前
指定のセクションの前で改ページします。

●カレントセクションの後
指定のセクションの後で改ページします。

●カレントセクションの前後
指定のセクションの前と後で改ページします。

※改ページは各セクションの前後に設定するのが原則ですが、セクションの途中で改ページすることもできます。セクションの途中で改ページするには、《デザイン》タブ→《コントロール》グループの (コントロール) または (その他) → (改ページの挿入) を使います。

2 表紙の編集

《レポートヘッダー》セクションの領域を拡大し、レポートの表紙を作成しましょう。

タイトルのフォントサイズ	：48ポイント
タイトルの背景	：四角形（《テーマの色》の《オレンジ、アクセント1、白+基本色60%》）
表紙の背景	：《テーマの色》の《白、背景1》

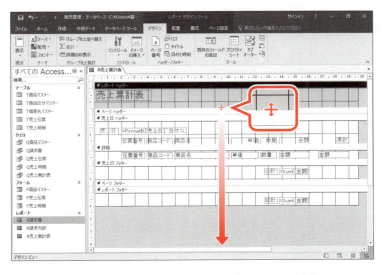

《レポートヘッダー》セクションの領域を拡大します。

① 《レポートヘッダー》セクションと《ページヘッダー》セクションの境界をポイントし、下方向にドラッグします。

※垂直ルーラーの19cmを目安にドラッグします。

タイトルのフォントサイズを変更します。

② 「売上累計表」ラベルを選択します。
③ 《書式》タブを選択します。
④ 《フォント》グループの 20 （フォントサイズ）に「48」と入力します。
⑤ 図のように、ラベルのサイズと配置を調整します。

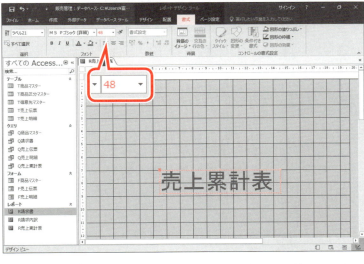

表紙の背景色を変更します。

⑥ 《レポートヘッダー》セクションのバーをクリックします。
⑦ 《フォント》グループの (背景色) の をクリックします。
⑧ 《テーマの色》の《白、背景1》をクリックします。

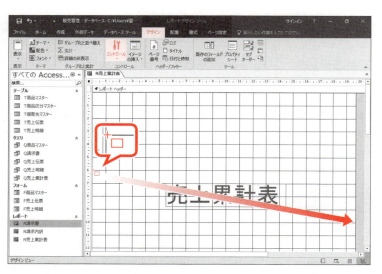

タイトルのラベルの周りに四角形を作成します。

⑨《デザイン》タブを選択します。

⑩《コントロール》グループの （コントロール）をクリックします。

※表示されていない場合は、《コントロール》グループの (その他)をクリックします。

※《コントロールウィザードの使用》は、オンでもオフでもかまいません。

⑪ （四角形）をクリックします。

マウスポインターの形が に変わります。

⑫四角形を作成する開始位置から終了位置までドラッグします。

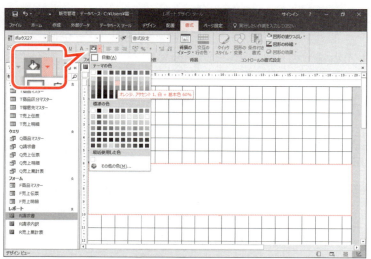

色を変更します。

⑬四角形が選択されていることを確認します。

⑭《書式》タブを選択します。

⑮《フォント》グループの （背景色）の をクリックします。

⑯《テーマの色》の《オレンジ、アクセント1、白+基本色60%》をクリックします。

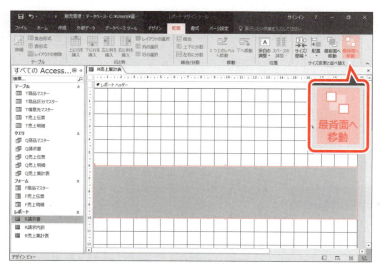

四角形をタイトルのラベルの下に配置します。

⑰四角形が選択されていることを確認します。

⑱《配置》タブを選択します。

⑲《サイズ変更と並べ替え》グループの （最背面へ移動）をクリックします。

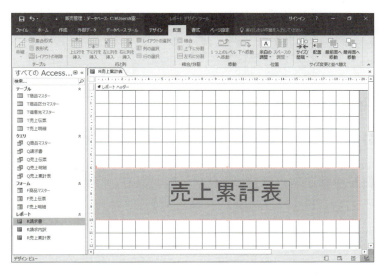

四角形がタイトルのラベルの下に配置されます。
※図のように、コントロールのサイズと配置を調整しましょう。

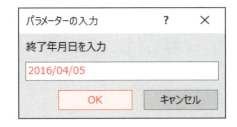

印刷プレビューに切り替えます。
⑳《デザイン》タブを選択します。
※《ホーム》タブでもかまいません。
㉑《表示》グループの [表示] の [表示] をクリックします。
㉒《印刷プレビュー》をクリックします。

《パラメーターの入力》ダイアログボックスが表示されます。
㉓「開始年月日を入力」に任意の日付を入力します。
※「2016/04/01」～「2016/06/28」のデータがあります。
㉔《OK》をクリックします。

《パラメーターの入力》ダイアログボックスが表示されます。
㉕「終了年月日を入力」に任意の日付を入力します。
※「2016/04/01」～「2016/06/28」のデータがあります。
㉖《OK》をクリックします。

表紙のタイトルや背景色が変更されます。
※レポートを上書き保存しておきましょう。

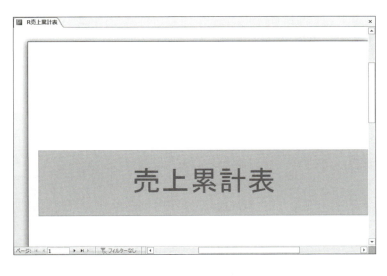

Step 6 パラメーターを設定する

1 既存パラメーターの取り込み

印刷実行時に、《パラメーターの入力》ダイアログボックスで入力する値をレポートに取り込むことができます。
レポートの表紙に「**開始年月日**」と「**終了年月日**」を取り込むテキストボックスを作成しましょう。

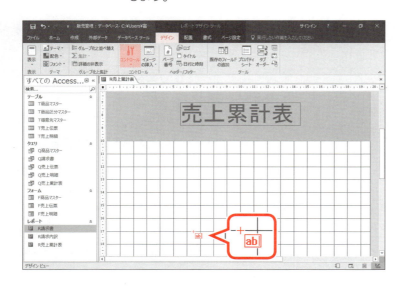

デザインビューに切り替えます。
①ステータスバーの ▨ （デザインビュー）をクリックします。

「**開始年月日**」を取り込むテキストボックスを作成します。
②《**デザイン**》タブを選択します。
③《**コントロール**》グループの ▨ （コントロール）をクリックします。
※表示されていない場合は、次の操作に進みます。
④ ab| （テキストボックス）をクリックします。
※《コントロールウィザードの使用》は、オンでもオフでもかまいません。
マウスポインターの形が ⁺ab| に変わります。
⑤テキストボックスを作成する開始位置でクリックします。

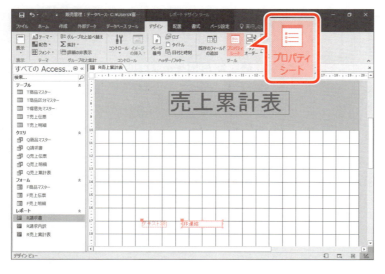

テキストボックスが作成されます。
⑥《**ツール**》グループの ▨ （プロパティシート）をクリックします。

227

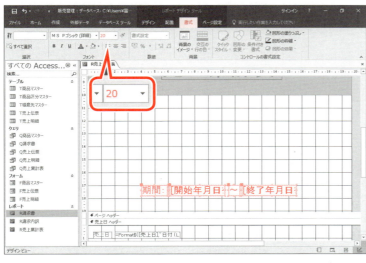

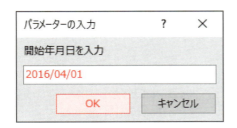

《プロパティシート》が表示されます。
⑦《すべて》タブを選択します。
⑧《名前》プロパティに「開始年月日」と入力します。
⑨《コントロールソース》プロパティに次のように入力します。

[開始年月日を入力]

※レポートのもとになっているクエリ「Q売上累計表」と同じパラメーターを設定します。
※[ ]は半角で入力します。

⑩同様に、「終了年月日」を取り込むテキストボックスを作成します。

名前	コントロールソース
終了年月日	[終了年月日を入力]

《プロパティシート》を閉じます。
⑪ ✕ (閉じる)をクリックします。
⑫「テキストn」ラベルをそれぞれ「期間：」と「〜」に修正します。
※「n」は自動的に付けられた連番です。
⑬「期間：」ラベルと「開始年月日」テキストボックス、「〜」ラベルと「終了年月日」テキストボックスを選択します。
⑭《書式》タブを選択します。
⑮《フォント》グループの 11 ▼ (フォントサイズ)に「20」と入力します。
※図のように、コントロールのサイズと配置を調整しておきましょう。

印刷プレビューに切り替えます。
⑯《デザイン》タブを選択します。
※《ホーム》タブでもかまいません。
⑰《表示》グループの (表示)の 表示 をクリックします。
⑱《印刷プレビュー》をクリックします。
《パラメーターの入力》ダイアログボックスが表示されます。
⑲「開始年月日を入力」に任意の日付を入力します。
※「2016/04/01」〜「2016/06/28」のデータがあります。
⑳《OK》をクリックします。

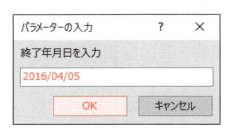

《パラメーターの入力》ダイアログボックスが表示されます。

㉑「終了年月日を入力」に任意の日付を入力します。

※「2016/04/01」〜「2016/06/28」のデータがあります。

㉒《OK》をクリックします。

指定した「**開始年月日**」と「**終了年月日**」が表示されます。

※デザインビューに切り替えておきましょう。

 パラメーターを設定したテキストボックスに日付の書式を適用する

「開始年月日」テキストボックスの日付を「○○○○年○月○日」の形式で表示するには、《コントロールソース》プロパティに次のように入力します。

=Format([開始年月日を入力],"yyyy¥年m¥月d¥日")

※英字と記号は半角で入力します。
※Format関数は、P.62「第4章 参考学習 様々な関数」の「●Format関数」を参照してください。

2 新規パラメーターの設定

テキストボックスに新規のパラメーターを設定すると、印刷実行時に任意のコメントを挿入できます。

レポートの表紙に任意のコメントを挿入するテキストボックスを作成しましょう。

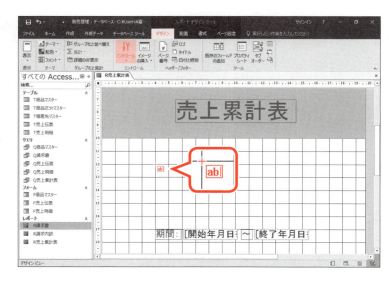

①《デザイン》タブを選択します。

②《コントロール》グループの （コントロール）をクリックします。

※表示されていない場合は、次の操作に進みます。

③ ab|（テキストボックス）をクリックします。

※《コントロールウィザードの使用》は、オンでもオフでもかまいません。

マウスポインターの形が ⁺ab| に変わります。

④テキストボックスを作成する開始位置でクリックします。

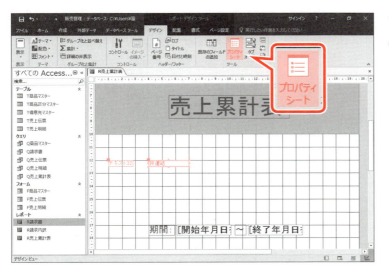

テキストボックスが作成されます。

⑤《ツール》グループの （プロパティシート）をクリックします。

《プロパティシート》が表示されます。

⑥《すべて》タブを選択します。

⑦《名前》プロパティに「コメント」と入力します。

⑧《コントロールソース》プロパティに次のように入力します。

[コメントを入力]

※[ ]は半角で入力します。

《プロパティシート》を閉じます。

⑨ （閉じる）をクリックします。

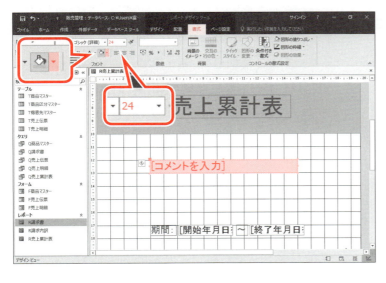

⑩《書式》タブを選択します。

⑪《フォント》グループの 11 （フォントサイズ）に「24」と入力します。

⑫《フォント》グループの （背景色）の をクリックします。

⑬《テーマの色》の《白、背景1、黒+基本色15%》をクリックします。

⑭「テキストn」ラベルを削除します。

※「n」は自動的に付けられた連番です。

※図のように、コントロールのサイズと配置を調整しておきましょう。

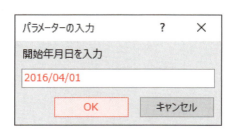

印刷プレビューに切り替えます。

⑮《デザイン》タブを選択します。

※《ホーム》タブでもかまいません。

⑯《表示》グループの (表示)の をクリックします。

⑰《印刷プレビュー》をクリックします。

《パラメーターの入力》ダイアログボックスが表示されます。

⑱「**開始年月日を入力**」に任意の日付を入力します。

※「2016/04/01」～「2016/06/28」のデータがあります。

⑲《**OK**》をクリックします。

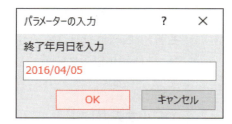

《パラメーターの入力》ダイアログボックスが表示されます。

⑳「**終了年月日を入力**」に任意の日付を入力します。

※「2016/04/01」～「2016/06/28」のデータがあります。

㉑《**OK**》をクリックします。

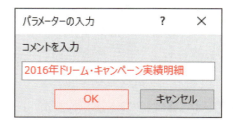

《パラメーターの入力》ダイアログボックスが表示されます。

㉒「**コメントを入力**」に次のように入力します。

| 2016年ドリーム・キャンペーン実績明細 |

㉓《**OK**》をクリックします。

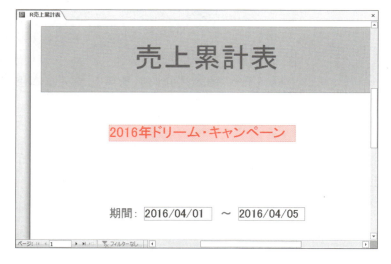

《パラメーターの入力》ダイアログボックスで入力したコメントが表示されます。

※コメントの文字がすべて表示されていないことを確認しておきましょう。

※デザインビューに切り替えておきましょう。

3 印刷時のサイズ調整

《印刷時拡張》プロパティと《印刷時縮小》プロパティを設定すると、入力した文字の長さに合わせて、コントロールの高さを自動的に調整して印刷できます。
コメントの長さに合わせて、「コメント」テキストボックスのサイズを変えて印刷できるように設定しましょう。

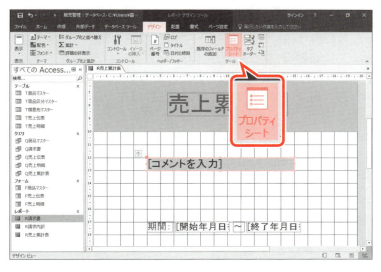

①「コメント」テキストボックスを選択します。
②《デザイン》タブを選択します。
③《ツール》グループの ![プロパティシート] (プロパティシート)をクリックします。

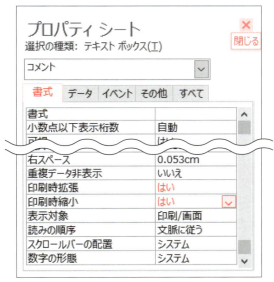

《プロパティシート》が表示されます。
④《書式》タブを選択します。
⑤《印刷時拡張》プロパティの ▽ をクリックし、一覧から《はい》を選択します。
※一覧に表示されていない場合は、スクロールして調整します。
⑥《印刷時縮小》プロパティの ▽ をクリックし、一覧から《はい》を選択します。
《プロパティシート》を閉じます。
⑦ ✕ (閉じる)をクリックします。

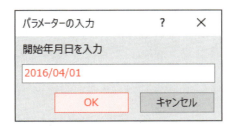

印刷プレビューに切り替えます。
⑧《表示》グループの ![表示] (表示)の 表示 をクリックします。
⑨《印刷プレビュー》をクリックします。
《パラメーターの入力》ダイアログボックスが表示されます。
⑩「開始年月日を入力」に任意の日付を入力します。
※「2016/04/01」～「2016/06/28」のデータがあります。
⑪《OK》をクリックします。

232

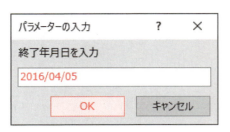

《パラメーターの入力》ダイアログボックスが表示されます。

⑫「**終了年月日を入力**」に任意の日付を入力します。

※「2016/04/01」～「2016/06/28」のデータがあります。

⑬《**OK**》をクリックします。

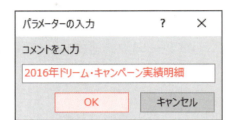

《パラメーターの入力》ダイアログボックスが表示されます。

⑭「**コメントを入力**」に次のように入力します。

2016年ドリーム・キャンペーン実績明細

⑮《**OK**》をクリックします。

《パラメーターの入力》ダイアログボックスで入力したコメントの文字がすべて表示されます。

※レポートを上書き保存し、閉じておきましょう。
※データベースを閉じておきましょう。

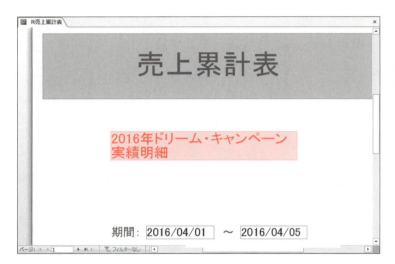

 POINT ▶▶▶

《印刷時縮小》プロパティ

《印刷時縮小》プロパティを《はい》に設定すると、パラメーターに何も入力しない場合でも、表示するデータの長さに合わせて、コントロールの高さを自動的に調整して印刷できます。

●《印刷時縮小》プロパティを《はい》に設定

パラメーターに何も入力しない場合、コントロールは表示されない

●《印刷時縮小》プロパティを《いいえ》に設定

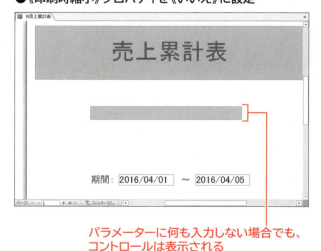

パラメーターに何も入力しない場合でも、コントロールは表示される

Chapter 11
第11章

便利な機能

Check	この章で学ぶこと	235
Step1	商品管理データベースの概要	236
Step2	ハイパーリンクを設定する	237
Step3	条件付き書式を設定する	240
Step4	Excel/Wordへエクスポートする	247
Step5	データベースを最適化/修復する	253
Step6	データベースを保護する	255

Chapter 11

この章で学ぶこと

学習前に習得すべきポイントを理解しておき、
学習後には確実に習得できたかどうかを振り返りましょう。

1	フィールドに、別の場所にある関連情報を結び付けるハイパーリンクを設定できる。	☑☑☑ ➡ P.237
2	フォームやレポートのコントロールに、条件付き書式を設定できる。	☑☑☑ ➡ P.240
3	テーブルのデータを、Excelにエクスポートできる。	☑☑☑ ➡ P.247
4	テーブルのデータを、Wordにエクスポートできる。	☑☑☑ ➡ P.250
5	データベースを最適化/修復できる。	☑☑☑ ➡ P.253
6	データベースにパスワードを設定できる。	☑☑☑ ➡ P.255
7	データベースを開くときに、特定のフォームを開いたり、メニューやリボンなどを非表示にしたりできる。	☑☑☑ ➡ P.259
8	フォームやレポートを作成/変更できないようにするACCDEファイルを作成できる。	☑☑☑ ➡ P.263

Step 1 商品管理データベースの概要

1 データベースの概要

第11章では、データベース「**商品管理.accdb**」を使って、Accessの便利な機能を学習します。
「**商品管理.accdb**」の概要は、次のとおりです。

●目的
ある健康食品メーカーを例に、取り扱っている商品の次のデータを管理します。

> ・商品のマスター情報（型番、商品名、価格、在庫数など）
> ・仕入先のマスター情報（会社名、住所、電話番号など）

●テーブルの設計
次の2つのテーブルに分類して、データを格納します。

- T商品マスター
- T仕入先マスター

2 データベースの確認

フォルダー「**Access2016応用**」に保存されているデータベース「**商品管理.accdb**」を開き、それぞれのテーブルを確認しましょう。

データベース「**商品管理.accdb**」を開いておきましょう。
また、《セキュリティの警告》メッセージバーの《コンテンツの有効化》をクリックしておきましょう。

●T仕入先マスター

仕入先コード	仕入先名	〒	住所	TEL	FAX
110	ヘルシーフード光	103-0011	東京都中央区日本橋大伝馬町1-2-X	03-3256-XXXX	03-3256-YYYY
120	横浜ビタミン	230-0041	神奈川県横浜市鶴見区潮田町2-XX	045-552-XXXX	045-552-YYYY
130	ファイトマン飲料	450-0002	愛知県名古屋市中村区名駅3-X-X	052-622-XXXX	052-622-YYYY
140	なにわ商事	540-0001	大阪府大阪市中央区城見1-5-X	06-6521-XXXX	06-6521-YYYY
150	広島健康食品製造	730-0001	広島県広島市中区白島北町3-X-X	082-441-XXXX	082-441-YYYY

●T商品マスター

商品コード	商品名	小売価格	仕入価格	最低在庫	在庫数	販売終息
10010	ローヤルゼリー(L)	¥12,000	¥6,870	0	55	☑
10011	ローヤルゼリー(M)	¥7,000	¥3,280	30	45	☐
10020	ビタミンAアルファ	¥150	¥68	100	97	☐
10030	ビタミンCアルファ	¥150	¥68	100	120	☐
10040	スポーツマンZ	¥320	¥180	0	72	☑
10050	スーパーファイバー(L)	¥2,000	¥1,400	50	52	☐
10051	スーパーファイバー(M)	¥1,200	¥580	50	37	☐
10060	中国漢方スープ	¥1,500	¥1,050	50	120	☐
10070	ダイエット烏龍茶	¥1,000	¥680	50	85	☐
10080	ダイエットプーアール茶	¥1,200	¥870	50	45	☐
10090	ヘルシー・ビタミンB(L)	¥1,800	¥980	50	120	☐
10091	ヘルシー・ビタミンB(M)	¥1,000	¥480	50	65	☐
10100	ヘルシー・ビタミンC(L)	¥1,600	¥1,280	50	85	☐
10101	ヘルシー・ビタミンC(M)	¥900	¥680	100	75	☐
10110	エキストラ・ローヤルゼリー(L)	¥11,000	¥7,800	30	25	☐
10111	エキストラ・ローヤルゼリー(M)	¥6,000	¥4,800	30	42	☐
10112	エキストラ・ローヤルゼリー(S)	¥2,000	¥1,480	50	56	☐

Step 2 ハイパーリンクを設定する

1 ハイパーリンク

「ハイパーリンク」を使うと、別の場所にある関連情報を結び付ける(リンクする)ことができます。

ハイパーリンクを設定するには、フィールドのデータ型を「ハイパーリンク型」にします。ハイパーリンク型のフィールドにWebページのアドレスやファイルの場所を入力すると、クリックするだけでWebページや別のファイルにジャンプできます。

ハイパーリンクには、次のようなものがあります。

- ●Webページへジャンプする
- ●メールのメッセージ作成画面を表示する
- ●Accessの別のデータベース、ほかのアプリケーションで作成したファイルを開く

※インターネットに接続できる環境が必要です。

2 ハイパーリンクの設定

テーブル「T仕入先マスター」にハイパーリンク型のフィールドを追加しましょう。

テーブル「T仕入先マスター」をデータシートビューで開いておきましょう。

データ型を設定します。
①《クリックして追加》をクリックします。
②《ハイパーリンク》をクリックします。

フィールド名を入力します。
③フィールド名が「フィールド1」になっていることを確認します。
④「Webページ」と入力します。

3 ハイパーリンクの確認

追加したフィールドにWebページのアドレスを入力し、ハイパーリンクの設定を確認しましょう。

①1行目の「Webページ」のフィールドに次のように入力します。

http://www.fom.fujitsu.com/goods/

※半角で入力します。
Webページのアドレスに下線が付き、青色で表示されます。
※列幅を調整しておきましょう。

ハイパーリンクの設定を確認します。
②入力したWebページのアドレスをポイントします。
マウスポインターの形が🖐に変わります。
③クリックします。

ブラウザーが自動的に起動し、Webページが表示されます。
※アプリを選択する画面が表示された場合は、《Microsoft Edge》を選択します。
※ブラウザーを終了しておきましょう。
※テーブルを上書き保存し、閉じておきましょう。

ハイパーリンクの削除

ハイパーリンクを削除する方法は、次のとおりです。
◆データを右クリック→《ハイパーリンク》→《ハイパーリンクの削除》

ハイパーリンクの編集

ハイパーリンクを編集する方法は、次のとおりです。
◆データを右クリック→《ハイパーリンク》→《ハイパーリンクの編集》

POINT ▶▶▶

メールソフトへのハイパーリンク

メールソフトへのハイパーリンクを設定するには、メールアドレスを次のように入力します。

> mailto:メールアドレス

※「mailto:」は省略できます。
入力したメールアドレスをクリックすると、メールソフトが自動的に起動し、《宛先》にメールアドレスが表示されます。

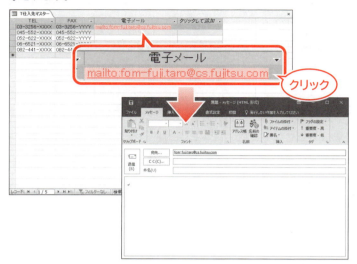

 POINT ▶▶▶

ファイルへのハイパーリンク

Accessの別のデータベースやほかのアプリケーションで作成したファイルへのハイパーリンクを設定するには、ファイルの場所とファイル名を次のように入力します。

> C:¥Users¥(ユーザー名)¥Documents¥Access2016応用¥仕入先データ.xlsx
> 　　　　　　ファイルの場所　　　　　　　　　　　　　　　　ファイル名

入力したファイル名をクリックすると、作成元のアプリケーションが自動的に起動し、ファイルが開かれます。

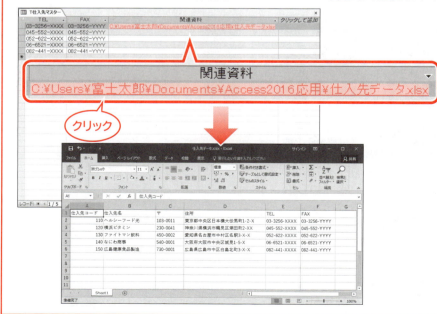

Step3 条件付き書式を設定する

1 条件付き書式

フォームやレポートのコントロールに**「条件付き書式」**を設定すると、条件に合致するときだけ、そのコントロールの書式を自動的に変更できます。
販売価格が原価を下回る場合や商品名にあるキーワードが含まれる場合などに、データを目立たせることができます。
条件付き書式は、《新しい書式ルール》ダイアログボックスで、条件と条件に合致する場合の書式を設定します。

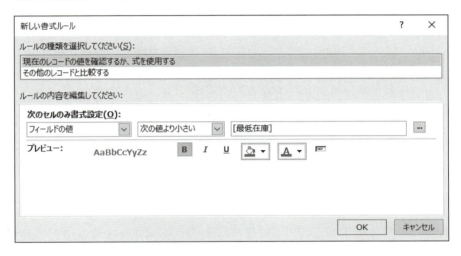

2 条件付き書式の設定

フォームのコントロールに条件付き書式を設定しましょう。

 フォーム「F商品マスター」をデザインビューで開いておきましょう。

1 基本的な条件の設定

「在庫数」が「最低在庫」を下回る場合に、「在庫数」を赤色の太字で表示しましょう。

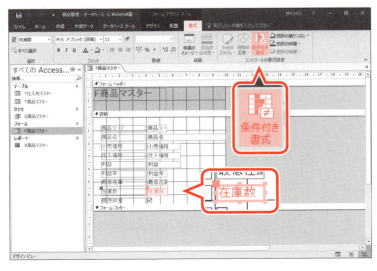

条件付き書式を設定するコントロールを選択します。
①「**在庫数**」テキストボックスを選択します。
②《**書式**》タブを選択します。
③《**コントロールの書式設定**》グループの　　（条件付き書式）をクリックします。

《条件付き書式ルールの管理》ダイアログボックスが表示されます。

条件を設定します。

④ 新しいルール(N) （新しいルール）をクリックします。

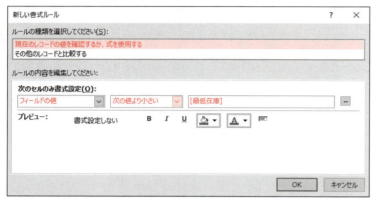

《新しい書式ルール》ダイアログボックスが表示されます。

⑤《ルールの種類を選択してください》が《現在のレコードの値を確認するか、式を使用する》になっていることを確認します。

⑥《ルールの内容を編集してください》の《次のセルのみ書式設定》の左側が《フィールドの値》になっていることを確認します。

⑦中央の ▽ をクリックし、一覧から《次の値より小さい》を選択します。

⑧右側に次のように入力します。

[最低在庫]

※[]は半角で入力します。

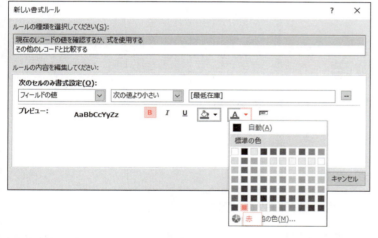

条件に合致する場合に、コントロールに設定する書式を指定します。

⑨ B （太字）をクリックします。
⑩ A▼ （フォントの色）の ▼ をクリックします。
⑪《標準の色》の《赤》をクリックします。
⑫《OK》をクリックします。
⑬《OK》をクリックします。

フォームビューに切り替えます。
⑭《デザイン》タブを選択します。
※《ホーム》タブでもかまいません。
⑮《表示》グループの （表示）をクリックします。
⑯レコード移動ボタンを使って、各レコードを確認します。

条件に合致する場合、「**在庫数**」が赤色の太字で表示されます。
※デザインビューに切り替えておきましょう。

その他の方法（条件付き書式の設定）

◆デザインビューで表示→テキストボックスを右クリック→《条件付き書式》

2 条件の削除

設定した条件を削除しましょう。

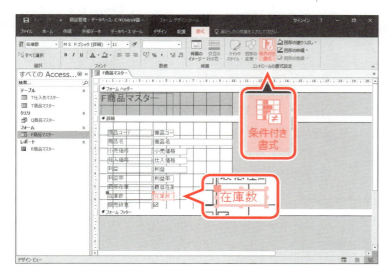

①「**在庫数**」テキストボックスを選択します。
②《**書式**》タブを選択します。
③《**コントロールの書式設定**》グループの （条件付き書式）をクリックします。

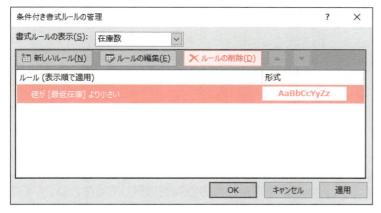

《**条件付き書式ルールの管理**》ダイアログボックスが表示されます。
条件を削除します。
④《**ルール**》の《**値が[最低在庫]より小さい**》をクリックします。
⑤ ルールの削除(D) （ルールの削除）をクリックします。

⑥《**OK**》をクリックします。
※フォームビューに切り替えて、条件が削除されていることを確認しましょう。
※デザインビューに切り替えておきましょう。

3 条件式の設定

販売が終息している商品は、その商品のデータを灰色で表示しましょう。

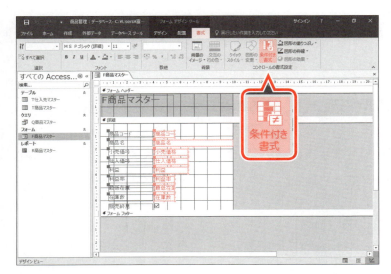

条件付き書式を設定するコントロールを選択します。

① 「**商品コード**」テキストボックスを選択します。
② **Shift** を押しながら、「**商品名**」～「**在庫数**」テキストボックスを選択します。
※「販売終息」チェックボックスには、条件付き書式を設定できないので、範囲に含めません。
③ 《**書式**》タブを選択します。
④ 《**コントロールの書式設定**》グループの (条件付き書式) をクリックします。

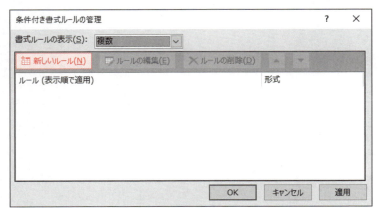

《**条件付き書式ルールの管理**》ダイアログボックスが表示されます。
条件式を設定します。
⑤ (新しいルール) をクリックします。

《**新しい書式ルール**》ダイアログボックスが表示されます。
⑥ 《**ルールの種類を選択してください**》が《**現在のレコードの値を確認するか、式を使用する**》になっていることを確認します。
⑦ 《**次のセルのみ書式設定**》の左側の をクリックし、一覧から《**式**》を選択します。
⑧ 右側に次のように入力します。

[販売終息]=Yes

※英字と記号は半角で入力します。
※「Yes」の代わりに、「True」「On」「-1」と入力してもかまいません。

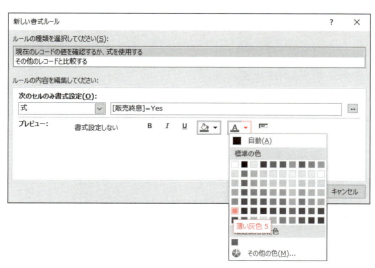

条件に合致する場合に、コントロールに設定する書式を指定します。
⑨ (フォントの色)の をクリックします。
⑩《標準の色》の《薄い灰色5》をクリックします。
⑪《OK》をクリックします。
⑫《OK》をクリックします。

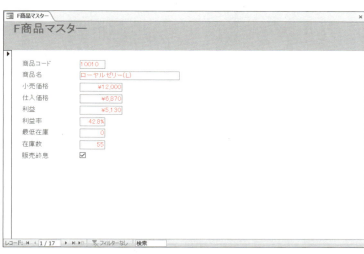

フォームビューに切り替えます。
⑬《デザイン》タブを選択します。
※《ホーム》タブでもかまいません。
⑭《表示》グループの (表示)をクリックします。
⑮レコード移動ボタンを使って、各レコードを確認します。
条件に合致する場合、その商品のデータが灰色で表示されます。
※フォームを上書き保存し、閉じておきましょう。

> **POINT**
>
> **文字列に対する条件の設定**
> 《新しい書式ルール》ダイアログボックスで次のように式を入力して、文字列に対する条件を設定することもできます。
>
>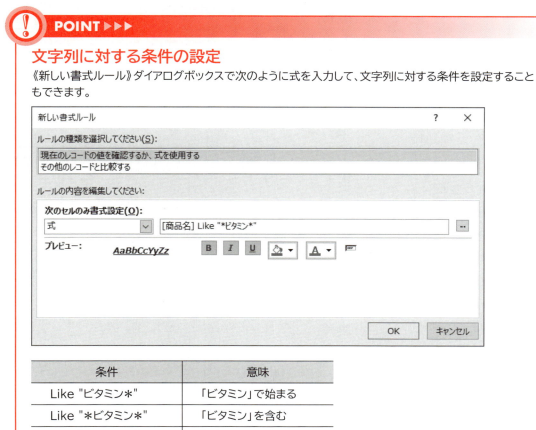
>
> | 条件 | 意味 |
> |---|---|
> | Like "ビタミン*" | 「ビタミン」で始まる |
> | Like "*ビタミン*" | 「ビタミン」を含む |
> | Like "*ビタミン" | 「ビタミン」で終わる |

複数の条件の設定

複数の条件を設定する場合は、AND条件やOR条件を指定します。

●AND条件

「利益」が「¥1,000以上」かつ「利益率」が「50%以上」というAND条件は、次のように設定します。

2つの条件を設定

●OR条件

「利益」が「¥1,000以上」または「利益率」が「50%以上」というOR条件は、次のように設定します。

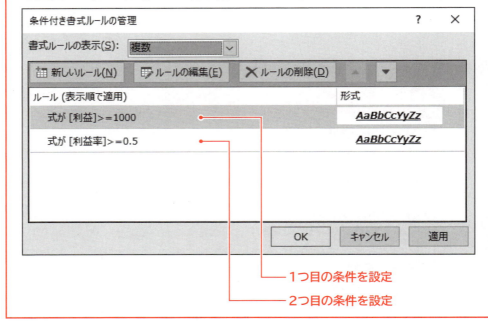

1つ目の条件を設定

2つ目の条件を設定

データバーを表示する条件の設定

レコードの値を比較して、その結果をデータバーとして表示できます。データバーを表示する場合は、フォームおよびレポートのコントロールに対して条件を設定します。
データバーを表示する条件の設定方法は、次のとおりです。

◆デザインビューまたはレイアウトビューで表示→コントロールを選択→《書式》タブ→《コントロールの書式設定》グループの (条件付き書式)→ 新しいルール(N)（新しいルール）→《ルールの種類を選択してください》の《その他のレコードと比較する》

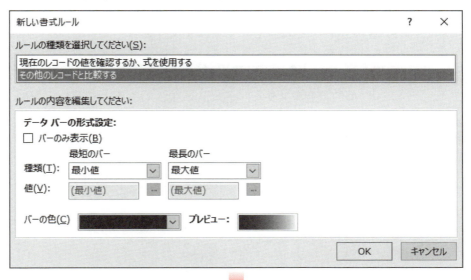

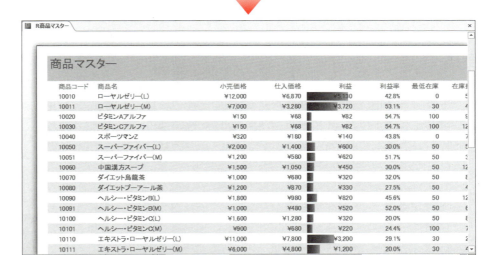

Step4 Excel/Wordへエクスポートする

1 データのエクスポート

Accessのデータをほかのアプリケーションのデータに変換することを「**エクスポート**」といいます。蓄積されているデータをExcelやWordにエクスポートして利用できます。

1 Excelへのエクスポート

テーブル「**T商品マスター**」をExcelへエクスポートしましょう。

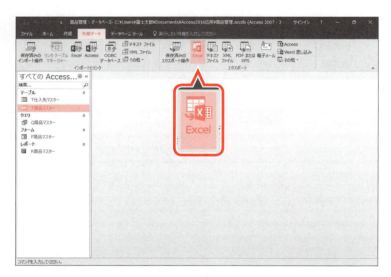

①ナビゲーションウィンドウのテーブル「**T商品マスター**」を選択します。
②《**外部データ**》タブを選択します。
③《**エクスポート**》グループの (Excelスプレッドシートにエクスポート)をクリックします。

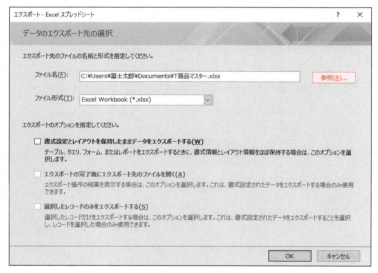

《**エクスポート-Excelスプレッドシート**》ダイアログボックスが表示されます。
④《**参照**》をクリックします。

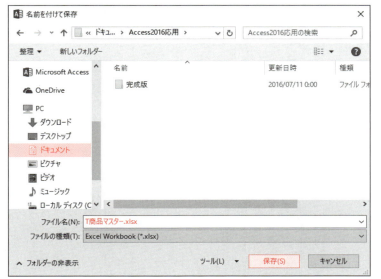

《名前を付けて保存》ダイアログボックスが表示されます。

⑤左側の一覧から《ドキュメント》を選択します。
※《ドキュメント》が表示されていない場合は、《PC》をダブルクリックします。

⑥右側の一覧から「Access2016応用」を選択します。

⑦《開く》をクリックします。

⑧《ファイル名》に「T商品マスター.xlsx」と入力します。
※「.xlsx」は省略できます。

⑨《保存》をクリックします。

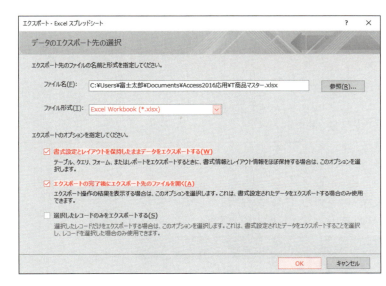

《エクスポート-Excelスプレッドシート》ダイアログボックスに戻ります。

⑩《ファイル形式》の ▽ をクリックし、一覧から《Excel Workbook》を選択します。
※お使いの環境によっては、《Excel Workbook》が《Excelブック》と表示される場合があります。
※Excel 97～2003でも開けるファイルにするには《Excel 97-Excel 2003 Workbook》を選択します。

⑪《書式設定とレイアウトを保持したままデータをエクスポートする》を ✓ にします。

⑫《エクスポートの完了後にエクスポート先のファイルを開く》を ✓ にします。

⑬《OK》をクリックします。

Excelが起動し、Excelブック「T商品マスター.xlsx」が表示されます。
Excelを終了します。

⑭ × （閉じる）をクリックします。

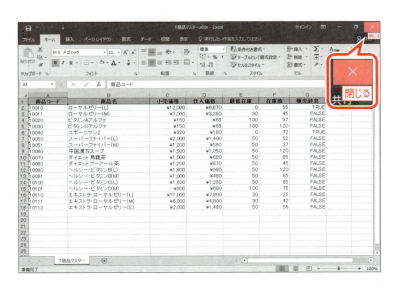

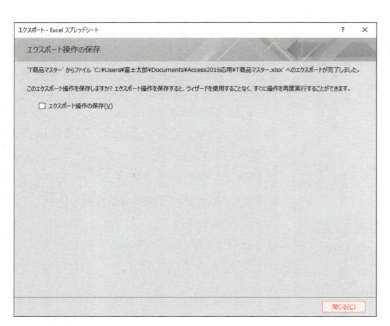

Accessに戻り、《エクスポート-Excelスプレッドシート》ダイアログボックスが表示されます。

⑮《閉じる》をクリックします。

Excelへのエクスポート
テーブルだけでなく、クエリやフォーム、レポートのデータもExcelにエクスポートできます。データはすべてデータシート形式でExcelのシートに変換されます。

 ドラッグ&ドロップによるエクスポート

ドラッグ&ドロップでExcelにデータをエクスポートできます。
テーブルやクエリを選択して、Excelのシート上にドラッグします。

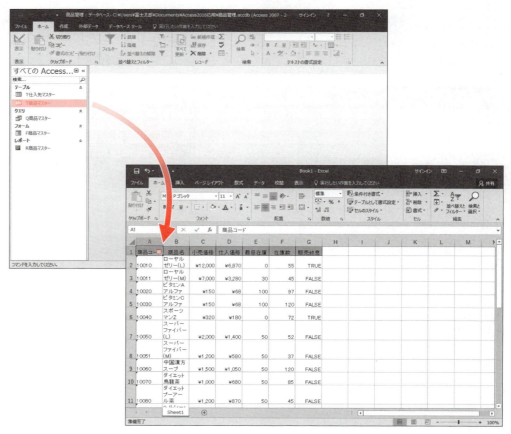

2 Wordへのエクスポート

AccessのデータをWordにエクスポートすると、差し込みデータや表として利用できます。テーブル**「T仕入先マスター」**の**「仕入先名」**フィールドをWord文書**「事務所移転レポート.docx」**の宛先部分に1件ずつ差し込みましょう。

●事務所移転レポート.docx

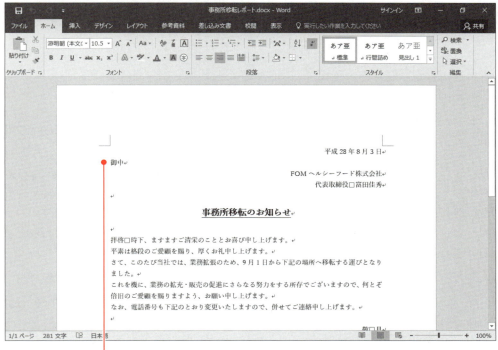

「仕入先名」フィールドを差し込む

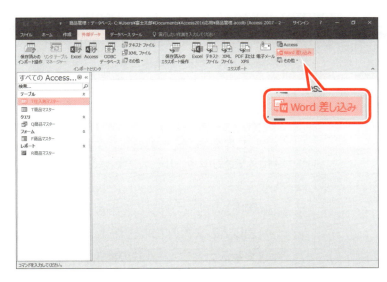

①ナビゲーションウィンドウのテーブル**「T仕入先マスター」**を選択します。

②**《外部データ》**タブを選択します。

③**《エクスポート》**グループの Word差し込み（Office Links）をクリックします。

250

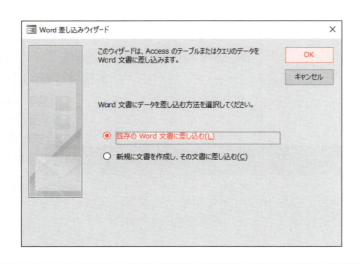

《Word差し込みウィザード》が表示されます。
④《既存のWord文書に差し込む》を◉にします。
⑤《OK》をクリックします。

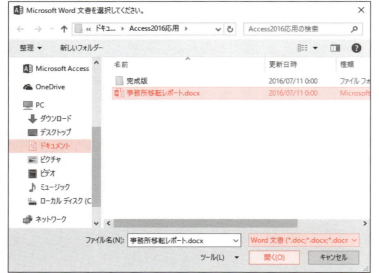

《Microsoft Word文書を選択してください。》ダイアログボックスが表示されます。
⑥左側の一覧から《ドキュメント》を選択します。
※《ドキュメント》が表示されていない場合は、《PC》をダブルクリックします。
⑦右側の一覧から「Access2016応用」を選択します。
⑧《開く》をクリックします。
⑨「事務所移転レポート.docx」を選択します。
⑩《Word文書》になっていることを確認します。
⑪《開く》をクリックします。

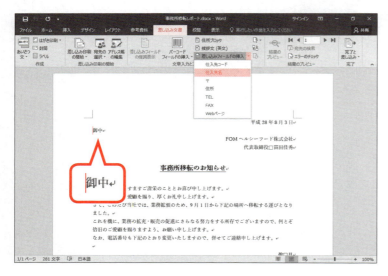

Wordが自動的に起動し、「事務所移転レポート.docx」が表示されます。
⑫タスクバーの「事務所移転レポート.docx」をクリックします。
※《差し込み印刷》作業ウィンドウの ✕ （閉じる）をクリックして、作業ウィンドウを非表示にしておきましょう。
「仕入先名」フィールドを差し込む位置を指定します。
⑬「御中」の前にカーソルを移動します。
⑭《差し込み文書》タブを選択します。
⑮《文章入力とフィールドの挿入》グループの 差し込みフィールドの挿入 （差し込みフィールドの挿入）の ▼ をクリックします。
⑯「仕入先名」をクリックします。

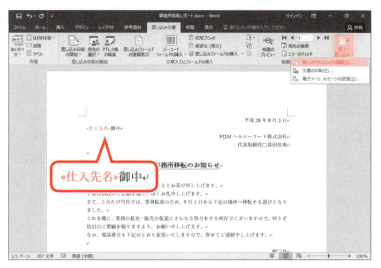

データを差し込むフィールドが配置されます。
※このフィールドを「差し込みフィールド」といいます。
差し込みフィールドにデータを差し込みます。
⑰《完了》グループの (完了と差し込み)をクリックします。
⑱《個々のドキュメントの編集》をクリックします。

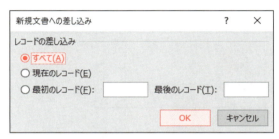

《新規文書への差し込み》ダイアログボックスが表示されます。
⑲《すべて》を◉にします。
⑳《OK》をクリックします。

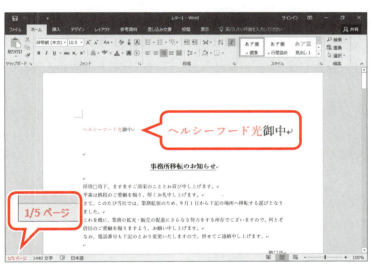

差し込みフィールドに「仕入先名」フィールドのデータが1件ずつ差し込まれます。
㉑差し込みフィールドに仕入先名が表示され、レコード数と同じページ数の文書が作成されていることを確認します。
※すべての文書を保存せずに閉じておきましょう。
※Wordを終了しておきましょう。

Step 5 データベースを最適化/修復する

1 データベースの最適化と修復

Accessでは、オブジェクトを編集したり削除したりする操作を繰り返しているとデータベースが断片化され、ディスク領域が効率よく使用できなくなります。データベースを**「最適化」**すると、ディスク領域の無駄な部分を省いてデータベース内のデータが連続的に配置されます。その結果、ファイルサイズが小さくなり、処理速度が向上します。

●最適化のイメージ

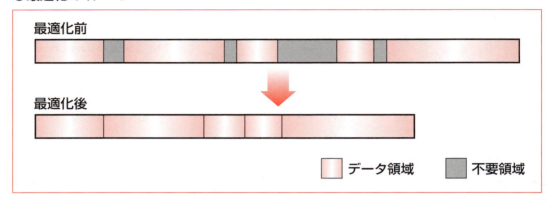

また、Accessが正しく終了しなかったり、Accessが予期しない動作をしたりした場合に、データベースが破損してしまうことがあります。データベースを**「修復」**すると、破損箇所を可能な限り修復できます。

データベースの最適化と修復は、同時に行われます。データベース**「商品管理.accdb」**の最適化と修復を行いましょう。

※フォルダー「Access2016応用」を開いて、データベース「商品管理.accdb」のファイルサイズを確認しておきましょう。

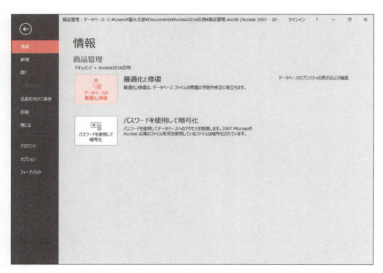

①《ファイル》タブを選択します。

②《情報》をクリックします。

③《データベースの最適化/修復》をクリックします。

データベースの最適化と修復が行われます。

※データベース「商品管理.accdb」を閉じておきましょう。

※フォルダー「Access2016応用」を開いて、データベース「商品管理.accdb」のファイルサイズを確認しておきましょう。

 自動的に最適化する

データベースを閉じるときに、データベースを自動的に最適化するように設定できます。

◆《ファイル》タブ→《オプション》→《現在のデータベース》→《アプリケーションオプション》の《☑閉じるときに最適化する》

第11章 便利な機能

253

POINT ▶▶▶

データベースのバックアップ

データベースを修復してもデータベースがもとに戻らない場合や、誤ってデータベースを削除したり、パソコンのトラブルによってデータベースが扱えなくなったりする場合に備えて、データベースのバックアップを作成しておきましょう。
データベースをバックアップする方法は、次のとおりです。

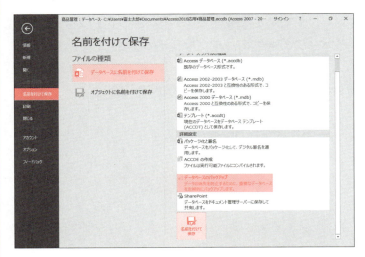

①バックアップするデータベースを開きます。
②《ファイル》タブを選択します。
③《名前を付けて保存》をクリックします。
④《ファイルの種類》の《データベースに名前を付けて保存》をクリックします。
⑤《データベースに名前を付けて保存》の《詳細設定》の《データベースのバックアップ》をクリックします。
⑥《名前を付けて保存》をクリックします。

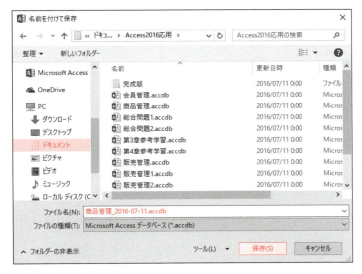

《名前を付けて保存》ダイアログボックスが表示されます。
⑦保存先を指定します。
⑧《ファイル名》を指定します。
⑨《保存》をクリックします。

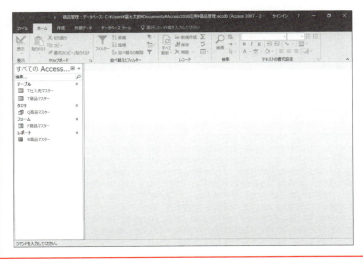

バックアップファイルが保存され、データベースウィンドウに戻ります。
※バックアップ後、データベースウィンドウに表示されているのは、もとのデータベースです。

Step 6 データベースを保護する

1 データベースのセキュリティ

不特定多数のユーザーがデータベースを利用する場合は、データベースにパスワードを設定してユーザーを限定したり、データベースの機能の一部に制限をかけたりして、セキュリティを高めるようにしましょう。
データベースのセキュリティを高める方法には、次のようなものがあります。

●パスワードの設定
●起動時の設定
●ACCDEファイルの作成

2 パスワードの設定

データベースにパスワードを設定すると、データベースが暗号化され、データベースを開く際にパスワードの入力が要求されます。正しいパスワードを入力しなければ、データベースを開くことができません。
パスワードを設定するには、データベースを排他モードで開きます。
「排他モード」とは、ひとりのユーザーがデータベースを開いている間は、ほかのユーザーがそのデータベースを利用できない状態のことです。
データベースにパスワードを設定しましょう。

1 パスワードの設定

データベース「**商品管理.accdb**」にパスワード「**password**」を設定しましょう。

データベースを排他モードで開きます。
①《**ファイル**》タブを選択します。
②《**開く**》をクリックします。
③《**参照**》をクリックします。

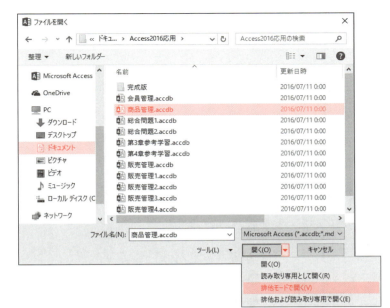

《ファイルを開く》ダイアログボックスが表示されます。

④左側の一覧から《ドキュメント》を選択します。
※《ドキュメント》が表示されていない場合は、《PC》をダブルクリックします。
⑤右側の一覧から「Access2016応用」を選択します。
⑥《開く》をクリックします。
⑦一覧から「商品管理.accdb」を選択します。
⑧《開く》の▼をクリックし、一覧から《排他モードで開く》を選択します。

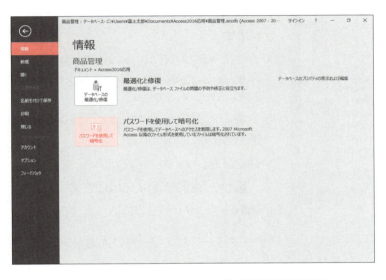

データベースが排他モードで開かれます。
パスワードを設定します。
⑨《ファイル》タブを選択します。
⑩《情報》をクリックします。
⑪《パスワードを使用して暗号化》をクリックします。

《データベースパスワードの設定》ダイアログボックスが表示されます。
⑫《パスワード》に「password」と入力します。
※パスワードを入力すると、1文字ごとに「＊（アスタリスク）」が表示されます。
※大文字と小文字が区別されます。注意して入力しましょう。
⑬《確認》に「password」と入力します。
⑭《OK》をクリックします。

図のような確認のメッセージが表示されます。
⑮《OK》をクリックします。
※Accessでは、行レベルのロックを設定できますが、データベースにパスワードを設定した場合、その設定が無視されます。
※データベースを閉じておきましょう。

パスワード
設定するパスワードは推測されにくいものにしましょう。次のようなパスワードは推測されやすいので、避けた方がよいでしょう。

- ●本人の誕生日
- ●従業員番号や会員番号
- ●すべて同じ数字
- ●意味のある英単語　　など

---

2 パスワードの設定の確認

データベースにパスワードが設定されていることを確認しましょう。

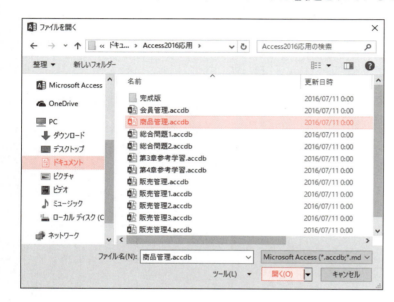

①《ファイル》タブを選択します。
②《開く》をクリックします。
③《参照》をクリックします。
《ファイルを開く》ダイアログボックスが表示されます。
④左側の一覧から《ドキュメント》を選択します。
※《ドキュメント》が表示されていない場合は、《PC》をダブルクリックします。
⑤右側の一覧から「Access2016応用」を選択します。
⑥《開く》をクリックします。
⑦一覧から「商品管理.accdb」を選択します。
⑧《開く》をクリックします。

《データベースパスワードの入力》ダイアログボックスが表示されます。

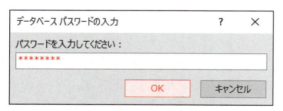

⑨《パスワードを入力してください》に「password」と入力します。
※入力したパスワードは「*」で表示されます。
⑩《OK》をクリックします。

データベースが開かれます。
※データベースを閉じておきましょう。

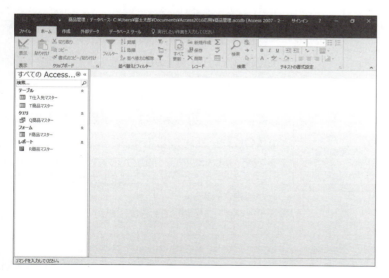

3 パスワードの解除

データベースに設定したパスワードを解除しましょう。
パスワードを解除するには、データベースを排他モードで開きます。

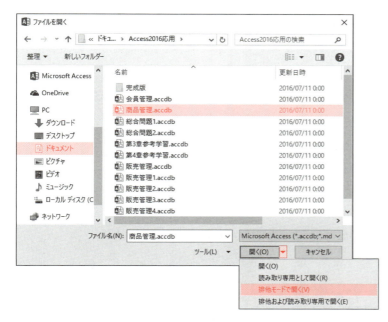

①《ファイル》タブを選択します。
②《開く》をクリックします。
③《参照》をクリックします。
《ファイルを開く》ダイアログボックスが表示されます。
④左側の一覧から《ドキュメント》を選択します。
※《ドキュメント》が表示されていない場合は、《PC》をダブルクリックします。
⑤右側の一覧から「**Access2016応用**」を選択します。
⑥《開く》をクリックします。
⑦一覧から「**商品管理.accdb**」を選択します。
⑧《開く》の▼をクリックし、一覧から《**排他モードで開く**》を選択します。

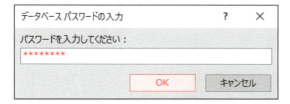

《データベースパスワードの入力》ダイアログボックスが表示されます。
⑨《パスワードを入力してください》に「**password**」と入力します。
※入力したパスワードは「*」で表示されます。
⑩《OK》をクリックします。

データベースが排他モードで開かれます。
パスワードを解除します。
⑪《ファイル》タブを選択します。
⑫《情報》をクリックします。
⑬《**データベースの解読**》をクリックします。

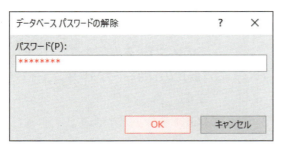

《データベースパスワードの解除》ダイアログボックスが表示されます。
⑭《パスワード》に「**password**」と入力します。
※入力したパスワードは「*」で表示されます。
⑮《OK》をクリックします。
※データベースを閉じておきましょう。
※データベースを開いて、パスワードが解除されていることを確認しましょう。

3 起動時の設定

データベースを開くときに、特定のフォームを開いたり、メニューやリボンなどを非表示にしたりできます。
これにより、ユーザーが誤ってオブジェクトのデザインを変更してしまうことを防げます。

1 起動時の設定

データベースを開くときの設定を、次のように変更しましょう。

●自動的にフォーム「F商品マスター」を開く
●ナビゲーションウィンドウを表示しない
●リボンやクイックアクセスツールバーで最低限のコマンドだけが表示される
●ショートカットメニューを表示しない

①《ファイル》タブを選択します。
②《オプション》をクリックします。

《Accessのオプション》ダイアログボックスが表示されます。

③左側の一覧から《現在のデータベース》を選択します。
④《アプリケーションオプション》の《フォームの表示》の▼をクリックし、一覧から「F商品マスター」を選択します。
⑤《ナビゲーション》の《ナビゲーションウィンドウを表示する》を□にします。
※表示されていない場合は、スクロールして調整します。
⑥《リボンとツールバーのオプション》の《すべてのメニューを表示する》を□にします。
⑦《既定のショートカットメニュー》を□にします。
⑧《OK》をクリックします。

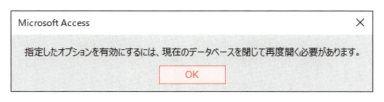

図のような確認のメッセージが表示されます。

⑨《OK》をクリックします。

※データベースを閉じておきましょう。

2 起動時の設定の確認

データベースを開き、起動時の設定がされていることを確認しましょう。

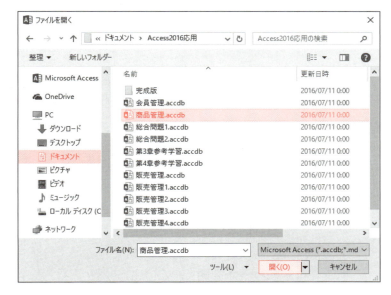

①《ファイル》タブを選択します。

②《開く》をクリックします。

③《参照》をクリックします。

《ファイルを開く》ダイアログボックスが表示されます。

④左側の一覧から《ドキュメント》を選択します。

※《ドキュメント》が表示されていない場合は、《PC》をダブルクリックします。

⑤右側の一覧から「Access2016応用」を選択します。

⑥《開く》をクリックします。

⑦一覧から「商品管理.accdb」を選択します。

⑧《開く》をクリックします。

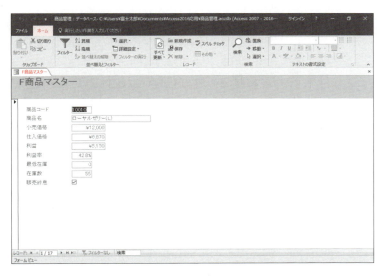

データベースが開かれます。

⑨フォーム「F商品マスター」が開かれていることを確認します。

⑩ナビゲーションウィンドウが非表示になっていることを確認します。

⑪リボンやクイックアクセスツールバーに最低限のコマンドだけが表示されていることを確認します。

※《ホーム》タブの一部のコマンドだけが有効になっており、《作成》タブや《外部データ》タブなど他のタブが非表示になっています。

⑫フォーム内を右クリックし、ショートカットメニューが表示されないことを確認します。

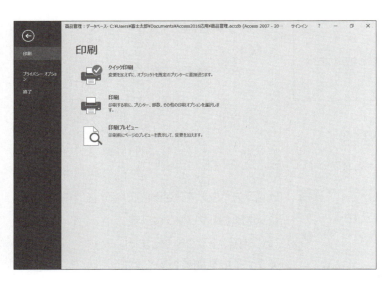

⑬《ファイル》タブを選択します。
⑭最低限のメニューだけが表示されていることを確認します。
※Accessを終了しておきましょう。

3 起動時の設定の解除

起動時の設定を解除するには、Shiftを押しながらデータベースを開いて、設定をもとに戻します。起動時の設定を解除しましょう。
※Accessを起動しておきましょう。

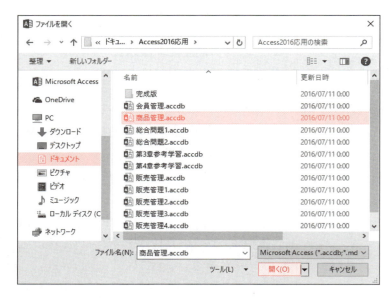

①《他のファイルを開く》をクリックします。
②《参照》をクリックします。
《ファイルを開く》ダイアログボックスが表示されます。
③左側の一覧から《ドキュメント》を選択します。
※《ドキュメント》が表示されていない場合は、《PC》をダブルクリックします。
④右側の一覧から「Access2016応用」を選択します。
⑤《開く》をクリックします。
⑥一覧から「商品管理.accdb」を選択します。
⑦Shiftを押しながら、《開く》をクリックします。

データベースが開かれます。
設定をもとに戻します。
⑧《ファイル》タブを選択します。
⑨《オプション》をクリックします。

《Accessのオプション》ダイアログボックスが表示されます。

⑩左側の一覧から《現在のデータベース》を選択します。

⑪《アプリケーションオプション》の《フォームの表示》の▼をクリックし、一覧から《(表示しない)》を選択します。

⑫《ナビゲーション》の《ナビゲーションウィンドウを表示する》を☑にします。

※表示されていない場合は、スクロールして調整します。

⑬《リボンとツールバーのオプション》の《すべてのメニューを表示する》を☑にします。

⑭《既定のショートカットメニュー》を☑にします。

⑮《OK》をクリックします。

図のような確認のメッセージが表示されます。

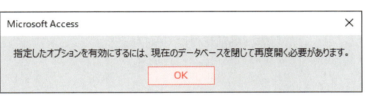

⑯《OK》をクリックします。

※データベースを閉じ、再度開いて起動時の設定が解除されていることを確認しましょう。

4 ACCDEファイルの作成

Accessのデータベースを「ACCDEファイル」として保存すると、フォームやレポートを作成したり、変更したりできなくなります。不特定多数のユーザーがデータベースを利用する場合、ACCDEファイルで運用すると、不用意にデザインやプロパティを変更されることがありません。

1 ACCDEファイルの作成

「商品管理（実行）.accde」という名前でACCDEファイルとして保存しましょう。

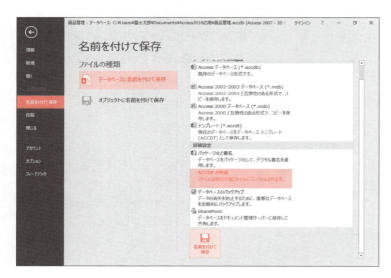

①《ファイル》タブを選択します。
②《名前を付けて保存》をクリックします。
③《ファイルの種類》の《データベースに名前を付けて保存》をクリックします。
④《データベースに名前を付けて保存》の《詳細設定》の《ACCDEの作成》をクリックします。
⑤《名前を付けて保存》をクリックします。

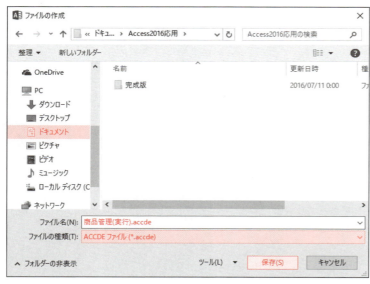

《ファイルの作成》ダイアログボックスが表示されます。
⑥左側の一覧から《ドキュメント》を選択します。
※《ドキュメント》が表示されていない場合は、《PC》をダブルクリックします。
⑦右側の一覧から「Access2016応用」を選択します。
⑧《開く》をクリックします。
⑨《ファイル名》に「商品管理（実行）.accde」と入力します。
※「.accde」は省略できます。
⑩《ファイルの種類》が《ACCDEファイル（*.accde）》になっていることを確認します。
⑪《保存》をクリックします。

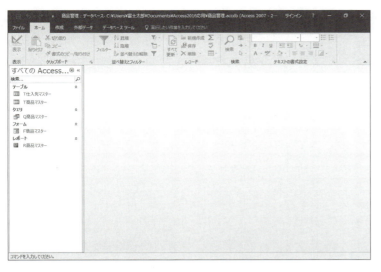

ACCDEファイルが作成され、データベースウィンドウに戻ります。
※データベースウィンドウに表示されているのは、もとのデータベース「商品管理.accdb」です。
※データベースを閉じておきましょう。

2 ACCDEファイルの確認

作成したACCDEファイル「**商品管理(実行).accde**」を開き、確認しましょう。

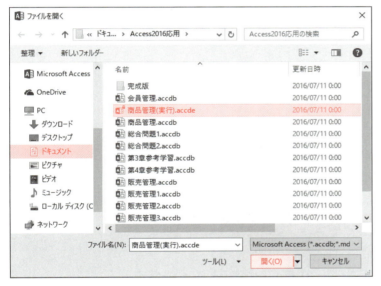

①《ファイル》タブを選択します。
②《開く》をクリックします。
③《参照》をクリックします。
《ファイルを開く》ダイアログボックスが表示されます。
④左側の一覧から《ドキュメント》を選択します。
※《ドキュメント》が表示されていない場合は、《PC》をダブルクリックします。
⑤右側の一覧から「**Access2016応用**」を選択します。
⑥《開く》をクリックします。
⑦一覧から「**商品管理(実行).accde**」を選択します。
⑧《開く》をクリックします。
《Microsoft Accessのセキュリティに関する通知》ダイアログボックスが表示されます。
⑨《開く》をクリックします。

264

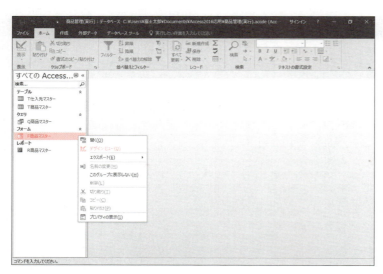

ACCDEファイルが開かれます。
⑩ナビゲーションウィンドウのフォーム**「F商品マスター」**を右クリックします。
⑪《デザインビュー》が淡色で表示され、クリックできないことを確認します。

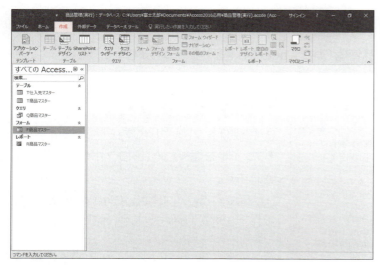

⑫《作成》タブを選択します。
⑬フォームやレポートの新規作成のボタンが淡色で表示され、クリックできないことを確認します。
※データベースを閉じておきましょう。

> **POINT ▶▶▶**
>
> **アイコンの違い**
> 通常のAccessファイルとACCDEファイルでは、アイコンが次のように異なります。
> 　　通常のAccessファイル（拡張子「.accdb」）
> 　　ACCDEファイル（拡張子「.accde」）

Exercise

総合問題

| 総合問題1 | 宿泊予約管理データベースの作成 | 267 |
| 総合問題2 | アルバイト勤怠管理データベースの作成 | 278 |

総合問題1　宿泊予約管理データベースの作成

解答 ▶ 別冊P.1

宿泊施設の予約状況を管理するデータベースを作成しましょう。

●目的
ある宿泊施設を例に、次のデータを管理します。

・コテージに関するデータ（棟コード、地区、タイプ、ベッド数、基本料金など）
・予約受付状況に関するデータ（受付日、棟コード、宿泊日、人数、予約名など）

●テーブルの設計
次の3つのテーブルに分類して、データを格納します。

File OPEN　データベース「総合問題1.accdb」を開いておきましょう。
また、《セキュリティの警告》メッセージバーの《コンテンツの有効化》をクリックしておきましょう。

1　テーブルの活用

●Tコテージマスター

①テーブル「Tコテージマスター」をデザインビューで開き、「地区」フィールドをルックアップフィールドにしましょう。次のように表示する値を設定し、それ以外は既定のままとします。

```
Col1（1行目）：伊豆高原
Col1（2行目）：清里
Col1（3行目）：勝浦
Col1（4行目）：軽井沢
Col1（5行目）：修善寺
ラベル        ：地区
```

Hint ルックアップウィザードを使用し、《表示する値をここで指定する》を◉にして値を設定します。

②「タイプ」フィールドをルックアップフィールドにしましょう。次のように設定し、それ以外は既定のままとします。

```
テーブルの値を表示する
データ入力時に参照するテーブル    ：Tタイプマスター
データ入力時に表示するフィールド：タイプ
ラベル                          ：タイプ
```

※データシートビューに切り替えて、結果を確認しましょう。
※テーブルを閉じておきましょう。

●リレーションシップウィンドウ

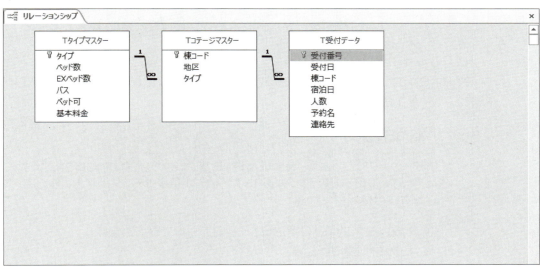

③次のようにリレーションシップを設定しましょう。

主テーブル	関連テーブル	共通フィールド	参照整合性
Tタイプマスター	Tコテージマスター	タイプ	あり
Tコテージマスター	T受付データ	棟コード	あり

Hint ②の操作により、テーブル「Tタイプマスター」とテーブル「Tコテージマスター」の間には自動的にリレーションシップが設定されています。すでに設定されたリレーションシップを変更する場合は、結合線をダブルクリックします。

Hint リレーションシップウィンドウにフィールドリストを追加する場合は、（テーブルの表示）を使います。

※リレーションシップウィンドウのレイアウトを上書き保存し、閉じておきましょう。

268

2 クエリの活用

●Q宿泊日

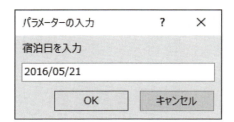

④テーブル「**T受付データ**」をもとに、クエリを作成しましょう。すべてのフィールドをデザイングリッドに登録します。

⑤クエリを実行するたびに次のメッセージを表示させ、指定した宿泊日のレコードを抽出するように設定しましょう。

> 宿泊日を入力

※データシートビューに切り替えて、結果を確認しましょう。任意の宿泊日を指定します。「2016/03/01」～「2016/06/30」のデータがあります。テーブル「T受付データ」に入力されていない宿泊日のレコードは抽出されません。

⑥作成したクエリに「**Q宿泊日**」と名前を付けて保存しましょう。
※クエリを閉じておきましょう。

●Q希望地区・宿泊人数

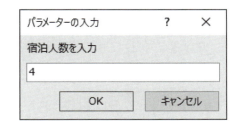

⑦テーブル「Tコテージマスター」とテーブル「Tタイプマスター」をもとに、クエリを作成しましょう。次の順番でフィールドをデザイングリッドに登録します。

テーブル	フィールド
Tコテージマスター	棟コード
〃	地区
Tタイプマスター	ベッド数
〃	EXベッド数
〃	バス
〃	ペット可
〃	基本料金

⑧クエリを実行するたびに次のメッセージを表示させ、指定した地区のレコードを抽出するように設定しましょう。

希望地区を入力

⑨「EXベッド数」フィールドの右に「収容人数」フィールドを作成しましょう。「ベッド数」と「EXベッド数」の合計を求め、「〇名」の形式で表示するように設定します。

⑩クエリを実行するたびに次のメッセージを表示させ、指定した人数以上の収容が可能なレコードを抽出するように設定しましょう。

宿泊人数を入力

Hint　パラメーターと比較演算子を組み合わせて抽出条件を入力します。

※データシートビューに切り替えて、結果を確認しましょう。任意の希望地区と宿泊人数を指定しましょう。宿泊人数は、「7」名までのデータがあります。

⑪作成したクエリに「Q希望地区・宿泊人数」と名前を付けて保存しましょう。
※クエリを閉じておきましょう。

●Q空き状況一覧

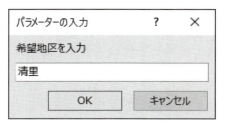
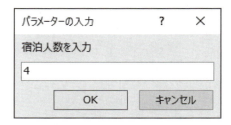

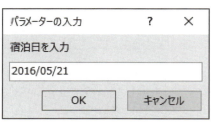

⑫不一致クエリを作成しましょう。希望地区および宿泊人数の条件に合致し、かつ指定された日に予約が入っていないレコードを抽出します。次のように設定し、それ以外は既定のままとします。

レコードを抽出するクエリ	: Q希望地区・宿泊人数
比較に使うクエリ	: Q宿泊日
共通するフィールド	: 棟コード
クエリの結果に表示するフィールド	: すべてのフィールド
クエリ名	: Q空き状況一覧

※作成後、クエリが実行されます。任意の希望地区、宿泊人数、宿泊日を指定しましょう。宿泊人数は「7」名まで、宿泊日は「2016/03/01」～「2016/06/30」のデータがあります。テーブル「T受付データ」に入力されていない宿泊日のレコードは抽出されません。
※クエリを閉じておきましょう。

3 レポートの活用

●R空き状況一覧

空き状況一覧					宿泊日：	2016/05/21
					件数：	5件
棟コード	地区	ベッド数	収容人数	バス	ペット可	基本料金
KS102	清里	2	4名	あり	☐	¥11,000
KS104	清里	2	4名	サウナ付き	☐	¥15,000
KS201	清里	4	5名	あり	☑	¥25,800
KS203	清里	4	6名	あり	☐	¥31,500
KS302	清里	7	7名	あり	☑	¥38,000

2016年5月1日　　　　　　　　　　　　　　　　　　　　　　1/1 ページ

⑬ レポートウィザードを使って、レポートを作成しましょう。次のように設定し、それ以外は既定のままとします。

```
もとになるクエリ     ：Q空き状況一覧
選択するフィールド   ：「EXベッド数」以外のフィールド
データの表示方法     ：byTコテージマスター
レイアウト           ：表形式
印刷の向き           ：縦
レポート名           ：R空き状況一覧
```

※作成後、クエリが実行されます。任意の希望地区、宿泊人数、宿泊日を指定しましょう。宿泊人数は「7」名まで、宿泊日は「2016/03/01」～「2016/06/30」のデータがあります。テーブル「T受付データ」に入力されていない宿泊日のレコードは抽出されません。
※レイアウトビューに切り替えておきましょう。

⑭ タイトルの「**R空き状況一覧**」を「**空き状況一覧**」に変更しましょう。

⑮「**基本料金**」を基準に昇順に並べ替えるように設定しましょう。
※デザインビューに切り替えておきましょう。

⑯《**レポートヘッダー**》セクションに、テキストボックスを作成しましょう。次のメッセージを表示させ、指定した宿泊日を表示するように設定します。また、ラベルを「**宿泊日：**」に変更します。

```
宿泊日を入力
```

⑰《**レポートヘッダー**》セクションに、テキストボックスを作成しましょう。抽出したレコードの件数を「**○件**」の形式で表示するように設定します。また、ラベルを「**件数：**」に変更します。

Hint Count関数を使います。

⑱《レポートヘッダー》セクションの「[宿泊日を入力]」テキストボックスと「=Count（[棟コード]）」テキストボックスに、「宿泊日:」ラベルの書式をコピーしましょう。

Hint 書式を続けてコピーする場合は、（書式のコピー/貼り付け）をダブルクリックすると効率的に操作できます。

※レイアウトビューに切り替えておきましょう。任意の希望地区、宿泊人数、宿泊日を指定しましょう。宿泊人数は「7」名まで、宿泊日は「2016/03/01」～「2016/06/30」のデータがあります。

⑲完成図を参考にコントロールのサイズと配置を調整しましょう。
※印刷プレビューに切り替えて、結果を確認しましょう。
※レポートを上書き保存し、閉じておきましょう。

4 メイン・サブフォームの作成

●Q予約登録

棟コード	地区	ベッド数	EXベッド数	収容人数	バス	ペット可	基本料金
IZ101	伊豆高原	2	2	4名様	あり	☐	¥11,000
IZ102	伊豆高原	2	2	4名様	あり	☐	¥11,000
IZ103	伊豆高原	2	2	4名様	あり	☐	¥11,000
IZ104	伊豆高原	2	2	4名様	サウナ付き	☐	¥15,000
IZ105	伊豆高原	2	1	3名様	あり	☑	¥12,500
IZ201	伊豆高原	7	0	7名様	あり	☑	¥38,000
KS101	清里	2	2	4名様	あり	☐	¥11,000
KS102	清里	2	2	4名様	あり	☐	¥11,000
KS103	清里	2	2	4名様	サウナ付き	☐	¥15,000
KS104	清里	2	2	4名様	サウナ付き	☐	¥15,000
KS105	清里	2	1	3名様	あり	☑	¥12,500
KS201	清里	4	1	5名様	あり	☑	¥25,800
KS202	清里	4	2	6名様	サウナ付き	☐	¥28,000
KS203	清里	4	2	6名様	あり	☐	¥31,500
KS301	清里	7	0	7名様	あり	☑	¥38,000
KS302	清里	7	0	7名様	あり	☑	¥38,000
KS303	清里	7	0	7名様	サウナ付き	☐	¥42,800
KU101	勝浦	2	1	3名様	シャワーのみ	☐	¥7,800
KU102	勝浦	2	1	3名様	あり	☑	¥12,500
KU103	勝浦	2	1	3名様	あり	☑	¥12,500
KU201	勝浦	4	1	5名様	あり	☑	¥25,800
KU202	勝浦	4	1	5名様	あり	☑	¥25,800
KU203	勝浦	4	1	5名様	シャワーのみ	☑	¥22,000
KZ101	軽井沢	2	2	4名様	サウナ付き	☐	¥15,000
KZ102	軽井沢	2	2	4名様	サウナ付き	☐	¥15,000
KZ201	軽井沢	4	2	6名様	あり	☐	¥31,500
KZ202	軽井沢	4	2	6名様	サウナ付き	☐	¥28,000
KZ301	軽井沢	7	0	7名様	ジャグジーバス	☐	¥43,000
KZ302	軽井沢	7	0	7名様	ジャグジーバス	☐	¥43,000

⑳テーブル「Tコテージマスター」とテーブル「Tタイプマスター」をもとに、クエリを作成しましょう。次の順番でフィールドをデザイングリッドに登録し、「棟コード」を基準に昇順に並べ替えるように設定します。

テーブル	フィールド
Tコテージマスター	棟コード
〃	地区
Tタイプマスター	ベッド数
〃	EXベッド数
〃	バス
〃	ペット可
〃	基本料金

㉑「EXベッド数」フィールドの右に「**収容人数**」フィールドを作成しましょう。「**ベッド数**」と「**EXベッド数**」の合計を求め、「**○名様**」の形式で表示するように設定します。

※データシートビューに切り替えて、結果を確認しましょう。

㉒作成したクエリに「**Q予約登録**」と名前を付けて保存しましょう。

※クエリを閉じておきましょう。

●F予約登録（メインフォーム）

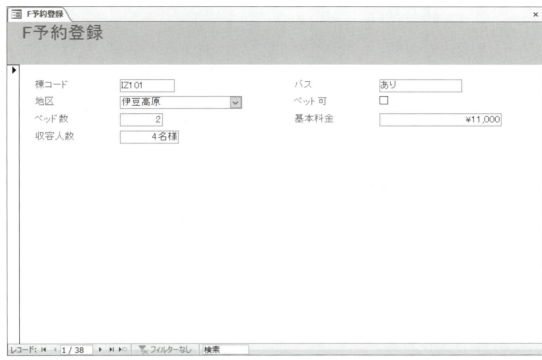

㉓フォームウィザードを使って、フォームを作成しましょう。次のように設定し、それ以外は既定のままとします。

もとになるクエリ	：Q予約登録
選択するフィールド	：「EXベッド数」以外のフィールド
レイアウト	：単票形式
フォーム名	：F予約登録

※レイアウトビューに切り替えておきましょう。

㉔完成図を参考にコントロールの配置を調整しましょう。

※フォームビューに切り替えて、結果を確認しましょう。
※フォームを上書き保存し、閉じておきましょう。

●Q予約登録サブ

受付番号	受付日	棟コード	宿泊日	人数	ベッド数	追加ベッド数	基本料金	料金	予約名	連絡先
8	2016/01/23	IZ101	2016/03/01	2	2	0台	¥11,000	¥11,000	坂崎 亮平	047-237-XXXX
5	2016/01/15	IZ201	2016/03/04	6	7	0台	¥38,000	¥38,000	久保島 隆	048-228-XXXX
6	2016/01/18	KS105	2016/03/04	2	2	0台	¥12,500	¥12,500	高村 久美子	03-2673-XXXX
7	2016/01/18	KU202	2016/03/05	4	4	0台	¥25,800	¥25,800	沢村 みずほ	048-223-XXXX
2	2016/01/06	KZ301	2016/03/05	7	7	0台	¥43,000	¥43,000	堂島 悟	03-3839-XXXX
29	2016/02/15	KS303	2016/03/05	6	7	0台	¥42,800	¥42,800	国吉 ゆかり	03-3390-XXXX
30	2016/02/15	KS303	2016/03/06	6	7	0台	¥42,800	¥42,800	国吉 ゆかり	03-3390-XXXX
23	2016/02/13	IZ105	2016/03/07	2	2	0台	¥12,500	¥12,500	松本 恭子	047-2337-XXXX
3	2016/01/11	IZ103	2016/03/12	2	2	0台	¥11,000	¥11,000	大森 芳昭	044-262-XXXX
1	2016/01/05	IZ101	2016/03/12	3	2	1台	¥11,000	¥14,000	吉田 佳代子	045-426-XXXX
14	2016/02/08	KZ102	2016/03/12	2	2	0台	¥15,000	¥15,000	町田 洋子	03-6288-XXXX
24	2016/02/13	KS105	2016/03/13	2	2	0台	¥12,500	¥12,500	坪内 美砂	090-6239-XXXX
4	2016/01/13	KS102	2016/03/19	4	2	2台	¥11,000	¥17,000	石山 秀子	055-238-XXXX
16	2016/02/10	KS103	2016/03/19	6	7	0台	¥43,000	¥43,000	山田 荘平	0267-28-XXXX
22	2016/02/13	KZ102	2016/03/25	3	2	1台	¥15,000	¥18,000	中村 哲也	045-426-XXXX
47	2016/02/22	KS101	2016/03/25	2	2	0台	¥11,000	¥11,000	渡辺 遠次	090-3821-XXXX
60	2016/03/04	KZ303	2016/03/25	5	7	0台	¥42,800	¥42,800	堀内 光彦	047-235-XXXX
36	2016/02/17	SZ201	2016/03/25	4	4	0台	¥32,000	¥32,000	小林 健志	090-3719-XXXX
53	2016/02/25	KZ202	2016/03/25	4	4	0台	¥28,000	¥28,000	坂上 正英	090-1158-XXXX
48	2016/02/23	SZ101	2016/03/25	2	2	0台	¥13,800	¥13,800	佐藤 香苗	03-3668-XXXX
17	2016/02/10	KS203	2016/04/01	4	4	0台	¥31,500	¥31,500	若山 美津枝	090-6290-XXXX
10	2016/02/01	IZ201	2016/04/01	6	7	0台	¥38,000	¥38,000	横山 聡子	090-2283-XXXX
18	2016/02/11	IZ102	2016/04/01	2	2	0台	¥11,000	¥11,000	沢村 幸一	090-5139-XXXX
19	2016/02/12	IZ103	2016/04/01	3	2	1台	¥11,000	¥14,000	市田 真奈美	090-1519-XXXX
20	2016/02/12	KS101	2016/04/02	3	2	1台	¥11,000	¥14,000	西野 聡	042-828-XXXX
76	2016/03/13	KZ301	2016/04/02	5	7	0台	¥43,000	¥43,000	竹内 千晶	090-2356-XXXX
77	2016/03/13	SZ302	2016/04/02	6	7	0台	¥43,000	¥43,000	清水 康祐	0467-31-XXXX
63	2016/03/05	IZ105	2016/04/02	2	2	0台	¥12,500	¥12,500	久本 綾	03-3509-XXXX
57	2016/03/01	KS302	2016/04/02	6	7	0台	¥38,000	¥38,000	溝渕 幸一	090-2563-XXXX

㉕ テーブル「Tコテージマスター」「Tタイプマスター」「T受付データ」をもとに、クエリを作成しましょう。次の順番でフィールドをデザイングリッドに登録し、「宿泊日」を基準に昇順に並べ替えるように設定します。

テーブル	フィールド
T受付データ	受付番号
〃	受付日
〃	棟コード
〃	宿泊日
〃	人数
Tタイプマスター	ベッド数
〃	基本料金
T受付データ	予約名
〃	連絡先

㉖「ベッド数」フィールドの右に「追加ベッド数」フィールドを作成しましょう。ベッド数が人数よりも多い場合は「0」を、そうでなければ人数からベッド数を引いた値を、「0台」の形式で表示するように設定します。

Hint IIF関数を使います。

㉗「基本料金」フィールドの右に「料金」フィールドを作成しましょう。追加ベッド1台につき3,000円を基本料金に追加した値を表示するように設定します。
※データシートビューに切り替えて、結果を確認しましょう。列幅を調整しておきましょう。

㉘作成したクエリに「Q予約登録サブ」と名前を付けて保存しましょう。
※クエリを閉じておきましょう。

●F予約登録サブ（サブフォーム）

㉙ フォームウィザードを使って、フォームを作成しましょう。次のように設定し、それ以外は既定のままとします。

もとになるクエリ	：Q予約登録サブ
選択するフィールド	：「棟コード」「ベッド数」「基本料金」以外のフィールド
レイアウト	：表形式
フォーム名	：F予約登録サブ

※レイアウトビューに切り替えておきましょう。

㉚ 完成図を参考にコントロールのサイズと配置を調整しましょう。

※フォームビューに切り替えて、結果を確認しましょう。

※フォームを上書き保存し、閉じておきましょう。

●F予約登録（メイン・サブフォーム）

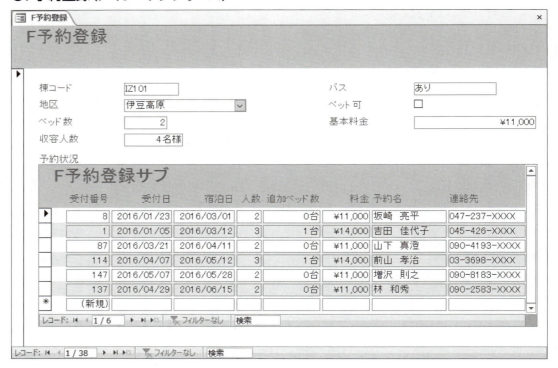

㉛サブフォームウィザードを使って、サブフォームを組み込みましょう。次のように設定し、それ以外は既定のままとします。

メインフォーム	：F予約登録
サブフォーム	：F予約登録サブ
リンクするフィールド	：一覧から選択する（棟コード）
サブフォームの名前	：予約状況

※フォームビューに切り替えて、結果を確認しましょう。
※レイアウトビューに切り替えておきましょう。

㉜完成図を参考にコントロールのサイズと配置を調整しましょう。
※フォームを上書き保存しておきましょう。

㉝サブフォームの「**受付番号**」「**追加ベッド数**」「**料金**」の各テキストボックスを次のように設定しましょう。

使用可能	：いいえ
編集ロック	：はい

※フォームビューに切り替えて、結果を確認しましょう。
※フォームを上書き保存して閉じ、データベース「総合問題1.accdb」を閉じておきましょう。

| 総合問題2 | アルバイト勤怠管理データベースの作成 | 解答 ▶ 別冊P.7 |

アルバイトの勤怠状況を管理するデータベースを作成しましょう。

●目的

ある店舗を例に、次のデータを管理します。

- アルバイトに関するデータ（個人コード、氏名、登録日、職種コード、時間単価など）
- 職種に関するデータ（職種コード、職種区分）
- 勤務状況に関するデータ（勤務日、個人コード、出勤時刻、退勤時刻など）

●テーブルの設計

次の3つのテーブルに分類して、データを格納します。

T勤務状況 ─ Tアルバイトマスター ─ T職種マスター

File OPEN　データベース「総合問題2.accdb」を開いておきましょう。
　　　　　　　また、《セキュリティの警告》メッセージバーの《コンテンツの有効化》をクリックしておきましょう。

1 テーブルの活用

●Tアルバイトマスター

①テーブル「**Tアルバイトマスター**」をデザインビューで開き、「**氏名**」のふりがなが、自動的に「**フリガナ**」フィールドに全角カタカナで表示されるように設定しましょう。

②「〒」に対応する住所が、自動的に表示されるように設定しましょう。次のように設定し、それ以外は既定のままとします。

> 住所を入力するフィールド： 住所（住所1）
> 　　　　　　　　　　　　　建物名（住所2）

※テーブルを閉じておきましょう。

●リレーションシップウィンドウ

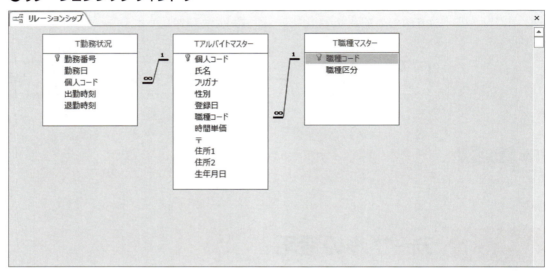

③次のようにリレーションシップを設定しましょう。

主テーブル	関連テーブル	共通フィールド	参照整合性
Tアルバイトマスター	T勤務状況	個人コード	あり
T職種マスター	Tアルバイトマスター	職種コード	あり

④テーブル「**Tアルバイトマスター**」とテーブル「**T勤務状況**」のリレーションシップに、連鎖削除を設定しましょう。

> **Hint** 既に設定されたリレーションシップを変更する場合は、結合線をダブルクリックします。

※リレーションシップウィンドウのレイアウトを上書き保存し、閉じておきましょう。

2 クエリの活用

●Q職種別登録アルバイト一覧

職種コード	職種区分	個人コード	氏名	年齢	登録日	時間単価
A	ホール係	1018	松田 容子	26歳	2014年5月2日	¥1,000
A	ホール係	1002	小幡 哲也	28歳	2012年4月20日	¥1,060
A	ホール係	1003	河野 有美	29歳	2012年9月29日	¥1,060
A	ホール係	1004	里中 尚子	25歳	2013年4月23日	¥1,010
A	ホール係	1006	立川 春香	25歳	2013年6月1日	¥1,070
A	ホール係	1007	加藤 幸彦	22歳	2013年7月20日	¥1,050
A	ホール係	1008	荻原 悟	25歳	2013年9月10日	¥1,030
A	ホール係	1010	秋田 嘉子	27歳	2013年10月5日	¥1,030
A	ホール係	1011	高原 昇	28歳	2013年11月30日	¥1,000
A	ホール係	1013	園田 ひとみ	26歳	2014年2月18日	¥1,000
A	ホール係	1014	古川 咲子	24歳	2014年2月28日	¥980
A	ホール係	1015	坂本 順	22歳	2014年3月18日	¥980
A	ホール係	1001	斉藤 優子	29歳	2012年3月3日	¥1,060
A	ホール係	1017	武智 平助	25歳	2014年4月15日	¥1,000
A	ホール係	1033	原田 保	24歳	2015年3月13日	¥910
A	ホール係	1026	伊藤 はるか	29歳	2014年12月19日	¥970
A	ホール係	1032	谷 利朗	23歳	2015年3月13日	¥910
A	ホール係	1031	水沢 健司	25歳	2015年3月9日	¥950
A	ホール係	1029	高橋 一	26歳	2015年2月27日	¥950
A	ホール係	1028	渋川 雄二	24歳	2015年2月10日	¥950
A	ホール係	1027	宮田 菊	27歳	2015年1月30日	¥970
A	ホール係	1019	三条 ゆかり	26歳	2014年6月10日	¥970
A	ホール係	1024	溝口 健一	29歳	2014年10月31日	¥970
A	ホール係	1023	高橋 沙織	23歳	2014年10月20日	¥950
A	ホール係	1021	藤堂 カナ	25歳	2014年7月15日	¥970
B	レジ係	1016	高杉 真輔	30歳	2014年4月1日	¥1,020
B	レジ係	1005	西田 まゆみ	24歳	2013年5月7日	¥1,040
B	レジ係	1020	阪田 有紀	27歳	2014年6月13日	¥990
B	レジ係	1009	三枝 美智子	24歳	2013年9月10日	¥1,030
C	洗い場	1025	斎藤 義則	28歳	2014年10月31日	¥940
C	洗い場	1012	石井 久	25歳	2014年2月1日	¥970
C	洗い場	1022	近藤 勲	29歳	2014年8月1日	¥940
C	洗い場	1030	小林 隆一	27歳	2015年2月27日	¥920

※実行する日付によって「年齢」フィールドの値は異なります。ここでは、2016年7月31日の日付で実行しています。

⑤テーブル「Tアルバイトマスター」とテーブル「T職種マスター」をもとに、クエリを作成しましょう。次の順番でフィールドをデザイングリッドに登録し、「職種コード」フィールドを基準に昇順に並べ替えるように設定します。

テーブル	フィールド
Tアルバイトマスター	職種コード
T職種マスター	職種区分
Tアルバイトマスター	個人コード
〃	氏名
〃	登録日
〃	時間単価

⑥「氏名」フィールドの右に「年齢」フィールドを作成しましょう。「生年月日」をもとに、今年何歳になるかを「○歳」の形式で表示するように設定します。
※データシートビューに切り替えて、結果を確認しましょう。

⑦作成したクエリに「Q職種別登録アルバイト一覧」と名前を付けて保存しましょう。
※クエリを閉じておきましょう。

3 アクションクエリの作成

●Q勤務状況作成(2015年度)

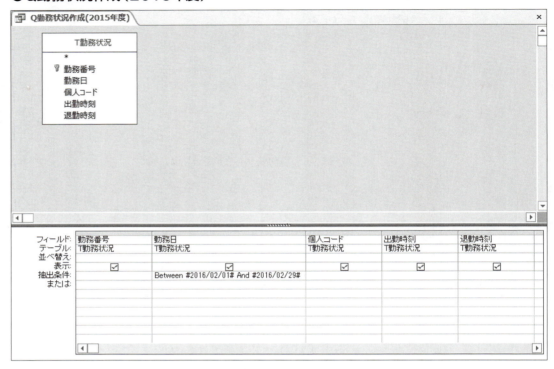

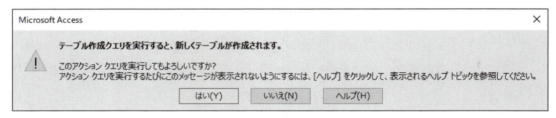

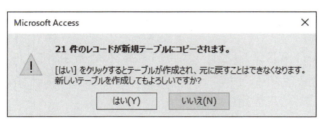

⑧テーブル「T勤務状況」をもとに、テーブル作成クエリを作成しましょう。すべてのフィールドをデザイングリッドに追加し、「2016/02/01」から「2016/02/29」のデータを新規テーブル「T勤務状況(2015年度)」にコピーするように設定します。
※データシートビューに切り替えて、結果を確認しましょう。

⑨作成したクエリに「Q勤務状況作成(2015年度)」と名前を付けて保存しましょう。
※クエリを閉じておきましょう。

⑩クエリ「Q勤務状況作成(2015年度)」を実行しましょう。
※テーブル「T勤務状況(2015年度)」を開いて、結果を確認しましょう。
※テーブルを閉じておきましょう。

総合問題

●Q勤務状況追加（2015年度）

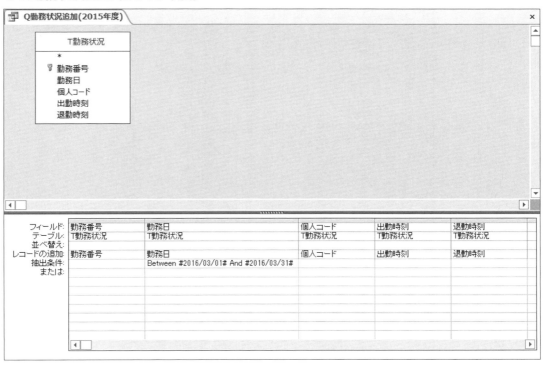

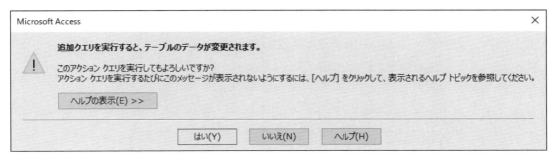

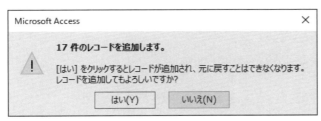

⑪クエリ「**Q勤務状況作成（2015年度）**」をデザインビューで開き、追加クエリに変更しましょう。「**2016/03/01**」から「**2016/03/31**」のデータをテーブル「**T勤務状況（2015年度）**」にコピーするように設定します。
※データシートビューに切り替えて、結果を確認しましょう。

⑫変更したクエリに「**Q勤務状況追加（2015年度）**」と名前を付けて保存しましょう。
※クエリを閉じておきましょう。

⑬クエリ「**Q勤務状況追加（2015年度）**」を実行しましょう。
※テーブル「T勤務状況（2015年度）」を開いて、結果を確認しましょう。
※テーブルを閉じておきましょう。

●Q勤務状況削除（2015年度）

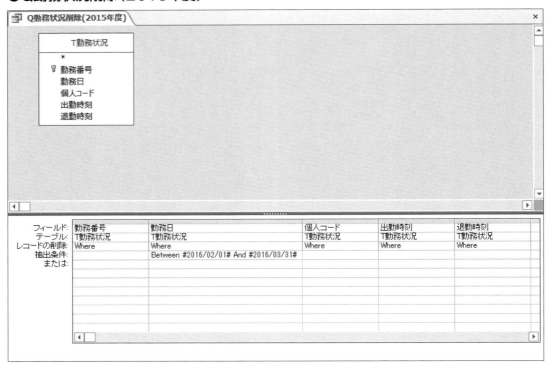

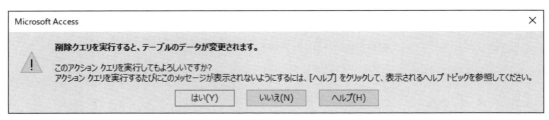

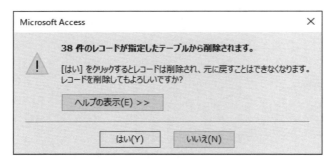

⑭ クエリ「**Q勤務状況作成（2015年度）**」をデザインビューで開き、削除クエリに変更しましょう。「**2016/02/01**」から「**2016/03/31**」のデータをテーブル「**T勤務状況**」から削除するように設定します。
※データシートビューに切り替えて、結果を確認しましょう。

⑮ 変更したクエリに「**Q勤務状況削除（2015年度）**」と名前を付けて保存しましょう。
※クエリを閉じておきましょう。

⑯ クエリ「**Q勤務状況削除（2015年度）**」を実行しましょう。
※テーブル「T勤務状況」を開いて、結果を確認しましょう。
※テーブルを閉じておきましょう。

●Q時間単価更新

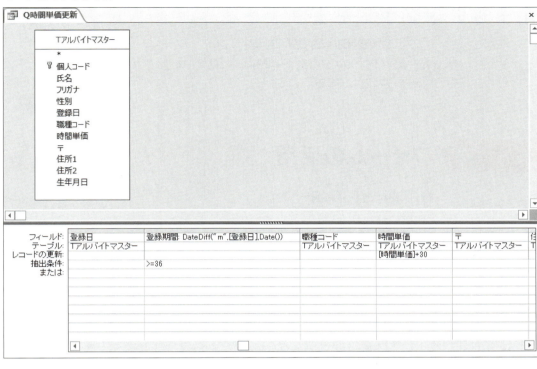

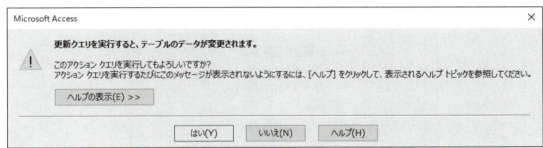

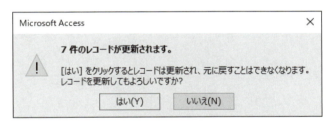

※実行する日付によって件数は異なります。ここでは、2016年7月31日の日付で実行しています。

⑰テーブル「Tアルバイトマスター」をもとに、クエリを作成しましょう。すべてのフィールドをデザイングリッドに追加します。

⑱「登録日」フィールドの右に「登録期間」フィールドを作成しましょう。「登録日」と現在の日付をもとに経過月数を求め、表示するように設定します。
※データシートビューに切り替えて、結果を確認しましょう。
※デザインビューに切り替えておきましょう。

⑲作成したクエリを更新クエリに変更しましょう。「登録期間」が「36」か月以上のアルバイトの「時間単価」を30円アップするように設定します。

Hint デザイングリッドの《レコードの更新》セルに計算式を入力します。

⑳作成したクエリに「Q時間単価更新」と名前を付けて保存しましょう。
※クエリを閉じておきましょう。

㉑クエリ「Q時間単価更新」を実行しましょう。
※テーブル「Tアルバイトマスター」を開いて、結果を確認しておきましょう。
※テーブルを閉じておきましょう。

4 フォームの活用

●Fアルバイトマスター

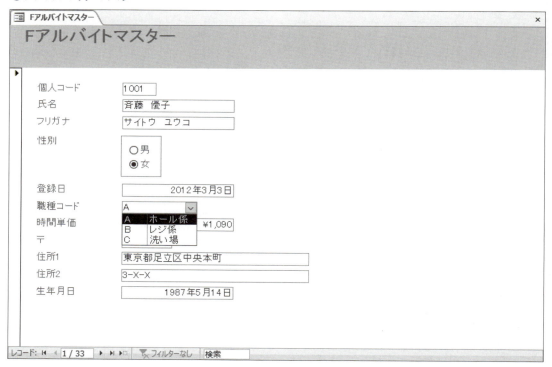

㉒フォーム「Fアルバイトマスター」をデザインビューで開き、「職種コード」のテキストボックスとラベルを削除して、次のようにコンボボックスを作成しましょう。

表示するフィールド　　：テーブル「T職種マスター」の「職種コード」と「職種区分」
保存する値　　　　　　：職種コード
値を保存するフィールド：職種コード
ラベル　　　　　　　　：職種コード

㉓作成したコンボボックスの名前を「職種コード」に変更し、次のように列幅を変更しましょう。

1列目：1cm
2列目：1.6cm

㉔「性別」のチェックボックスとラベルを削除し、次のようにオプショングループとオプションボタンを作成しましょう。

オプションに付けるラベル	：男　女
既定で選択するオプション	：男
割り当てる値	：男　−1　　女　0
値を保存するフィールド	：性別
オプショングループのスタイル	：標準
オプショングループの標題	：性別

㉕作成したオプショングループの名前を「**性別**」に変更しましょう。

㉖完成図を参考にコントロールのサイズと配置を調整しましょう。

※フォームビューに切り替えて、結果を確認しましょう。
※デザインビューに切り替えておきましょう。

㉗コントロールの並びどおりにカーソルが移動するように、タブオーダーを設定しましょう。

※フォームビューに切り替えて、結果を確認しましょう。
※フォームを上書き保存し、閉じておきましょう。

5 レポートの活用

●Q賃金累計表

㉘ テーブル「**Tアルバイトマスター**」「**T勤務状況**」「**T職種マスター**」をもとに、クエリを作成しましょう。次の順番でフィールドをデザイングリッドに登録し、「**勤務日**」フィールドを基準に昇順に並べ替えるように設定します。

テーブル	フィールド
T勤務状況	勤務日
〃	個人コード
Tアルバイトマスター	氏名
T職種マスター	職種区分
Tアルバイトマスター	時間単価
T勤務状況	出勤時刻
〃	退勤時刻

㉙「**退勤時刻**」フィールドの右に「**勤務時間**」フィールドを作成しましょう。「**出勤時刻**」と「**退勤時刻**」をもとに、分単位の勤務時間を表示するように設定します。
※データシートビューに切り替えて、結果を確認しましょう。
※デザインビューに切り替えておきましょう。

㉚「**勤務時間**」フィールドを時間単位の値に変更し、「**〇.〇時間**」の形式で表示するように設定しましょう。

> **Hint** DateDiff関数の時間間隔を「"h"」に指定すると、小数点以下を求めることができません。分単位で求めた値を「60」で割ると、小数点以下まで求められます。

※データシートビューに切り替えて、結果を確認しましょう。
※デザインビューに切り替えておきましょう。

㉛「**勤務時間**」フィールドの右に「**賃金**」フィールドを作成しましょう。「**時間単価**」と「**勤務時間**」をもとに賃金を求め、「**¥〇,〇〇〇**」の形式で表示するように設定します。
※データシートビューに切り替えて、結果を確認しましょう。

㉜ 作成したクエリに「**Q賃金累計表**」と名前を付けて保存しましょう。
※クエリを閉じておきましょう。

●R賃金累計表

賃金累計表

印刷日　　　　　2016年7月31日

印刷担当者　　　富士　太郎

勤務日	個人コード	氏名	職種区分	時間単価	勤務時間	賃金	累計
2016年4月5日							
	1018	松田 容子	ホール係	¥1,000	9.0時間	¥9,000	¥9,000
	1013	園田 ひとみ		¥1,000	7.0時間	¥7,000	¥16,000
	1012	石井 久	洗い場	¥970	5.0時間	¥4,850	¥20,850
	1022	近藤 勲		¥940	7.0時間	¥6,580	¥27,430
合計					28.0時間	¥27,430	
2016年4月8日							
	1015	坂本 順	ホール係	¥980	4.0時間	¥3,920	¥31,350
	1019	三条 ゆかり		¥970	5.5時間	¥5,335	¥36,685
	1012	石井 久	洗い場	¥970	5.0時間	¥4,850	¥41,535
合計					14.5時間	¥14,105	
2016年4月9日							
	1023	高橋 沙織	ホール係	¥950	4.5時間	¥4,275	¥45,810
	1015	坂本 順		¥980	7.5時間	¥7,350	¥53,160
合計					12.0時間	¥11,625	
2016年4月12日							
	1021	藤堂 カナ	ホール係	¥970	5.5時間	¥5,335	¥58,495
	1011	高原 昇		¥1,000	8.0時間	¥8,000	¥66,495
	1024	溝口 健一		¥970	6.0時間	¥5,820	¥72,315
合計					19.5時間	¥19,155	
2016年4月13日							
	1015	坂本 順	ホール係	¥980	7.5時間	¥7,350	¥79,665
	1023	高橋 沙織		¥950	7.5時間	¥7,125	¥86,790
	1025	斎藤 義則	洗い場	¥940	6.5時間	¥6,110	¥92,900
合計					21.5時間	¥20,585	
2016年4月16日							
	1015	坂本 順	ホール係	¥980	6.0時間	¥5,880	¥98,780
	1012	石井 久	洗い場	¥970	7.5時間	¥7,275	¥106,055

㉝ レポートウィザードを使って、レポートを作成しましょう。次のように設定し、それ以外は既定のままとします。

もとになるクエリ	：Q賃金累計表
選択するフィールド	：「出勤時刻」「退勤時刻」以外のフィールド
グループレベル	：勤務日 by 日
※グループレベルとして、あらかじめ「個人コード」が指定されています。< をクリックして解除しましょう。	
集計のオプション	：勤務時間（合計） 賃金（合計）
レイアウト	：ステップ
印刷の向き	：横
レポート名	：R賃金累計表

※デザインビューに切り替えておきましょう。

㉞ 次のようにレポートを編集しましょう。

《レポートヘッダー》セクション	：「R賃金累計表」ラベルを「賃金累計表」に変更
	「賃金累計表」ラベルのフォントサイズを48ポイントに変更
	領域を拡大
《ページヘッダー》セクション	：「勤務日」ラベルを削除
	「勤務日 by 日」ラベルを「勤務日」に変更
	「賃金」ラベルの右に「累計」ラベルを作成
《詳細》セクション	：「勤務日」テキストボックスを削除
《勤務日フッター》セクション	：「="集計 " & "'勤務日'・・・」テキストボックスを削除
《ページフッター》セクション	：すべてのコントロールを削除
	領域を詰める

㉟ 「勤務日」ごとに分類したデータを、さらに「職種区分」を基準に昇順に並べ替えるように設定しましょう。

㊱ 「職種区分」が直前の値と同じであれば非表示にするように設定しましょう。

㊲ 「賃金」テキストボックスの右に、演算テキストボックスを作成しましょう。「賃金」の値を参照し、全体の累計を「¥0,000」の形式で表示するように設定します。
また、作成したテキストボックスの名前を「累計」に変更し、ラベルを削除しましょう。

㊳ 《レポートヘッダー》セクションの後ろで改ページするように設定しましょう。

㊴ レポートの表紙に「印刷日」を取り込むテキストボックスを作成しましょう。本日の日付を「〇〇〇〇年〇月〇日」の形式で表示するように設定します。
また、作成したテキストボックスの名前とラベルを「印刷日」に変更しましょう。

㊵ レポートの表紙の「印刷日」テキストボックスの下に「印刷担当者」を取り込むテキストボックスを作成しましょう。印刷実行時に「印刷担当者を入力」とメッセージを表示させ、入力した担当者名を表示するように設定します。
また、作成したテキストボックスの名前とラベルを「印刷担当者」に変更しましょう。

㊶ 「印刷日」ラベルのフォントサイズを20ポイント、太字に変更しましょう。
また、「印刷日」ラベルの書式を「印刷日」テキストボックス、「印刷担当者」のラベルとテキストボックスにそれぞれコピーしましょう。

㊷完成図を参考にコントロールのサイズと配置を調整しましょう。

※印刷プレビューに切り替えて、結果を確認しましょう。
※レポートを上書き保存し、閉じておきましょう。

6 メイン・サブレポートの作成

●R勤務表（メインレポート）

```
勤務表

個人コード     1001
氏名           斉藤 優子           時間単価        ¥1,090
年齢               29歳            職種コード      A
登録日          2012年3月3日       職種区分        ホール係

個人コード     1002
氏名           小幡 哲也           時間単価        ¥1,090
年齢               28歳            職種コード      A
登録日          2012年4月20日      職種区分        ホール係

個人コード     1003
氏名           河野 有美           時間単価        ¥1,090
年齢               29歳            職種コード      A
登録日          2012年9月29日      職種区分        ホール係

氏名           荻原 悟             時間単価        ¥1,030
年齢               25歳            職種コード      A
登録日          2013年9月10日      職種区分        ホール係

2016年7月31日                                  1/5 ページ
```

㊸レポートウィザードを使って、レポートを作成しましょう。次のように設定し、それ以外は既定のままとします。

もとになるクエリ	：Q職種別登録アルバイト一覧
選択するフィールド	：「個人コード」「氏名」「年齢」「登録日」「時間単価」「職種コード」「職種区分」
並べ替え	：「個人コード」フィールドの昇順
レイアウト	：単票形式
印刷の向き	：縦
レポート名	：R勤務表

※レイアウトビューに切り替えておきましょう。

㊹タイトルの「**R勤務表**」を「**勤務表**」に変更しましょう。

㊺完成図を参考にコントロールのサイズと配置を調整しましょう。

※印刷プレビューに切り替えて、結果を確認しましょう。
※レポートを上書き保存し、閉じておきましょう。

●R勤務実績（サブレポート）

勤務日	出勤時刻	退勤時刻	勤務時間	賃金
2016/04/28	16:30	21:00	4.5時間	¥4,905
2016/06/21	11:00	15:00	4.0時間	¥4,360
2016/06/23	7:00	14:00	7.0時間	¥7,630
2016/07/02	11:00	19:00	8.0時間	¥8,720
2016/07/06	16:30	21:00	4.5時間	¥4,905
2016/07/07	17:00	22:00	5.0時間	¥5,450
合計				¥35,970
平均			5.5時間	

勤務日	出勤時刻	退勤時刻	勤務時間	賃金
2016/05/18	17:00	20:30	3.5時間	¥3,815
2016/05/21	16:00	21:30	5.5時間	¥5,995

勤務日	出勤時刻	退勤時刻	勤務時間	賃金
2016/05/22	16:00	21:00	5.0時間	¥5,350
2016/05/25	15:30	22:00	6.5時間	¥6,955
2016/06/14	15:30	19:00	3.5時間	¥3,745
2016/06/25	16:30	21:00	4.5時間	¥4,815

㊻レポートウィザードを使って、レポートを作成しましょう。次のように設定し、それ以外は既定のままとします。

もとになるクエリ	：Q賃金累計表
選択するフィールド	：「勤務日」「個人コード」「出勤時刻」「退勤時刻」「勤務時間」「賃金」
グループレベル	：個人コード
並べ替え	：「勤務日」フィールドの昇順
集計のオプション	：勤務時間（平均）　賃金（合計）
レイアウト	：アウトライン
印刷の向き	：縦
レポート名	：R勤務実績

※デザインビューに切り替えておきましょう。

㊼次のようにレポートを編集しましょう。

《レポートヘッダー》セクションと《レポートフッター》セクションを削除
《ページヘッダー》セクションと《ページフッター》セクションを削除
《個人コードヘッダー》セクション：「個人コード」ラベルと「個人コード」テキストボックスを削除
《個人コードフッター》セクション：「="集計 " & "'個人コード'…"」テキストボックスを削除

Hint 任意のセクション内で右クリック→《レポートヘッダー/フッター》をオフ（ が標準の色の状態）にします。

Hint 任意のセクション内で右クリック→《ページヘッダー/フッター》をオフ（ が標準の色の状態）にします。

㊽完成図を参考にコントロールのサイズと配置を調整しましょう。
※印刷プレビューに切り替えて、結果を確認しましょう。
※レポートを上書き保存し、閉じておきましょう。

●R勤務表（メイン・サブレポート）

勤務表

個人コード	1001		
氏名	斉藤　優子	時間単価	¥1,090
年齢	29歳	職種コード	A
登録日	2012年3月3日	職種区分	ホール係

勤務実績

勤務日	出勤時刻	退勤時刻	勤務時間	賃金
2016/04/28	16:30	21:00	4.5時間	¥4,905
2016/06/21	11:00	15:00	4.0時間	¥4,360
2016/06/23	7:00	14:00	7.0時間	¥7,630
2016/07/02	11:00	19:00	8.0時間	¥8,720
2016/07/06	16:30	21:00	4.5時間	¥4,905
2016/07/07	17:00	22:00	5.0時間	¥5,450
合計				¥35,970
平均			5.5時間	

個人コード	1002		
氏名	小幡　哲也	時間単価	¥1,090
年齢	28歳	職種コード	A
登録日	2012年4月20日	職種区分	ホール係

勤務実績

勤務日	出勤時刻	退勤時刻	勤務時間	賃金
2016/05/18	17:00	20:30	3.5時間	¥3,815
2016/05/21	16:00	21:30	5.5時間	¥5,995
2016/06/02	6:00	14:00	8.0時間	¥8,720
2016/06/15	6:30	14:00	7.5時間	¥8,175
2016/07/03	6:00	12:30	6.5時間	¥7,085
合計				¥33,790
平均			6.2時間	

2016年7月31日　　　　　　　　　　　　　　　　　　　1/20 ページ

㊾サブレポートウィザードを使って、サブレポートを組み込みましょう。次のように設定し、それ以外は既定のままとします。

メインレポート	：R勤務表
サブレポート	：R勤務実績
リンクするフィールド	：一覧から選択する（個人コード）
サブレポートの名前	：勤務実績

※レイアウトビューに切り替えておきましょう。

㊿完成図を参考にコントロールのサイズと配置を調整しましょう。
※印刷プレビューに切り替えて、結果を確認しましょう。
※レポートを上書き保存して閉じ、データベース「総合問題2.accdb」を閉じておきましょう。
※Accessを終了しておきましょう。

付録1 | **Appendix 1**

ショートカットキー一覧

| ショートカットキー一覧 | 295 |

Appendix ショートカットキー一覧

付録1 ショートカットキー一覧

操作	ショートカットキー
データベースの新規作成	[Ctrl] + [N]
既存のデータベースを開く	[Ctrl] + [O]
Accessの終了	[Alt] + [F4]
ナビゲーションウィンドウの表示/非表示	[F11]
ナビゲーションウィンドウのオブジェクトをデザインビューで開く	[Ctrl] + [Enter]
オブジェクト名の変更	[F2]
オブジェクトウィンドウの切り替え	[Ctrl] + [F6]
オブジェクトを閉じる	[Ctrl] + [W]
名前を付けて保存	[F12]
上書き保存	[Ctrl] + [S]
コピー	[Ctrl] + [C]
切り取り	[Ctrl] + [X]
貼り付け	[Ctrl] + [V]
元に戻す	[Ctrl] + [Z]
入力のキャンセル	[Esc]
検索	[Ctrl] + [F]
置換	[Ctrl] + [H]
すべてのレコードの選択	[Ctrl] + [A]
サブデータシートの展開	[Ctrl] + [Shift] + [↓]
サブデータシートを折りたたむ	[Ctrl] + [Shift] + [↑]
新しいレコードの追加	[Ctrl] + [+]
次のフィールドに移動	[Tab]
前のフィールドに移動	[Shift] + [Tab]
先頭のレコードに移動	[Ctrl] + [Home]
最終のレコードに移動	[Ctrl] + [End]
プロパティシートの表示/非表示	[F4]
コントロールのサイズ変更	[Shift] + [↑] [↓] [←] [→]
印刷	[Ctrl] + [P]
ズーム	[Shift] + [F2]
ヘルプ	[F1]

付録2

Appendix 2

データの正規化

Step1　データベースを設計する ……………………………… 297
Step2　データを正規化する ………………………………… 298

Step 1 データベースを設計する

1 データベースの設計

データベースを作成する前に、どのような用途で利用するのか目的を明確にしておきます。目的に合わせた印刷結果や、その結果を得るために必要となる入力項目などを決定し、合理的にテーブルを設計します。

2 設計手順

データベースを設計する手順は、次のとおりです。

1 目的を明確にする

業務の流れを分析し、売上管理、社員管理など、データベースの目的を明確にします。データベースの使用方法や誰がそのデータベースを使用するのかなどを考えてみます。

2 印刷結果や入力項目を考える

最終的に必要となる印刷結果のイメージと、それに合わせた入力項目を決定します。

●印刷結果

```
                    資格取得情報
                                        2016年7月31日現在
   社員コード ： 160012        部署コード ： 100
   社員名   ： 中村 雄一      部署名   ： 総務部

   取得資格一覧(全3件)
   No.  資格コード  資格名          取得年月日
   1    K020       簿記検定         2016/06/15
   2    G030       Webデザイン検定  2015/09/28
   3    L010       英語検定         2015/04/05
```

●入力項目

```
                          取得資格入力

   社員コード 160012         取得資格コード K020
   社員名   中村 雄一       取得資格名   簿記検定
   部署コード 100             資格取得日   2016▼年 06▼月 15▼日
   部署名   総務部
```

3 データを正規化する

決定した入力項目をもとに、テーブルを設計します。テーブル同士は共通の項目で関連付け、必要に応じてデータを参照させることができます。各入力項目を分類してテーブルを分けることで、重複するデータ入力を避け、ディスク容量の無駄や入力ミスなどが起こりにくいデータベースを構築できます。テーブルを設計するには、データの正規化を考えます。

テーブル設計のポイント
・繰り返しデータをなくす
・情報は1回だけ登録されるようにする
・基本的に計算で得られる情報はテーブルに保存しない

Step2 データを正規化する

1 データの正規化

「データの正規化」とは、データの重複がないようにテーブルを適切に分割することです。データを正規化すると、データベースを効果的に管理できます。一般的に正規化には3つの段階があります。社員取得資格を例に、第1正規化から第3正規化までの手順を考えます。

1 第1正規化

繰り返し項目を別のテーブルに分割して、繰り返し項目をなくします。

●社員取得資格

社員コード	社員名	部署コード	部署名	資格コード	資格名	取得年月日
160012	中村　雄一	100	総務部	L010	英語検定	2015/04/05
				G030	Webデザイン検定	2015/09/28
				K020	簿記検定	2016/06/15
160028	広川　さとみ	200	営業部	L010	英語検定	2015/10/12
160030	遠藤　義文	300	情報システム部	G010	情報処理技術者	2015/11/20
				G030	Webデザイン検定	2016/07/10

①テーブル「社員取得資格」は繰り返し項目を持つので、テーブル「社員」とテーブル「取得資格」に分割する

↓ 第1正規化

●社員

社員コード	社員名	部署コード	部署名
160012	中村　雄一	100	総務部
160028	広川　さとみ	200	営業部
160030	遠藤　義文	300	情報システム部

②「社員コード」はテーブル「社員」の主キーとなる

●取得資格

社員コード	資格コード	資格名	取得年月日
160012	L010	英語検定	2015/04/05
160012	G030	Webデザイン検定	2015/09/28
160012	K020	簿記検定	2016/06/15
160028	L010	英語検定	2015/10/12
160030	G010	情報処理技術者	2015/11/20
160030	G030	Webデザイン検定	2016/07/10

③「社員コード」と「資格コード」はテーブル「取得資格」の主キーとなる

④「社員コード」はテーブル「社員」に対する外部キーとなる

主キーと外部キー

リレーショナル・データベースでは、複数のテーブルを「主キー」と「外部キー」によって関連付けます。
主キーはレコードを特定するための項目のことで、項目内の値は必ず一意になります。なお、主キーは複数の項目を組み合わせて設定することもできます。
外部キーは、項目の値が、別の表の主キーに存在する値であるようにする項目のことです。
例えば、2つのテーブル「社員」「取得資格」の場合、2つのテーブルを「社員コード」で関連付けることにより、テーブル「取得資格」の「社員コード」の値をもとに、テーブル「社員」から該当する「社員名」を参照できます。このとき、テーブル「社員」の「社員コード」が主キー、テーブル「取得資格」の「社員コード」が外部キーになります。

付録2 データの正規化

2 第2正規化

主キーの一部によって決まる項目を別のテーブルに分割します。

●社員

社員コード	社員名	部署コード	部署名
160012	中村　雄一	100	総務部
160028	広川　さとみ	200	営業部
160030	遠藤　義文	300	情報システム部

●取得資格

社員コード	資格コード	資格名	取得年月日
160012	L010	英語検定	2015/04/05
160012	G030	Webデザイン検定	2015/09/28
160012	K020	簿記検定	2016/06/15
160028	L010	英語検定	2015/10/12
160030	G010	情報処理技術者	2015/11/20
160030	G030	Webデザイン検定	2016/07/10

①テーブル「社員」は、主キーの一部によって決まる項目がないので、別のテーブルに分割しない

②「社員コード」と「資格コード」によって「取得年月日」が決まり、主キーの一部である「資格コード」によって「資格名」が決まるので、別のテーブル「資格」に分割する

↓ 第2正規化

●社員

社員コード	社員名	部署コード	部署名
160012	中村　雄一	100	総務部
160028	広川　さとみ	200	営業部
160030	遠藤　義文	300	情報システム部

●取得資格

社員コード	資格コード	取得年月日
160012	L010	2015/04/05
160012	G030	2015/09/28
160012	K020	2016/06/15
160028	L010	2015/10/12
160030	G010	2015/11/20
160030	G030	2016/07/10

●資格

資格コード	資格名
L010	英語検定
K020	簿記検定
G010	情報処理技術者
G030	Webデザイン検定

③「資格コード」はテーブル「資格」の主キーとなる

④「資格コード」はテーブル「資格」に対する外部キーとなる

3 第3正規化

主キー以外の項目によって決まる項目を別のテーブルに分割します。

●社員

社員コード	社員名	部署コード	部署名
160012	中村　雄一	100	総務部
160028	広川　さとみ	200	営業部
160030	遠藤　義文	300	情報システム部

●取得資格

社員コード	資格コード	取得年月日
160012	L010	2015/04/05
160012	G030	2015/09/28
160012	K020	2016/06/15
160028	L010	2015/10/12
160030	G010	2015/11/20
160030	G030	2016/07/10

●資格

資格コード	資格名
L010	英語検定
K020	簿記検定
G010	情報処理技術者
G030	Webデザイン検定

①「社員コード」によって「社員名」と「部署コード」が決まり、「部署コード」によって「部署名」が決まるので、別のテーブル「部署」に分割する

②テーブル「取得資格」は、主キー以外の項目によって決まる項目がないので、別のテーブルに分割しない

③テーブル「資格」は、主キー以外の項目によって決まる項目がないので、別のテーブルに分割しない

↓ 第3正規化

●社員

社員コード	社員名	部署コード
160012	中村　雄一	100
160028	広川　さとみ	200
160030	遠藤　義文	300

●取得資格

社員コード	資格コード	取得年月日
160012	L010	2015/04/05
160012	G030	2015/09/28
160012	K020	2016/06/15
160028	L010	2015/10/12
160030	G010	2015/11/20
160030	G030	2016/07/10

●資格

資格コード	資格名
L010	英語検定
K020	簿記検定
G010	情報処理技術者
G030	Webデザイン検定

●部署

部署コード	部署名
100	総務部
200	営業部
300	情報システム部

⑤「部署コード」はテーブル「部署」に対する外部キーとなる

④「部署コード」はテーブル「部署」の主キーとなる

Index

索引

Index 索引

記号

！（エクスクラメーションマーク）	162
．（ピリオド）	162

英字

accdb	12,265
accde	265
ACCDEファイル	263
ACCDEファイルの作成	263
AND条件	245
Avg関数	67
Count関数	67
DateAdd関数	159
DateDiff関数	54,55
DateSerial関数	161
Date関数	55
Day関数	54
DCount関数	66
DMax関数	67
DMin関数	67
DSum関数	67
Excelへのエクスポート	247
Fix関数	68
Format関数	62,229
IIf関数	65
《IME入力モード》プロパティ	18,25
《IME変換モード》プロパティ	18,25
InStr関数	64
Int関数	68
Left関数	63
Max関数	67
Mid関数	64
Min関数	67
Month関数	52
OR条件	245
Right関数	63
Round関数	69
Str関数	61
Sum関数	67,155
TimeSerial関数	162
Wordへのエクスポート	250
Year関数	54

あ

アイコン	78,265
アクションクエリ	72
アクションクエリの実行	99
アクションクエリの表示	99
《値集合ソースの値のみの表示》プロパティ	47
《値集合ソース》プロパティ	47,123,126
《値集合タイプ》プロパティ	47,123,126
《値要求》プロパティ	25
《値リストの編集の許可》プロパティ	47

い

移動ハンドル	116,129
《印刷時拡張》プロパティ	232
《印刷時縮小》プロパティ	232,233
印刷時のサイズ調整	232
《インデックス》プロパティ	25

う

ウィザード機能のインストール	23

え

エクスクラメーションマーク	162
エクスポート（Excel）	247
エクスポート（Word）	250
《エラーメッセージ》プロパティ	25
演算テキストボックス	155
演算テキストボックスの作成	155,194
演算フィールド	52

お

オブジェクトアイコン	78
オブジェクトの保存	35
オプショングループ	113,127,131
オプショングループウィザード	127
オプショングループの作成	127
オプショングループのプロパティ	130,131
《オプション値》プロパティ	131
オプションボタン	113,127,131

オプションボタンの作成 ・・・・・・・・・・・・・・・・・・・・・ 127
オプションボタンのプロパティ ・・・・・・・・・・・・・・・ 131

か

解除（起動時の設定） ・・・・・・・・・・・・・・・・・・・・・ 261
解除（パスワード） ・・・・・・・・・・・・・・・・・・・・・・・・ 258
外部キー ・・・・・・・・・・・・・・・・・・・・・・・・・・・・・・ 30,298
改ページの設定 ・・・・・・・・・・・・・・・・・・・・・・・・・・・ 222
《改ページ》プロパティ ・・・・・・・・・・・・・・・・・・ 222,223
拡張子 ・・・・・・・・・・・・・・・・・・・・・・・・・・・・・・・・・・・・ 12
カスタム書式 ・・・・・・・・・・・・・・・・・・・・・・・・・・・・ 57,59
関数 ・・・・・・・・・・・・・・・・・・・・・・・・・・・・・・・・・・・ 52,61
関連テーブル ・・・・・・・・・・・・・・・・・・・・・・・・・・・・・・ 30

き

キー列 ・・・・・・・・・・・・・・・・・・・・・・・・・・・・・・・・ 44,120
《既定値》プロパティ ・・・・・・・・・・・・・・・・・・・・ 25,131
起動時の設定 ・・・・・・・・・・・・・・・・・・・・・・・・・・・・・ 259
起動時の設定の解除 ・・・・・・・・・・・・・・・・・・・・・・・ 261

く

クエリの作成 ・・・・・・・・・・・・・・・・・・・・・・・・・・・・・・ 50
クエリの保存 ・・・・・・・・・・・・・・・・・・・・・・・・・・・・・・ 60
組み込み（サブフォーム） ・・・・・・・・・・・・・・・・・・ 148
組み込み（サブレポート） ・・・・・・・・・・・・・・・・・・ 186
グループ化の設定 ・・・・・・・・・・・・・・・・・・・・・・・・・ 212
グループレベルの指定 ・・・・・・・・・・・・・・・・・・・・・ 181
クロス集計クエリ ・・・・・・・・・・・・・・・・・・・・・・・・・ 105

こ

更新クエリ ・・・・・・・・・・・・・・・・・・・・・・・・・・・・・・・・ 73
更新クエリの作成 ・・・・・・・・・・・・・・・・・・・・・・・ 91,95
更新クエリの実行 ・・・・・・・・・・・・・・・・・・・ 93,98,101
更新クエリの編集 ・・・・・・・・・・・・・・・・・・・・・・・・・ 100
更新の制限 ・・・・・・・・・・・・・・・・・・・・・・・・・・・・・ 31,40
コントロール ・・・・・・・・・・・・・・・・・・・・・ 113,116,169
《コントロールソース》プロパティ ・・・・・・ 123,126,131,218
コントロールのサイズ調整 ・・・・・・・・・・・・・・・・・ 190
コントロールの作成 ・・・・・・・・・・・・・・・・・・・・・・・ 114
コントロールの書式設定 ・・・・・・・・・・・・・・・・・・・ 191
コントロールの配置 ・・・・・・・・・・・・・・・・・・・・・・・ 178
コンボボックス ・・・・・・・・・・・・・・・・・・・ 113,118,126
コンボボックスウィザード ・・・・・・・・・・・・・・・・・ 118
コンボボックスの作成 ・・・・・・・・・・・・・・・・・・・・・ 118
コンボボックスのプロパティ ・・・・・・・・・・・・ 122,123

さ

サイズハンドル ・・・・・・・・・・・・・・・・・・・・・・・・・・・ 116
最適化 ・・・・・・・・・・・・・・・・・・・・・・・・・・・・・・・・・・・ 253
削除クエリ ・・・・・・・・・・・・・・・・・・・・・・・・・・・・・・・・ 72
削除クエリの作成 ・・・・・・・・・・・・・・・・・・・・・・・・・・ 79
削除クエリの実行 ・・・・・・・・・・・・・・・・・・・・・・・・・・ 83
削除の制限 ・・・・・・・・・・・・・・・・・・・・・・・・・・・・・ 31,41
作成（ACCDEファイル） ・・・・・・・・・・・・・・・・・・ 263
作成（演算テキストボックス） ・・・・・・・・・・ 155,194
作成（オプショングループ） ・・・・・・・・・・・・・・・ 127
作成（オプションボタン） ・・・・・・・・・・・・・・・・・ 127
作成（クエリ） ・・・・・・・・・・・・・・・・・・・・・・・・・・・・ 50
作成（更新クエリ） ・・・・・・・・・・・・・・・・・・・・・ 91,95
作成（コントロール） ・・・・・・・・・・・・・・・・・・・・・ 114
作成（コンボボックス） ・・・・・・・・・・・・・・・・・・・ 118
作成（削除クエリ） ・・・・・・・・・・・・・・・・・・・・・・・・ 79
作成（サブフォーム） ・・・・・・・・・・・・・・・・・・・・・ 144
作成（サブレポート） ・・・・・・・・・・・・・・・・・・・・・ 179
作成（集計行のあるレポート） ・・・・・・・・・・・・・ 203
作成（直線） ・・・・・・・・・・・・・・・・・・・・・・・・・・・・・ 199
作成（追加クエリ） ・・・・・・・・・・・・・・・・・・・・・・・・ 85
作成（テーブル作成クエリ） ・・・・・・・・・・・・・・・・ 74
作成（不一致クエリ） ・・・・・・・・・・・・・・・・・・・・・ 102
作成（メイン・サブフォーム） ・・・・・・・・・・・・・ 137
作成（メイン・サブレポート） ・・・・・・・・・・・・・ 170
作成（メインフォーム） ・・・・・・・・・・・・・・・・・・・ 139
作成（メインレポート） ・・・・・・・・・・・・・・・・・・・ 171
作成（リストボックス） ・・・・・・・・・・・・・・・・・・・ 124
作成（リレーションシップ） ・・・・・・・・・・・・・ 33,46
作成（ルックアップフィールド） ・・・・・・・・・・・・ 42
差し込みフィールド ・・・・・・・・・・・・・・・・・・・・・・・ 252
サブフォーム ・・・・・・・・・・・・・・・・・・・・・・・・・・・・・ 137
サブフォームウィザード ・・・・・・・・・・・・・・・・・・・ 148
サブフォームの組み込み ・・・・・・・・・・・・・・・・・・・ 148
サブフォームの作成 ・・・・・・・・・・・・・・・・・・・・・・・ 144
サブフォームのプロパティ ・・・・・・・・・・・・・・・・・ 152
サブレポート ・・・・・・・・・・・・・・・・・・・・・・・・・ 169,170
サブレポートウィザード ・・・・・・・・・・・・・・・・・・・ 186
サブレポートの組み込み ・・・・・・・・・・・・・・・・・・・ 186
サブレポートの作成 ・・・・・・・・・・・・・・・・・・・・・・・ 179
サブレポートのプロパティ ・・・・・・・・・・・・・・・・・ 189
算術関数 ・・・・・・・・・・・・・・・・・・・・・・・・・・・・・・・・・・ 67
参照整合性 ・・・・・・・・・・・・・・・・・・・・・・・・・・・・・ 30,39
参照整合性（更新の制限） ・・・・・・・・・・・・・・・ 31,40
参照整合性（削除の制限） ・・・・・・・・・・・・・・・ 31,41
参照整合性（入力の制限） ・・・・・・・・・・・・・・・ 30,39

し

- 式ビルダー ……………………………………… 165
- 識別子 …………………………………………… 162
- 自動結合 ………………………………………… 32,33
- 集計行のあるレポートの作成 ………………… 203
- 集計行の追加 …………………………………… 182
- 《集計実行》プロパティ ………………………… 218,221
- 集計のオプション ……………………………… 182
- 《住所入力支援》プロパティ …………………… 19
- 修復 ……………………………………………… 253
- 主キー …………………………………………… 30,31,298
- 主テーブル ……………………………………… 30
- 手動結合 ………………………………………… 32,36
- 条件付き書式 …………………………………… 240
- 条件付き書式（データバーの表示） …………… 246
- 条件付き書式（複数の条件） …………………… 245
- 条件付き書式（文字列に対する条件） ………… 244
- 《詳細》セクション ……………………………… 116
- 《小数点以下表示桁数》プロパティ …………… 25
- 消費税率 ………………………………………… 159
- 《書式》プロパティ ……………………………… 23,57
- 信頼できる場所 ………………………………… 11

す

- 垂直ルーラー …………………………………… 116
- 水平ルーラー …………………………………… 116

せ

- 正規化 …………………………………………… 297,298
- セキュリティの警告 …………………………… 11
- セクションの高さの自動調整 ………………… 190

そ

- 《ソースオブジェクト》プロパティ …………… 152,189

た

- 第1正規化 ……………………………………… 298
- 第2正規化 ……………………………………… 299
- 第3正規化 ……………………………………… 299
- 《高さの自動調整》プロパティ ………………… 190
- タブオーダー …………………………………… 132
- タブオーダーの設定 …………………………… 132
- 単票フォーム …………………………………… 138

ち

- チェックボックス ……………………………… 113
- 重複クエリ ……………………………………… 105
- 重複データの非表示 …………………………… 215
- 《重複データの非表示》プロパティ …………… 215
- 直線 ……………………………………………… 169
- 直線の作成 ……………………………………… 199

つ

- 追加クエリ ……………………………………… 73
- 追加クエリの作成 ……………………………… 85
- 追加クエリの実行 ……………………………… 89

て

- 《定型入力》プロパティ ………………………… 21,23
- データのエクスポート ………………………… 247
- データの正規化 ………………………………… 297,298
- データの入力 …………………………………… 24,121,153
- データバー ……………………………………… 246
- データベースの最適化 ………………………… 253
- データベースの修復 …………………………… 253
- データベースのセキュリティ ………………… 255
- データベースの設計 …………………………… 297
- データベースのバックアップ ………………… 254
- データベースの保護 …………………………… 255
- データベースを開く …………………………… 9
- テーブル作成クエリ …………………………… 72
- テーブル作成クエリの作成 …………………… 74
- テーブル作成クエリの実行 …………………… 77
- テーマ …………………………………………… 114
- テーマの適用 …………………………………… 114
- テキストボックス ……………………………… 113,116,169

と

- トグルボタン …………………………………… 113
- 取り込み（パラメーター） ……………………… 227

な

- 並べ替え/グループ化の設定 …………………… 212

に

《入力規則》プロパティ	25
《入力チェック》プロパティ	47
入力の制限	30,39

は

排他モード	255
ハイパーリンク	237
ハイパーリンク型	237
ハイパーリンクの削除	238
ハイパーリンクの設定	237
ハイパーリンクの編集	238
パスワード	257
パスワードの解除	258
パスワードの設定	255
バックアップ	254
パラメーターの設定	100,227,229
パラメーターの取り込み	227

ひ

ビューの切り替え	115
《表示コントロール》プロパティ	47
表紙	224
《標題》プロパティ	25
開く	9
ピリオド	162
非連結コントロール	113

ふ

ファイルの拡張子の表示	12
《フィールドサイズ》プロパティ	25
フィールドの連鎖更新	40
フィールドプロパティ	17,25,57
不一致クエリ	102,105
不一致クエリウィザード	102
不一致クエリの作成	102
フォームウィザード	141,152
フォームセレクター	116
フォームのコントロール	113
《フォームフッター》セクション	116
《フォームヘッダー》セクション	116
《複数の値の許可》プロパティ	47
《ふりがな》プロパティ	17
プロパティ(オプショングループ)	130,131
プロパティ(オプションボタン)	131
プロパティ(コンボボックス)	122,123
プロパティ(サブフォーム)	152
プロパティ(サブレポート)	189
プロパティ(リストボックス)	126
プロパティ(ルックアップフィールド)	47
プロパティシート	57
プロパティの更新オプション	24

ほ

保護	255
保存(オブジェクト)	35
保存(クエリ)	60

ま

満年齢の算出	56

め

メイン・サブフォーム	137,138
メイン・サブフォームの作成	137,152
メイン・サブフォームの作成手順	137
メイン・サブレポート	170
メイン・サブレポートの作成	170
メイン・サブレポートの作成手順	171
メインフォーム	137
メインフォームの作成	139
メインレポート	170
メインレポートの作成	171

ら

ラベル	113,116,169
ラベルの追加	117

り

《リスト行数》プロパティ	47,123
《リスト項目編集フォーム》プロパティ	47
《リスト幅》プロパティ	47,123
リストボックス	113,124,126
リストボックスウィザード	125
リストボックスの作成	124
リストボックスのプロパティ	126
リレーションシップ	28
リレーションシップの印刷	38

リレーションシップの作成 ……………………… 33,46
リレーションシップの編集 ………………………… 80
《リンク親フィールド》プロパティ ……………… 152,189
《リンク子フィールド》プロパティ ……………… 152,189

る

累計の設定 ………………………………………… 218
ルックアップウィザード ……………………………… 42
ルックアップフィールド ……………………………… 42
ルックアップフィールドの作成 ……………………… 42
ルックアップフィールドのプロパティ ……………… 47

れ

レコードの連鎖削除 ……………………………… 41,79,84
《列数》プロパティ ……………………………… 47,123,126
《列幅》プロパティ ……………………………… 47,123,126
《列見出し》プロパティ ………………………… 47,123,126
レポートのコントロール ………………………………… 169
連結コントロール ……………………………………… 113
《連結列》プロパティ …………………………… 47,123,126
連鎖更新 ………………………………………………… 40
連鎖削除 ……………………………………………… 41,79,84

よくわかる
Microsoft® Access® 2016 応用
(FPT1603)

2016年 7月13日　初版発行
2019年 5月29日　初版第 7 刷発行

著作／制作：富士通エフ・オー・エム株式会社

発行者：大森　康文

発行所：FOM出版（富士通エフ・オー・エム株式会社）
　　　　〒105-6891　東京都港区海岸1-16-1 ニューピア竹芝サウスタワー
　　　　http://www.fujitsu.com/jp/fom/

印刷／製本：株式会社サンヨー

表紙デザインシステム：株式会社アイロン・ママ

- ■本書は、構成・文章・プログラム・画像・データなどのすべてにおいて、著作権法上の保護を受けています。
  本書の一部あるいは全部について、いかなる方法においても複写・複製など、著作権法上で規定された権利を侵害する行為を行うことは禁じられています。
- ■本書に関するご質問は、ホームページまたは郵便にてお寄せください。
  <ホームページ>
  上記ホームページ内の「FOM出版」から「QAサポート」にアクセスし、「QAフォームのご案内」から所定のフォームを選択して、必要事項をご記入の上、送信してください。
  <郵便>
  次の内容を明記の上、上記発行所の「FOM出版 デジタルコンテンツ開発部」まで郵送してください。
  ・テキスト名　　・該当ページ　　・質問内容（できるだけ操作状況を詳しくお書きください）
  ・ご住所、お名前、電話番号
  　※ご住所、お名前、電話番号など、お知らせいただきました個人に関する情報は、お客様ご自身とのやり取りのみに使用させていただきます。ほかの目的のために使用することは一切ございません。
  なお、次の点に関しては、あらかじめご了承ください。
  ・ご質問の内容によっては、回答に日数を要する場合があります。
  ・本書の範囲を超えるご質問にはお答えできません。　・電話やFAXによるご質問には一切応じておりません。
- ■本製品に起因してご使用者に直接または間接的損害が生じても、富士通エフ・オー・エム株式会社はいかなる責任も負わないものとし、一切の賠償などは行わないものとします。
- ■本書に記載された内容などは、予告なく変更される場合があります。
- ■落丁・乱丁はお取り替えいたします。

© FUJITSU FOM LIMITED 2016
Printed in Japan

FOM出版のシリーズラインアップ

定番の よくわかる シリーズ

■Microsoft Office

「よくわかる」シリーズは、長年の研修事業で培ったスキルをベースに、ポイントを押さえたテキスト構成になっています。すぐに役立つ内容を、丁寧に、わかりやすく解説しているシリーズです。

Point
1. 学習内容はストーリー性があり実務ですぐに使える！
2. 操作に対応した画面を大きく掲載し視覚的にもわかりやすく工夫されている！
3. 丁寧な解説と注釈で機能習得をしっかりとサポート！
4. 豊富な練習問題で操作方法を確実にマスターできる！自己学習にも最適！

■セキュリティ・ヒューマンスキル

資格試験の よくわかるマスター シリーズ

■MOS試験対策 ※模擬試験プログラム付き！

「よくわかるマスター」シリーズは、IT資格試験の合格を目的とした試験対策用教材です。出題ガイドライン・カリキュラムに準拠している「受験者必携本」です。

模擬試験プログラム

〈試験実施画面〉

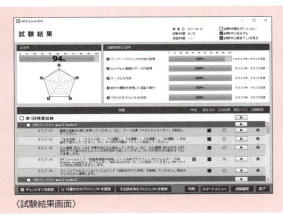

〈試験結果画面〉

■情報処理技術者試験対策

ITパスポート試験

基本情報技術者試験

スマホアプリ
ITパスポート試験 過去問題集

スマホアプリの詳細は

FOM　スマホアプリ

FOM出版テキスト 最新情報のご案内

FOM出版では、お客様の利用シーンに合わせて、最適なテキストをご提供するために、様々なシリーズをご用意しています。

FOM出版 検索

http://www.fom.fujitsu.com/goods/

FAQのご案内
[テキストに関するよくあるご質問]

FOM出版テキストのお客様Q&A窓口に皆様から多く寄せられたご質問に回答を付けて掲載しています。

FOM出版　FAQ 検索

http://www.fom.fujitsu.com/goods/faq/

緑色の用紙の内側に、小冊子が添付されています。
この用紙を1枚めくっていただき、小冊子の根元を持って、
ゆっくりとはずしてください。

よくわかる

Microsoft Access® 2016 応用

解答

総合問題1　解答 …………………………………………… 1
総合問題2　解答 …………………………………………… 7

総合問題1 解答

1 テーブルの活用

①

①ナビゲーションウィンドウのテーブル「Tコテージマスター」を右クリック

②《デザインビュー》をクリック

③「地区」フィールドの《データ型》の ▽ をクリックし、一覧から《ルックアップウィザード...》を選択

④《表示する値をここで指定する》を ● にする

⑤《次へ》をクリック

⑥《リストの列数》が「1」になっていることを確認

⑦《Col1》の1行目に「伊豆高原」と入力し、Tab を押す

⑧同様に、5行目まで入力

⑨《次へ》をクリック

⑩《ルックアップフィールドに付けるラベルを指定してください。》が「地区」になっていることを確認

⑪《完了》をクリック

②

①「タイプ」フィールドの《データ型》の ▽ をクリックし、一覧から《ルックアップウィザード...》を選択

②《ルックアップフィールドの値を別のテーブルまたはクエリから取得する》を ● にする

③《次へ》をクリック

④《表示》の《テーブル》を ● にする

⑤一覧から《テーブル:Tタイプマスター》を選択

⑥《次へ》をクリック

⑦《選択可能なフィールド》の一覧から「タイプ」を選択

⑧ > をクリック

⑨《次へ》をクリック

⑩《次へ》をクリック

⑪《次へ》をクリック

⑫《ルックアップフィールドに付けるラベルを指定してください。》が「タイプ」になっていることを確認

⑬《完了》をクリック

⑭メッセージを確認し、《はい》をクリック

③

①《データベースツール》タブを選択

②《リレーションシップ》グループの (リレーションシップ)をクリック

③「Tタイプマスター」と「Tコテージマスター」の結合線をダブルクリック

④《テーブル/クエリ》が「Tタイプマスター」の「タイプ」、《リレーションテーブル/クエリ》が「Tコテージマスター」の「タイプ」になっていることを確認

⑤《参照整合性》を ✓ にする

⑥《OK》をクリック

⑦《リレーションシップ》グループの (テーブルの表示)をクリック

⑧《テーブル》タブを選択

⑨一覧から「T受付データ」を選択

⑩《追加》をクリック

⑪《閉じる》をクリック

※フィールドリストのサイズを調整しておきましょう。

⑫「Tコテージマスター」の「棟コード」を「T受付データ」の「棟コード」までドラッグ

※ドラッグ元のフィールドとドラッグ先のフィールドは入れ替わってもかまいません。

⑬《参照整合性》を ✓ にする

⑭《作成》をクリック

2 クエリの活用

④
① 《作成》タブを選択
② 《クエリ》グループの ▣ (クエリデザイン)をクリック
③ 《テーブル》タブを選択
④ 一覧から「T受付データ」を選択
⑤ 《追加》をクリック
⑥ 《閉じる》をクリック
※ フィールドリストのサイズを調整しておきましょう。
⑦ 「T受付データ」フィールドリストのタイトルバーをダブルクリック
⑧ 選択したフィールドをデザイングリッドまでドラッグ

⑤
① 「宿泊日」フィールドの《抽出条件》セルに「[宿泊日を入力]」と入力
※ []は半角で入力します。

⑥
① F12 を押す
② 《'クエリ1'の保存先》に「Q宿泊日」と入力
③ 《OK》をクリック

⑦
① 《作成》タブを選択
② 《クエリ》グループの ▣ (クエリデザイン)をクリック
③ 《テーブル》タブを選択
④ 一覧から「Tコテージマスター」を選択
⑤ Shift を押しながら、「Tタイプマスター」を選択
⑥ 《追加》をクリック
⑦ 《閉じる》をクリック
※ フィールドリストのサイズを調整しておきましょう。
⑧ 「Tコテージマスター」フィールドリストの「棟コード」をダブルクリック
⑨ 同様に、その他のフィールドをデザイングリッドに登録

⑧
① 「地区」フィールドの《抽出条件》セルに「[希望地区を入力]」と入力
※ []は半角で入力します。

⑨
① 「バス」フィールドのフィールドセレクターをクリック
② 《デザイン》タブを選択
③ 《クエリ設定》グループの 列の挿入 (列の挿入)をクリック
④ 挿入した列の《フィールド》セルに「収容人数：[ベッド数]+[EXベッド数]」と入力
※ 英字と記号は半角で入力します。入力の際、[]は省略できます。
※ 列幅を調整して、フィールドを確認しましょう。
⑤ 「収容人数」フィールドのフィールドセレクターをクリック
⑥ 《表示/非表示》グループの ▣ プロパティシート (プロパティシート)をクリック
⑦ 《標準》タブを選択
⑧ 《書式》プロパティに「0¥名」と入力
※ 数字と記号は半角で入力します。入力の際、「¥」は省略できます。
⑨ 《プロパティシート》の ✕ (閉じる)をクリック

⑩
① 「収容人数」フィールドの《抽出条件》セルに「>=[宿泊人数を入力]」と入力
※ 記号は半角で入力します。

⑪
① F12 を押す
② 《'クエリ1'の保存先》に「Q希望地区・宿泊人数」と入力
③ 《OK》をクリック

⑫

①《作成》タブを選択

②《クエリ》グループの ▨ (クエリウィザード)をクリック

③一覧から《不一致クエリウィザード》を選択

④《OK》をクリック

⑤《表示》の《クエリ》を ⦿ にする

⑥一覧から《クエリ:Q希望地区・宿泊人数》を選択

⑦《次へ》をクリック

⑧《表示》の《クエリ》を ⦿ にする

⑨一覧から《クエリ:Q宿泊日》を選択

⑩《次へ》をクリック

⑪《'Q希望地区・宿泊人数'のフィールド》の一覧から「棟コード」を選択

⑫《'Q宿泊日'のフィールド》の一覧から「棟コード」を選択

⑬ <=> をクリック

⑭《次へ》をクリック

⑮ >> をクリック

⑯《次へ》をクリック

⑰《クエリ名を指定してください。》に「Q空き状況一覧」と入力

⑱《完了》をクリック

3 レポートの活用

⑬

①《作成》タブを選択

②《レポート》グループの ▨ (レポートウィザード)をクリック

③《テーブル/クエリ》の ▽ をクリックし、一覧から「クエリ:Q空き状況一覧」を選択

④ >> をクリック

⑤《選択したフィールド》の一覧から「EXベッド数」を選択

⑥ < をクリック

⑦《次へ》をクリック

⑧《byTコテージマスター》が選択されていることを確認

⑨《次へ》をクリック

⑩《次へ》をクリック

⑪《次へ》をクリック

⑫《レイアウト》の《表形式》を ⦿ にする

⑬《印刷の向き》の《縦》を ⦿ にする

⑭《次へ》をクリック

⑮《レポート名を指定してください。》に「R空き状況一覧」と入力

⑯《完了》をクリック

⑭

①「R空き状況一覧」ラベルを「空き状況一覧」に修正

⑮

①《デザイン》タブを選択

②《グループ化と集計》グループの [グループ化と並べ替え] (グループ化と並べ替え)をクリック

③《並べ替えの追加》をクリック

④《フィールドの選択》の一覧から「基本料金」を選択

⑤《並べ替えキー:基本料金　昇順》と表示されていることを確認

⑥ ✕ (グループ化ダイアログボックスを閉じる)をクリック

⑯
①《デザイン》タブを選択
②《コントロール》グループの (コントロール) をクリック
※表示されていない場合は、次の操作に進みます。
③ (テキストボックス) をクリック
④テキストボックスを作成する開始位置でクリック
⑤《ツール》グループの (プロパティシート) をクリック
⑥《すべて》タブを選択
⑦《コントロールソース》プロパティに「[宿泊日を入力]」と入力
※レポートのもとになっているクエリ「Q空き状況一覧」と同じパラメーターを設定します。
※[]は半角で入力します。
⑧《プロパティシート》の (閉じる) をクリック
⑨「テキストn」ラベルを「宿泊日：」に修正
※「n」は自動的に付けられた連番です。

⑰
①《デザイン》タブを選択
②《コントロール》グループの (コントロール) をクリック
※表示されていない場合は、次の操作に進みます。
③ (テキストボックス) をクリック
④テキストボックスを作成する開始位置でクリック
⑤《ツール》グループの (プロパティシート) をクリック
⑥《すべて》タブを選択
⑦《コントロールソース》プロパティに「=Count([棟コード])」と入力
※「棟コード」以外のフィールドを利用してもかまいません。
※英字と記号は半角で入力します。入力の際、[]は省略できます。
⑧《書式》プロパティに「0¥件」と入力
※数字と記号は半角で入力します。入力の際、「¥」は省略できます。
⑨《プロパティシート》の (閉じる) をクリック
⑩「テキストn」ラベルを「件数：」に修正
※「n」は自動的に付けられた連番です。

⑱
①「宿泊日：」ラベルを選択
②《書式》タブを選択
③《フォント》グループの (書式のコピー/貼り付け) をダブルクリック
④「[宿泊日を入力]」テキストボックスをクリック
⑤「=Count([棟コード])」テキストボックスをクリック
⑥《フォント》グループの (書式のコピー/貼り付け) をクリック

⑲
①完成図を参考にコントロールのサイズと配置を調整

4 メイン・サブフォームの作成

⑳
①《作成》タブを選択
②《クエリ》グループの (クエリデザイン) をクリック
③《テーブル》タブを選択
④一覧から「Tコテージマスター」を選択
⑤ Shift を押しながら、「Tタイプマスター」を選択
⑥《追加》をクリック
⑦《閉じる》をクリック
※フィールドリストのサイズを調整しておきましょう。
⑧「Tコテージマスター」フィールドリストの「棟コード」をダブルクリック
⑨同様に、その他のフィールドをデザイングリッドに登録
⑩「棟コード」フィールドの《並べ替え》セルを《昇順》に設定

㉑

① 「バス」フィールドのフィールドセレクターをクリック

② 《デザイン》タブを選択

③ 《クエリ設定》グループの [列の挿入] （列の挿入）をクリック

④ 挿入した列の《フィールド》セルに「収容人数：[ベッド数]+[EXベッド数]」と入力

※英字と記号は半角で入力します。入力の際、[]は省略できます。
※列幅を調整して、フィールドを確認しましょう。

⑤ 「収容人数」フィールドのフィールドセレクターをクリック

⑥ 《表示/非表示》グループの [プロパティシート] （プロパティシート）をクリック

⑦ 《標準》タブを選択

⑧ 《書式》プロパティに「0"名様"」と入力

※数字と記号は半角で入力します。入力の際、"は省略できます。

⑨ 《プロパティシート》の [X] （閉じる）をクリック

㉒

① [F12]を押す

② 《'クエリ1'の保存先》に「Q予約登録」と入力

③ 《OK》をクリック

㉓

① 《作成》タブを選択

② 《フォーム》グループの [フォームウィザード] （フォームウィザード）をクリック

③ 《テーブル/クエリ》の [∨] をクリックし、一覧から「クエリ：Q予約登録」を選択

④ [>>] をクリック

⑤ 《選択したフィールド》の一覧から「EXベッド数」を選択

⑥ [<] をクリック

⑦ 《次へ》をクリック

⑧ 《単票形式》を ⦿ にする

⑨ 《次へ》をクリック

⑩ 《フォーム名を指定してください。》に「F予約登録」と入力

⑪ 《完了》をクリック

㉔

① 完成図を参考にコントロールの配置を調整

㉕

① 《作成》タブを選択

② 《クエリ》グループの [クエリデザイン] （クエリデザイン）をクリック

③ 《テーブル》タブを選択

④ 一覧から「Tコテージマスター」を選択

⑤ [Shift]を押しながら、「T受付データ」を選択

⑥ 《追加》をクリック

⑦ 《閉じる》をクリック

※フィールドリストのサイズと配置を調整しておきましょう。

⑧ 「T受付データ」フィールドリストの「受付番号」をダブルクリック

⑨ 同様に、その他のフィールドをデザイングリッドに登録

⑩ 「宿泊日」フィールドの《並べ替え》セルを《昇順》に設定

㉖

① 「基本料金」フィールドのフィールドセレクターをクリック

② 《デザイン》タブを選択

③ 《クエリ設定》グループの [列の挿入] （列の挿入）をクリック

④ 挿入した列の《フィールド》セルに「追加ベッド数：IIF（[ベッド数]>[人数],0,[人数]-[ベッド数]）」と入力

※英数字と記号は半角で入力します。入力の際、[]は省略できます。
※列幅を調整して、フィールドを確認しましょう。

⑤ 「追加ベッド数」フィールドのフィールドセレクターをクリック

⑥ 《表示/非表示》グループの [プロパティシート] （プロパティシート）をクリック

⑦ 《標準》タブを選択

⑧ 《書式》プロパティに「0¥台」と入力

※数字と記号は半角で入力します。入力の際、「¥」は省略できます。

⑨ 《プロパティシート》の [X] （閉じる）をクリック

㉗
①「予約名」フィールドのフィールドセレクターをクリック
②《デザイン》タブを選択
③《クエリ設定》グループの 列の挿入 (列の挿入)をクリック
④挿入した列の《フィールド》セルに「料金：[基本料金]+3000*[追加ベッド数]」と入力
※数字と記号は半角で入力します。入力の際、[]は省略できます。
※列幅を調整して、フィールドを確認しましょう。

㉘
① F12 を押す
②《'クエリ1'の保存先》に「Q予約登録サブ」と入力
③《OK》をクリック

㉙
①《作成》タブを選択
②《フォーム》グループの フォームウィザード (フォームウィザード)をクリック
③《テーブル/クエリ》の ∨ をクリックし、一覧から「クエリ：Q予約登録サブ」を選択
④ >> をクリック
⑤《選択したフィールド》の一覧から「棟コード」を選択
⑥ < をクリック
⑦《選択したフィールド》の一覧から「ベッド数」を選択
⑧ < をクリック
⑨《選択したフィールド》の一覧から「基本料金」を選択
⑩ < をクリック
⑪《次へ》をクリック
⑫《表形式》を ● にする
⑬《次へ》をクリック
⑭《フォーム名を指定してください。》に「F予約登録サブ」と入力
⑮《完了》をクリック

㉚
①完成図を参考にコントロールのサイズと配置を調整
※「受付番号」ラベルと「受付日」ラベルは、 Tab を使って選択します。

㉛
①ナビゲーションウィンドウのフォーム「F予約登録」を右クリック
②《デザインビュー》をクリック
③《詳細》セクションと《フォームフッター》セクションの境界をポイントし、下方向にドラッグ
※サブフォームを作成するための場所をあけます。
④《デザイン》タブを選択
⑤《コントロール》グループの ▼ (その他)をクリック
⑥《コントロールウィザードの使用》をオン(が濃い灰色の状態)にする
※お使いの環境によっては、ピンク色の状態になる場合があります。
⑦《コントロール》グループの ▼ (その他)をクリック
⑧ (サブフォーム/サブレポート)をクリック
⑨サブフォームを作成する開始位置でクリック
⑩《既存のフォームを使用する》を ● にする
⑪一覧から「F予約登録サブ」を選択
⑫《次へ》をクリック
⑬《一覧から選択する》を ● にする
⑭一覧から《棟コードでリンクし、Q予約登録の各レコードに対しQ予約登録サブを・・・》が選択されていることを確認
⑮《次へ》をクリック
⑯《サブフォームまたはサブレポートの名前を指定してください。》に「予約状況」と入力
⑰《完了》をクリック

㉜
①完成図を参考にコントロールのサイズと配置を調整

㉝
①サブフォームの「受付番号」テキストボックスを選択
② Shift を押しながら、「追加ベッド数」テキストボックスと「料金」テキストボックスを選択
③《デザイン》タブを選択
④《ツール》グループの (プロパティシート)をクリック
⑤《データ》タブを選択
⑥《使用可能》プロパティの ∨ をクリックし、一覧から《いいえ》を選択
⑦《編集ロック》プロパティの ∨ をクリックし、一覧から《はい》を選択
⑧《プロパティシート》の × (閉じる)をクリック

総合問題2 解答

1 テーブルの活用

①

①ナビゲーションウィンドウのテーブル「Tアルバイトマスター」を右クリック
②《デザインビュー》をクリック
③「氏名」フィールドの行セレクターをクリック
④《フィールドプロパティ》の《標準》タブを選択
⑤《フィールドプロパティ》の《ふりがな》プロパティの … をクリック
⑥《ふりがなの入力先》の《既存のフィールドを使用する》を◉にする
⑦▽をクリックし、一覧から「フリガナ」を選択
⑧《ふりがなの文字種》の▽をクリックし、一覧から《全角カタカナ》を選択
⑨《完了》をクリック
⑩メッセージを確認し、《OK》をクリック

②

①「〒」フィールドの行セレクターをクリック
②《フィールドプロパティ》の《標準》タブを選択
③《フィールドプロパティ》の《住所入力支援》プロパティの … をクリック
※表示されていない場合は、スクロールして調整します。
④《郵便番号》の▽をクリックし、一覧から「〒」を選択
⑤《次へ》をクリック
⑥《住所の構成》の《住所と建物名の2分割》を◉にする
⑦《住所》の▽をクリックし、一覧から「住所1」を選択
⑧《建物名》の▽をクリックし、一覧から「住所2」を選択
⑨《次へ》をクリック
⑩「〒」に任意の郵便番号を入力
⑪「住所1」に対応する住所が表示されることを確認
⑫《完了》をクリック
⑬メッセージを確認し、《OK》をクリック

③

①《データベースツール》タブを選択
②《リレーションシップ》グループの (リレーションシップ)をクリック
③《テーブル》タブを選択
④一覧から「Tアルバイトマスター」を選択
⑤ Shift を押しながら、「T職種マスター」を選択
⑥《追加》をクリック
⑦《閉じる》をクリック
※フィールドリストのサイズと配置を調整しておきましょう。
⑧「Tアルバイトマスター」の「個人コード」を「T勤務状況」の「個人コード」までドラッグ
※ドラッグ元のフィールドとドラッグ先のフィールドは入れ替わってもかまいません。
⑨《参照整合性》を☑にする
⑩《作成》をクリック
⑪「T職種マスター」の「職種コード」を「Tアルバイトマスター」の「職種コード」までドラッグ
⑫《参照整合性》を☑にする
⑬《作成》をクリック

④

①「Tアルバイトマスター」と「T勤務状況」の結合線をダブルクリック
②《レコードの連鎖削除》を☑にする
③《OK》をクリック

2 クエリの活用

⑤
①《作成》タブを選択
②《クエリ》グループの (クエリデザイン)をクリック
③《テーブル》タブを選択
④一覧から「Tアルバイトマスター」を選択
⑤ Ctrl を押しながら、「T職種マスター」を選択
⑥《追加》をクリック
⑦《閉じる》をクリック
※フィールドリストのサイズを調整しておきましょう。
⑧「Tアルバイトマスター」フィールドリストの「職種コード」をダブルクリック
⑨同様に、その他のフィールドをデザイングリッドに登録
⑩「職種コード」フィールドの《並べ替え》セルを《昇順》に設定

⑥
①「登録日」フィールドのフィールドセレクターをクリック
②《デザイン》タブを選択
③《クエリ設定》グループの (列の挿入)をクリック
④挿入した列の《フィールド》セルに「年齢：DateDiff("yyyy",[生年月日],Date())」と入力
※英字と記号は半角で入力します。入力の際、[ ]は省略できます。
※列幅を調整して、フィールドを確認しましょう。
⑤「年齢」フィールドのフィールドセレクターをクリック
⑥《表示/非表示》グループの プロパティシート (プロパティシート)をクリック
⑦《標準》タブを選択
⑧《書式》プロパティに「0¥歳」と入力
※数字と記号は半角で入力します。入力の際、「¥」は省略できます。
⑨《プロパティシート》の ✕ (閉じる)をクリック

⑦
① F12 を押す
②《'クエリ1'の保存先》に「Q職種別登録アルバイト一覧」と入力
③《OK》をクリック

3 アクションクエリの作成

⑧
①《作成》タブを選択
②《クエリ》グループの (クエリデザイン)をクリック
③《テーブル》タブを選択
④一覧から「T勤務状況」を選択
⑤《追加》をクリック
⑥《閉じる》をクリック
⑦「T勤務状況」フィールドリストのタイトルバーをダブルクリック
⑧選択したフィールドをデザイングリッドまでドラッグ
⑨「勤務日」フィールドの《抽出条件》セルに「Between␣#2016/02/01#␣And␣#2016/02/29#」と入力
※半角で入力します。入力の際、「#」は省略できます。
※␣は半角空白を表します。
※列幅を調整して、フィールドを確認しましょう。
⑩《デザイン》タブを選択
⑪《クエリの種類》グループの (クエリの種類：テーブル作成)をクリック
⑫《テーブル名》に「T勤務状況（2015年度）」と入力
⑬《OK》をクリック

⑨
① F12 を押す
②《'クエリ1'の保存先》に「Q勤務状況作成（2015年度）」と入力
③《OK》をクリック

⑩
①ナビゲーションウィンドウのクエリ「Q勤務状況作成（2015年度）」をダブルクリック
②メッセージを確認し、《はい》をクリック
③メッセージを確認し、《はい》をクリック

⑪

①ナビゲーションウィンドウのクエリ「Q勤務状況作成（2015年度）」を右クリック

②《デザインビュー》をクリック

③「勤務日」フィールドの《抽出条件》セルを「Between␣#2016/03/01#␣And␣#2016/03/31#」に修正

※半角で入力します。入力の際、「#」は省略できます。
※␣は半角空白を表します。
※列幅を調整して、フィールドを確認しましょう。

④《デザイン》タブを選択

⑤《クエリの種類》グループの （クエリの種類：追加）をクリック

⑥《テーブル名》が「T勤務状況（2015年度）」になっていることを確認

⑦《OK》をクリック

⑫

①F12 を押す

②《'Q勤務状況作成（2015年度）'の保存先》に「Q勤務状況追加（2015年度）」と入力

③《OK》をクリック

⑬

①ナビゲーションウィンドウのクエリ「Q勤務状況追加（2015年度）」をダブルクリック

②メッセージを確認し、《はい》をクリック

③メッセージを確認し、《はい》をクリック

⑭

①ナビゲーションウィンドウのクエリ「Q勤務状況作成（2015年度）」を右クリック

②《デザインビュー》をクリック

③「勤務日」フィールドの《抽出条件》セルを「Between␣#2016/02/01#␣And␣#2016/03/31#」に修正

※半角で入力します。入力の際、「#」は省略できます。
※␣は半角空白を表します。
※列幅を調整して、フィールドを確認しましょう。

④《デザイン》タブを選択

⑤《クエリの種類》グループの （クエリの種類：削除）をクリック

⑮

①F12 を押す

②《'Q勤務状況作成（2015年度）'の保存先》に「Q勤務状況削除（2015年度）」と入力

③《OK》をクリック

⑯

①ナビゲーションウィンドウのクエリ「Q勤務状況削除（2015年度）」をダブルクリック

②メッセージを確認し、《はい》をクリック

③メッセージを確認し、《はい》をクリック

⑰

①《作成》タブを選択

②《クエリ》グループの （クエリデザイン）をクリック

③《テーブル》タブを選択

④一覧から「Tアルバイトマスター」を選択

⑤《追加》をクリック

⑥《閉じる》をクリック

※フィールドリストのサイズを調整しておきましょう。

⑦「Tアルバイトマスター」フィールドリストのタイトルバーをダブルクリック

⑧選択したフィールドをデザイングリッドまでドラッグ

⑱

①「職種コード」フィールドのフィールドセレクターをクリック

②《デザイン》タブを選択

③《クエリ設定》グループの （列の挿入）をクリック

④挿入した列の《フィールド》セルに「登録期間: DateDiff("m",[登録日],Date())」と入力

※英字と記号は半角で入力します。入力の際、[]は省略できます。
※列幅を調整して、フィールドを確認しましょう。

⑲
①「登録期間」フィールドの《抽出条件》セルに「>=36」と入力
※半角で入力します。
②《デザイン》タブを選択
③《結果》グループの (表示)をクリック
※「登録期間」が「36」か月以上のレコードが表示されます。
④《ホーム》タブを選択
⑤《表示》グループの (表示)をクリック
⑥《デザイン》タブを選択
⑦《クエリの種類》グループの (クエリの種類：更新)をクリック
⑧「時間単価」フィールドの《レコードの更新》セルに「[時間単価]+30」と入力
※数字と記号は半角で入力します。

⑳
①F12 を押す
②《'クエリ1'の保存先》に「Q時間単価更新」と入力
③《OK》をクリック

㉑
①ナビゲーションウィンドウのクエリ「Q時間単価更新」をダブルクリック
②メッセージを確認し、《はい》をクリック
③メッセージを確認し、《はい》をクリック

4 フォームの活用

㉒
①ナビゲーションウィンドウのフォーム「Fアルバイトマスター」を右クリック
②《デザインビュー》をクリック
③「職種コード」テキストボックスを選択し、 Delete を押す
※テキストボックスを削除すると、ラベルも一緒に削除されます。
④《デザイン》タブを選択
⑤《コントロール》グループの (その他)をクリック
⑥《コントロールウィザードの使用》をオン(が濃い灰色の状態)にする
※お使いの環境によっては、ピンク色の状態になる場合があります。
⑦《コントロール》グループの (その他)をクリック
⑧ (コンボボックス)をクリック
⑨コンボボックスを作成する開始位置でクリック
⑩《コンボボックスの値を別のテーブルまたはクエリから取得する》を ● にする
⑪《次へ》をクリック
⑫《表示》の《テーブル》を ● にする
⑬一覧から「テーブル：T職種マスター」を選択
⑭《次へ》をクリック
⑮ >> をクリック
⑯《次へ》をクリック
⑰《次へ》をクリック
⑱《キー列を表示しない(推奨)》を にする
⑲《次へ》をクリック
⑳一覧から「職種コード」を選択
㉑《次へ》をクリック
㉒《次のフィールドに保存する》を ● にする
㉓ をクリックし、一覧から「職種コード」を選択
㉔《次へ》をクリック
㉕《コンボボックスに付けるラベルを指定してください。》に「職種コード」と入力
㉖《完了》をクリック

㉓
① 「職種コード」コンボボックスを選択
② 《デザイン》タブを選択
③ 《ツール》グループの （プロパティシート）をクリック
④ 《すべて》タブを選択
⑤ 《名前》プロパティに「職種コード」と入力
⑥ 《列幅》プロパティに「1;1.6」と入力
※半角で入力します。
⑦ 《リスト幅》プロパティに「2.6」と入力
※半角で入力します。
⑧ 《プロパティシート》の ✕ （閉じる）をクリック

㉔
① 「性別」チェックボックスを選択し、Delete を押す
※チェックボックスを削除すると、ラベルも一緒に削除されます。
② 「登録日」から「生年月日」までのすべてのコントロールを選択し、下方向に移動
※オプショングループを作成するための場所をあけます。
③ 《デザイン》タブを選択
④ 《コントロール》グループの ▼ （その他）をクリック
⑤ 《コントロールウィザードの使用》をオン（ が濃い灰色の状態）にする
※お使いの環境によっては、ピンク色の状態になる場合があります。
⑥ 《コントロール》グループの ▼ （その他）をクリック
⑦ XYZ （オプショングループ）をクリック
⑧ オプショングループを作成する開始位置でクリック
⑨ 《ラベル名》の1行目に「男」と入力し、Tab を押す
⑩ 《ラベル名》の2行目に「女」と入力し、Tab を押す
⑪ 《次へ》をクリック
⑫ 《次のオプションを既定にする》を ● にする
⑬ ∨ をクリックし、一覧から「男」を選択
⑭ 《次へ》をクリック
⑮ 《値》の1行目に「-1」と入力
⑯ 《値》の2行目に「0」と入力
⑰ 《次へ》をクリック
⑱ 《次のフィールドに保存する》を ● にする
⑲ ∨ をクリックし、一覧から「性別」を選択
⑳ 《次へ》をクリック
㉑ 《オプションボタン》を ● にする
㉒ 《標準》を ● にする
㉓ 《次へ》をクリック

㉔ 《オプショングループの標題を指定してください。》に「性別」と入力
㉕ 《完了》をクリック

㉕
① オプショングループの枠線をクリック
② 《デザイン》タブを選択
③ 《ツール》グループの （プロパティシート）をクリック
④ 《すべて》タブを選択
⑤ 《名前》プロパティに「性別」と入力
⑥ 《プロパティシート》の ✕ （閉じる）をクリック

㉖
① 完成図を参考にコントロールのサイズと配置を調整

㉗
① 《デザイン》タブを選択
② 《ツール》グループの 🔲 （タブオーダー）をクリック
③ 《セクション》の《詳細》をクリック
④ 《タブオーダーの設定》に現在のタブオーダーが表示されていることを確認
⑤ 《自動》をクリック
⑥ 《OK》をクリック

5 レポートの活用

㉘
① 《作成》タブを選択
② 《クエリ》グループの 🔲 （クエリデザイン）をクリック
③ 《テーブル》タブを選択
④ 一覧から「Tアルバイトマスター」を選択
⑤ Ctrl を押しながら、「T勤務状況」を選択
⑥ Ctrl を押しながら、「T職種マスター」を選択
⑦ 《追加》をクリック
⑧ 《閉じる》をクリック
※フィールドリストのサイズと配置を調整しておきましょう。
⑨ 「T勤務状況」フィールドリストの「勤務日」をダブルクリック
⑩ 同様に、その他のフィールドをデザイングリッドに登録
⑪ 「勤務日」フィールドの《並べ替え》セルを《昇順》に設定

㉙
①「退勤時刻」フィールドの右の《フィールド》セルに「勤務時間：DateDiff("n",[出勤時刻],[退勤時刻])」と入力
※英字と記号は半角で入力します。入力の際、[]は省略できます。
※列幅を調整して、フィールドを確認しましょう。

㉚
①「勤務時間」フィールドを「勤務時間：DateDiff("n",[出勤時刻],[退勤時刻])/60」に修正
※英数字と記号は半角で入力します。入力の際、[]は省略できます。
※列幅を調整して、フィールドを確認しましょう。
②「勤務時間」フィールドのフィールドセレクターをクリック
③《デザイン》タブを選択
④《表示/非表示》グループの プロパティシート （プロパティシート）をクリック
⑤《標準》タブを選択
⑥《書式》プロパティに「0.0"時間"」と入力
※数字と記号は半角で入力します。入力の際、「"」は省略できます。
⑦《プロパティシート》の ✕ （閉じる）をクリック

㉛
①「勤務時間」フィールドの右の《フィールド》セルに「賃金：[時間単価]＊[勤務時間]」と入力
※記号は半角で入力します。入力の際、[]は省略できます。
※列幅を調整して、フィールドを確認しましょう。
②「賃金」フィールドのフィールドセレクターをクリック
③《デザイン》タブを選択
④《表示/非表示》グループの プロパティシート （プロパティシート）をクリック
⑤《標準》タブを選択
⑥《書式》プロパティの ∨ をクリックし、一覧から《通貨》を選択
⑦《プロパティシート》の ✕ （閉じる）をクリック

㉜
①F12 を押す
②《'クエリ1'の保存先》に「Q賃金累計表」と入力
③《OK》をクリック

㉝
①《作成》タブを選択
②《レポート》グループの 🔍 （レポートウィザード）をクリック
③《テーブル/クエリ》の ∨ をクリックし、一覧から「クエリ：Q賃金累計表」を選択
④ >> をクリック
⑤《選択したフィールド》の一覧から「出勤時刻」を選択
⑥ < をクリック
⑦《選択したフィールド》の一覧から「退勤時刻」を選択
⑧ < をクリック
⑨《次へ》をクリック
⑩グループレベルとして「個人コード」が指定されていることを確認
⑪ < をクリック
⑫一覧から「勤務日」を選択
⑬ > をクリック
⑭《グループ間隔の設定》をクリック
⑮《グループレベルフィールド》が「勤務日」になっていることを確認
⑯《グループ間隔》の ∨ をクリックし、一覧から《日》を選択
⑰《OK》をクリック
⑱《次へ》をクリック
⑲《集計のオプション》をクリック
⑳「勤務時間」の《合計》を ✓ にする
㉑「賃金」の《合計》を ✓ にする
㉒《OK》をクリック
㉓《次へ》をクリック
㉔《レイアウト》の《ステップ》を ● にする
㉕《印刷の向き》の《横》を ● にする
㉖《次へ》をクリック
㉗《レポート名を指定してください。》に「R賃金累計表」と入力
㉘《完了》をクリック

㉞

① 「R賃金累計表」ラベルを「賃金累計表」に修正
② 「賃金累計表」ラベルを選択
③ 《書式》タブを選択
④ 《フォント》グループの （フォントサイズ）に「48」と入力
⑤ 《レポートヘッダー》セクションと《ページヘッダー》セクションの境界をポイントし、下方向にドラッグ
※ラベルのサイズを調整するための場所をあけます。
⑥ 「賃金累計表」ラベルの右下の■（サイズハンドル）をドラッグし、サイズを調整
⑦ 「勤務日」ラベルを選択し、Deleteを押す
⑧ 「勤務日 by 日」ラベルを「勤務日」に修正
⑨ 《デザイン》タブを選択
⑩ 《コントロール》グループの（コントロール）をクリック
※表示されていない場合は、次の操作に進みます。
⑪ Aa（ラベル）をクリック
⑫ ラベルを作成する開始位置でクリック
⑬ 「累計」と入力
⑭ 「勤務日」テキストボックスを選択し、Deleteを押す
⑮ 「="集計 " & "'勤務日'…」テキストボックスを選択し、Deleteを押す
⑯ 《ページフッター》セクション内のすべてのコントロールを選択し、Deleteを押す
⑰ 《ページフッター》セクションと《レポートフッター》セクションの境界をポイントし、上方向にドラッグ

㉟

① 《デザイン》タブを選択
② 《グループ化と集計》グループの（グループ化と並べ替え）をクリック
③ 《グループ化：勤務日　昇順》と表示されていることを確認
④ 《並べ替えの追加》をクリック
⑤ 《フィールドの選択》の一覧から「職種区分」を選択
⑥ 《並べ替えキー：職種区分　昇順》と表示されていることを確認
⑦ ✕（グループ化ダイアログボックスを閉じる）をクリック

㊱

① 「職種区分」テキストボックスを選択
② 《デザイン》タブを選択
③ 《ツール》グループの（プロパティシート）をクリック
④ 《書式》タブを選択
⑤ 《重複データ非表示》プロパティの⌄をクリックし、一覧から《はい》を選択
※一覧に表示されていない場合は、スクロールして調整します。
⑥ 《プロパティシート》の✕（閉じる）をクリック

㊲

① 《デザイン》タブを選択
② 《コントロール》グループの（コントロール）をクリック
※表示されていない場合は、次の操作に進みます。
③ ab|（テキストボックス）をクリック
④ テキストボックスを作成する開始位置でクリック
⑤ 「テキストn」ラベルを選択し、Deleteを押す
※「n」は自動的に付けられた連番です。
⑥ 作成したテキストボックスを選択
⑦ 《ツール》グループの（プロパティシート）をクリック
⑧ 《すべて》タブを選択
⑨ 《コントロールソース》プロパティの⌄をクリックし、一覧から「賃金」を選択
⑩ 《書式》プロパティの⌄をクリックし、一覧から《通貨》を選択
⑪ 《集計実行》プロパティの⌄をクリックし、一覧から《全体》を選択
※一覧に表示されていない場合は、スクロールして調整します。
⑫ 《名前》プロパティに「累計」と入力
⑬ 《プロパティシート》の✕（閉じる）をクリック

㊳

① 《レポートヘッダー》セクションのバーをクリック
② 《デザイン》タブを選択
③ 《ツール》グループの（プロパティシート）をクリック
④ 《書式》タブを選択
⑤ 《改ページ》プロパティの⌄をクリックし、一覧から《カレントセクションの後》を選択
※《改ページ》プロパティの一覧が見えない場合は、《プロパティシート》の左側の境界線をポイントし、マウスポインターの形が⇔に変わったら左方向にドラッグします。
⑥ 《プロパティシート》の✕（閉じる）をクリック

㊴
①《レポートヘッダー》セクションと《ページヘッダー》セクションの境界をポイントし、下方向にドラッグ
※テキストボックスを作成するための場所をあけます。
②《デザイン》タブを選択
③《コントロール》グループの (コントロール) をクリック
※表示されていない場合は、次の操作に進みます。
④ (テキストボックス)をクリック
⑤テキストボックスを作成する開始位置でクリック
⑥《ツール》グループの (プロパティシート)をクリック
⑦《すべて》タブを選択
⑧《コントロールソース》プロパティに「=Date()」と入力
※半角で入力します。
⑨《書式》プロパティの をクリックし、一覧から《日付(L)》を選択
⑩《名前》プロパティに「印刷日」と入力
⑪《プロパティシート》の (閉じる)をクリック
⑫「テキストn」ラベルを「印刷日」に修正
※「n」は自動的に付けられた連番です。

㊵
①《デザイン》タブを選択
②《コントロール》グループの (コントロール) をクリック
※表示されていない場合は、次の操作に進みます。
③ (テキストボックス)をクリック
④テキストボックスを作成する開始位置でクリック
⑤《ツール》グループの (プロパティシート)をクリック
⑥《すべて》タブを選択
⑦《コントロールソース》プロパティに「[印刷担当者を入力]」と入力
※[]は半角で入力します。
⑧《名前》プロパティに「印刷担当者」と入力
⑨《プロパティシート》の (閉じる)をクリック
⑩「テキストn」ラベルを「印刷担当者」に修正
※「n」は自動的に付けられた連番です。

㊶
①「印刷日」ラベルを選択
②《書式》タブを選択
③《フォント》グループの (フォントサイズ)に「20」と入力

④《フォント》グループの B (太字)をクリック
⑤《フォント》グループの (書式のコピー/貼り付け)をダブルクリック
⑥「印刷日」テキストボックスをクリック
⑦「印刷担当者」ラベルをクリック
⑧「印刷担当者」テキストボックスをクリック
⑨《フォント》グループの (書式のコピー/貼り付け)をクリック

㊷
①完成図を参考にコントロールのサイズと配置を調整

6 メイン・サブレポートの作成

㊸
①《作成》タブを選択
②《レポート》グループの (レポートウィザード)をクリック
③《テーブル/クエリ》の をクリックし、一覧から「クエリ:Q職種別登録アルバイト一覧」を選択
④《選択可能なフィールド》の一覧から「個人コード」を選択
⑤ > をクリック
⑥同様に、その他のフィールドを選択
⑦《次へ》をクリック
⑧《次へ》をクリック
⑨《次へ》をクリック
⑩《1》の をクリックし、一覧から「個人コード」を選択
⑪並べ替え方法が 昇順 になっていることを確認
⑫《次へ》をクリック
⑬《レイアウト》の《単票形式》を◉にする
⑭《印刷の向き》の《縦》を◉にする
⑮《次へ》をクリック
⑯《レポート名を指定してください。》に「R勤務表」と入力
⑰《完了》をクリック

㊹
①「R勤務表」ラベルを「勤務表」に修正

㊺
①完成図を参考にコントロールのサイズと配置を調整

㊻

①《作成》タブを選択

②《レポート》グループの (レポートウィザード)をクリック

③《テーブル/クエリ》の ∨ をクリックし、一覧から「クエリ：Q賃金累計表」を選択

④《選択可能なフィールド》の一覧から「勤務日」を選択

⑤ > をクリック

⑥同様に、その他のフィールドを選択

⑦《次へ》をクリック

⑧「個人コード」がグループレベルに指定されていることを確認

⑨《次へ》をクリック

⑩《1》の ∨ をクリックし、一覧から「勤務日」を選択

⑪並べ替え方法が 昇順 になっていることを確認

⑫《集計のオプション》をクリック

⑬「勤務時間」の《平均》を ✓ にする

⑭「賃金」の《合計》を ✓ にする

⑮《OK》をクリック

⑯《次へ》をクリック

⑰《レイアウト》の《アウトライン》を ⦿ にする

⑱《印刷の向き》の《縦》を ⦿ にする

⑲《次へ》をクリック

⑳《レポート名を指定してください。》に「R勤務実績」と入力

㉑《完了》をクリック

㊼

①任意のセクション内で右クリック

②《レポートヘッダー/フッター》をクリック

③メッセージを確認し、《はい》をクリック

※《レポートヘッダー》セクションと《レポートフッター》セクションが削除されます。

④任意のセクション内で右クリック

⑤《ページヘッダー/フッター》をクリック

⑥メッセージを確認し、《はい》をクリック

※《ページヘッダー》セクションと《ページフッター》セクションが削除されます。

⑦《個人コードヘッダー》セクションの「個人コード」テキストボックスを選択し、Delete を押す

※テキストボックスを削除すると、ラベルも一緒に削除されます。

⑧《個人コードフッター》セクションの「="集計 " & "'個人コード'・・・」テキストボックスを選択し、Delete を押す

㊽

①完成図を参考にコントロールのサイズと配置を調整

㊾

①ナビゲーションウィンドウのレポート「R勤務表」を右クリック

②《デザインビュー》をクリック

③《詳細》セクションと《ページフッター》セクションの境界をポイントし、下方向にドラッグ

※サブレポートを組み込むための場所をあけます。

④《デザイン》タブを選択

⑤《コントロール》グループの (コントロール)をクリック

※表示されていない場合は、《コントロール》グループの ∨ (その他)をクリックします。

⑥《コントロールウィザードの使用》をオン(が濃い灰色の状態)にする

※お使いの環境によっては、ピンク色の状態になる場合があります。

⑦《コントロール》グループの (コントロール)をクリック

※表示されていない場合は、《コントロール》グループの ∨ (その他)をクリックします。

⑧ (サブフォーム/サブレポート)をクリック

⑨サブレポートを組み込む開始位置でクリック

⑩《既存のレポートまたはフォームから作成する》を ⦿ にする

⑪一覧から「R勤務実績」を選択

⑫《次へ》をクリック

⑬《一覧から選択する》を ⦿ にする

⑭一覧から《個人コードでリンクし、Q職種別登録アルバイト一覧の各レコードに対し・・・》が選択されていることを確認

⑮《次へ》をクリック

⑯《サブフォームまたはサブレポートの名前を指定してください。》に「勤務実績」と入力

⑰《完了》をクリック

㊿

①完成図を参考にコントロールのサイズと配置を調整